图 1.1 澳大利亚哈梅林池（Hamlin Pool）中的海洋生物叠层岩。本图承蒙克里斯蒂娜·霍珀（Kristina D. C. Hoepper）提供。

图 3.4 哈勃太空望远镜 2001 年拍摄的火星图，当时火星距离地球 4 300 万英里（6 800 万千
南极冰盖（图底部）上的冰十分明显，而北极冰盖（图顶部）此时正笼罩在沙尘暴中。右下
腊盆地（Hellas Basin），可看到那里正在刮着又一个巨大沙尘暴。北极冰盖周围还可看到水
从南极冰盖向北延伸到火星赤道。图片来自 NASA 和 Hubble Heritage Team（STScI/AURA）。

图 7.1 古代火星海洋概念图，比利亚努埃瓦等 2015 年发表于《科学》杂志。图中表明火星古代的蓄水量比地球北冰洋还多。假定数十亿年里火星地形没有重大的变化，即基本与现代火星地形相同，则古代海洋将处于低海拔的北部平原地区。火星曾经拥有海洋的观念来自观测，观测表明火星曾拥有的水的 85% 已流失到太空。请注意，如果火星上曾存在过海洋盆地，它们应当布满巨大的古代撞击坑，而地球上的海洋盆地形成于板块构造，而火星从未出现过这种情况。本图由美国 NASA 戈达德航天中心提供。

图 11.1 1984 年 12 月初的一个大风天，正在穿越艾伦山主冰原（Allan Hills Main Ice Field）的凯瑟琳·金-弗雷泽。凯瑟琳是南极洲陨石搜寻队 1984—1985 年队员。该研究任务得到美国国家科学基金资助。陨石 ALH 84001 是该队成员罗伯塔·斯科尔在当月晚些时候在离此 50～60 千米的艾伦丘冰原最西端找到的。本图由罗伯塔·斯科尔提供。

图 11.2 火星陨石 ALH 84001，摄于约翰逊空间中心实验室。为了比较大小，陨石旁放了一块边长 1 厘米的黑色小方块（右下）。陨石的部分表面覆有黑色熔融壳，而内部呈灰绿色。图片由 NASA 约翰逊空间中心提供。

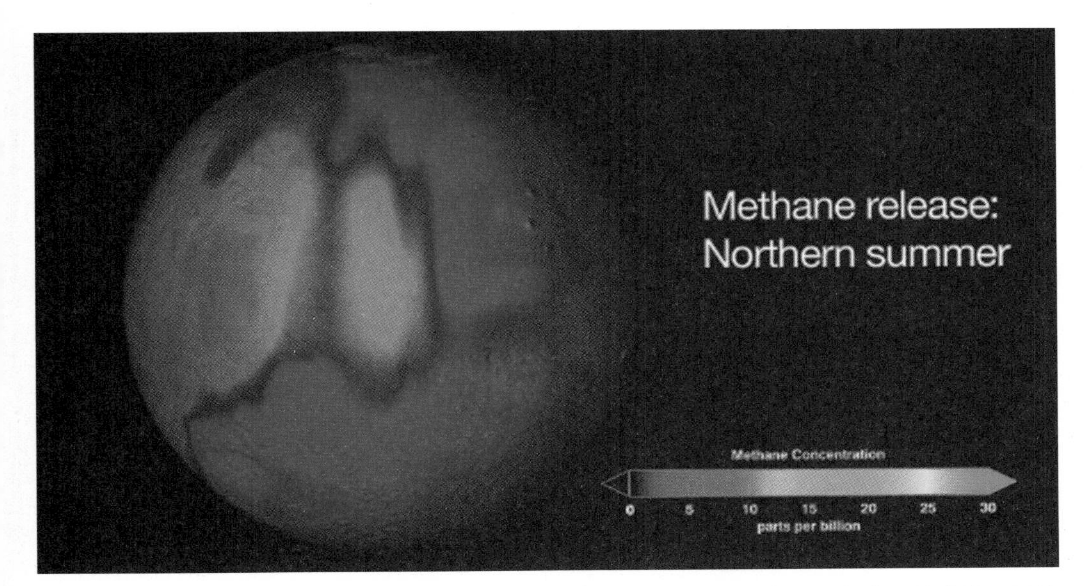

图 14.1　据穆马等报道（2009 年《科学》），2003 年火星北半球夏季出现了多个甲烷卷流。甲烷分布似乎是全球性的，不过在一些局部区域信号最强。本图由 NASA 提供。[图中文字：Methane release: Northen summer（甲烷释放：北半球夏季）；Methane Concentration（甲烷含量）；parts per billion (ppb)。]

图 14.4　巡航在火星轨道上的火星环球勘测者号航天器（想象图）。本图由 NASA/JPL-Caltech 提供。

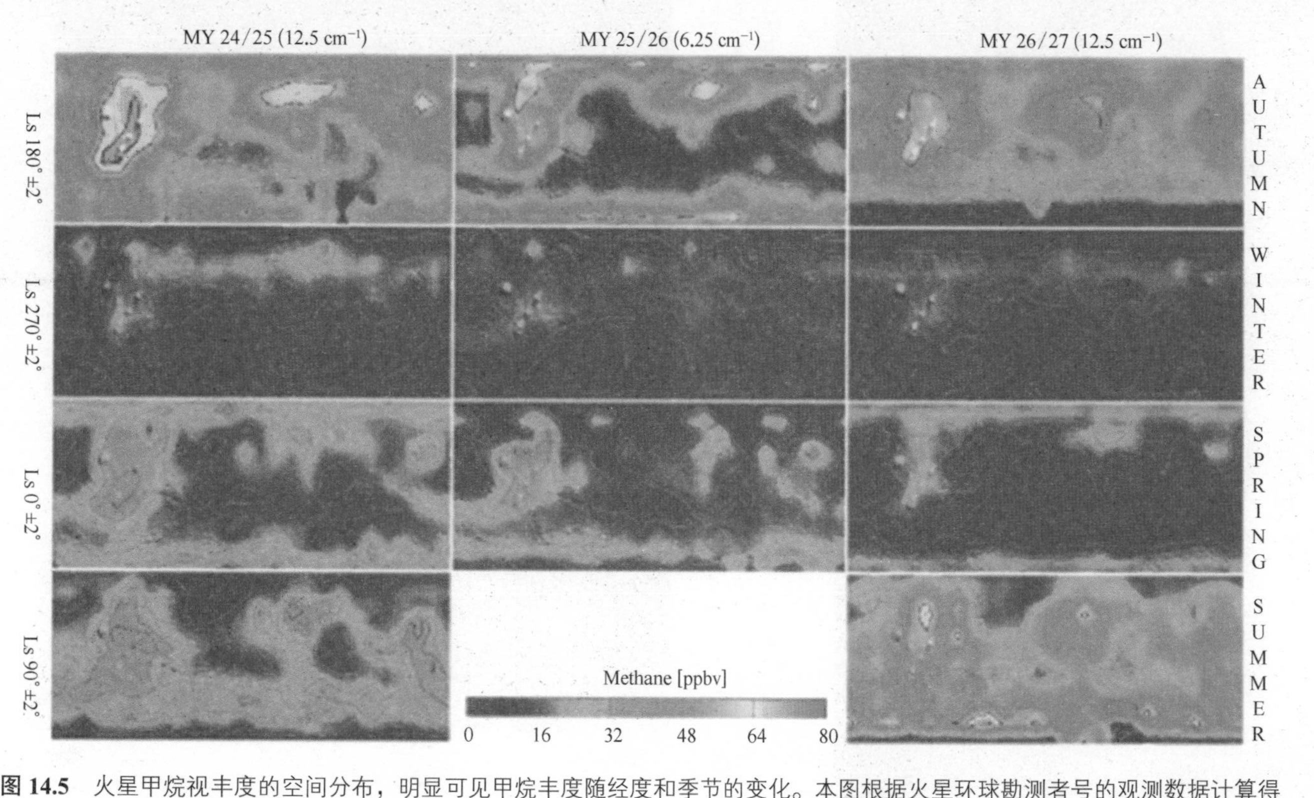

图 14.5 火星甲烷视丰度的空间分布，明显可见甲烷丰度随经度和季节的变化。本图根据火星环球勘测者号的观测数据计算得到，每张图的纬度范围从南纬 60° 到北纬 60°。三个不同火星年份（第 24/25、第 25/26 和第 26/27 火星年）各季节的结果垂直列出，这三年每年每个季度给出一张经度剖面图，其中火星秋季、冬季、春季和夏季分别对应近 180°、270°、0° 和 90° 经度。图中灰度表示甲烷的丰度，从最高约 80 ppb（白色）到几 ppb（黑色）。从图中可见，无论哪个季节，90° 和 180° 观测到的甲烷含量都高于 0° 和 270°。另外，在这三个火星年的夏季和秋季看到的甲烷都比冬季和春季的多。本图取自丰蒂和马尔佐 2010 年发表于《天文学和天体物理学》的文章，转载获《天文学和天体物理学》许可。[图中文字：MY（火星年）；AUTUMN（秋季）；WINTER（冬季）；SPRING（春季）；SUMMER（夏季）；Methane（甲烷丰度）。]

图 15.1 好奇号火星车 2016 年 5 月 11 日的自拍。拍照地点位于夏普山（Mount Sharp）底部的“诺克卢福高原（Naukluft Plateau）”上一个称为“奥考鲁索（Okoruso）”的样品钻取点。地平线上突出的是夏普山的前半部分。为了对图上的尺度有所概念，请注意火星车轮子的直径为 50 厘米、宽约 40 厘米。本图由 NASA/JPL 提供。

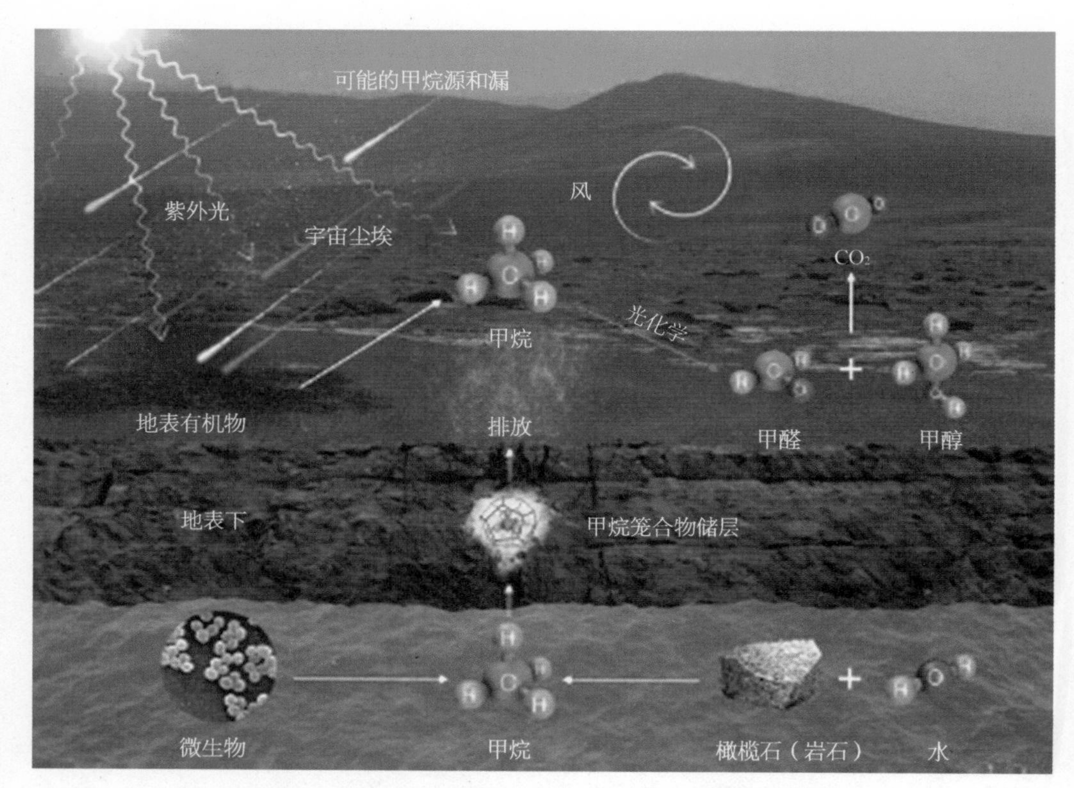

图 15.2 甲烷进入火星大气以及被去除的几种可能途径。地下源包括产甲烷菌、蛇纹石化（水与橄榄石矿物反应）以及古代储存在笼合物中的甲烷从中逸出。地表源包括紫外光与被雨带到地表的富碳尘埃之间的反应。甲烷的可能破坏机制包括富氧分子将甲烷变成二氧化碳的地表化学反应，以及尘旋风产生的快速运动电子对甲烷的作用和破坏。原图由美国 NASA 戈达德航天中心和布赖恩 · 门罗（Brian Monroe）提供。

科学新视角丛书

新知识　新理念　新未来

身处快速发展且变化莫测的大变革时代，我们比以往更需要新知识、新理念，以厘清发展的内在逻辑，在面对全新的未来时多一分敬畏和自信。

火星生命

一部数百年的人类探寻史

【美】戴维·温特劳布(David A. Weintraub) 著

傅承启 译

上海科学技术出版社

图书在版编目（CIP）数据

火星生命 : 一部数百年的人类探寻史 / (美) 戴维·温特劳布 (David A. Weintraub) 著 ; 傅承启译. -- 上海 : 上海科学技术出版社, 2024.6
(科学新视角丛书)
书名原文: Life on Mars: What to Know Before We Go
ISBN 978-7-5478-6655-9

Ⅰ. ①火… Ⅱ. ①戴… ②傅… Ⅲ. ①火星探测一历史 Ⅳ. ①P185.3

中国国家版本馆CIP数据核字(2024)第099804号

封面图片来源：NASA/JPL-Caltech

火星生命

一部数百年的人类探寻史

【美】戴维·温特劳布（David A. Weintraub） 著
傅承启 译

上海世纪出版（集团）有限公司
上海科学技术出版社 出版、发行
（上海市闵行区号景路159弄A座9F-10F）
邮政编码201101 www.sstp.cn
常熟市兴达印刷有限公司印刷
开本 787×1092 1/16 印张 22.25
字数 270千字
2024年6月第1版 2024年6月第1次印刷
ISBN 978-7-5478-6655-9 / P·53
定价：78.00元

推荐序

生命从哪里来？生命是宇宙中的普遍现象吗？人类在宇宙中孤独吗？宇宙中有像人类一样甚至远超人类的地外智慧生命吗？如果生命是宇宙中的普遍现象，那么地外生命在哪里？它们与地球上的生命形式相同吗？在哪里可以找到地外智慧生命？这些基本而重大、有趣而严肃的科学问题，是数百年来人类孜孜不倦地探索宇宙的动力，也是当今科学界所面临的科学之谜。

早在公元前四五世纪，古希腊的哲学家们就萌发出多元世界的思想，伊壁鸠鲁主张存在很多的世界，猜想这些世界“都拥有我们这个世界所见到的动物、植物以及其他东西”。不难想象，浩瀚的宇宙、无数的星球，生命不会唯独存在于小小的地球，生命的形式也必定会多种多样，不会仅仅限于地球上的羰基生命。可是，地外生命在哪里？到哪里去寻找地外生命？火星，地球的近邻，很自然成了科学家们关注的首要目标。

红色的火星，如同夜幕上一颗熠熠发光的红宝石，自古以来就受到人类的关注，望远镜的问世，更使火星的观察研究炙手可热。火星表面纵横交错的线条，令人联想到地球上的运河；火星表面明暗相间的颜色，令人想起地球上的大海与大陆；火星表面明暗的变化，令人想到地球上的季节变化；火星呈现的绿红色，令人想起地球上的植被……人们越深入了解火星，越发现火星与地球的类同——几乎相同的轨道倾角、几乎相同的自转速率，越发相信火星与地球一样是一个繁华茂盛、充满生命气息的世界。数百年来，科学家们在地球上用最先进的设备在火星上寻找水，寻找生命存在的蛛丝马迹。40 多年前水手号发回照片，尽管火星的荒芜贫瘠已经一览无遗，却依然没有熄灭人们寻找火星生命的热忱。随着火星轨道器、着陆器和漫游车的相继造访，更加激发起人们一探究竟的决心。今天我们知道，数十亿年前的火星曾经是个海洋的世界，有过大量的水，迄今两极以及地表之下仍可能存在水。因此，火星上是否存在生命依然悬而未决。《火星生命》详尽地回顾了人类在过去的数百年里寻找和探索火星生命的科学史，重现了人类怎样由表及里、由浅入深、由远及近，一步步探索和研究火星生命的科学过程。我相信，对地外生命感兴趣的读者、从事科学史的研究人员都会对这本书发生兴趣。

科学研究之路从来不是平坦的，火星生命的探索也不例外。《火星生命》直言不讳地指出了在探索火星生命的过程中科学家们所犯的错误，以及又是如何觉醒和改正的。该书告诫我们：科学需要谨慎与严密，需要检验再检验，来不得半点马虎和浮躁。所有的研究者尤其是年轻的学者和学生都应当读读这些史料，并引以为戒。

《火星生命》最后提出了一个严肃的伦理问题。作者认为，如果火星上确实存在生命，那就应该信奉卡尔·萨根的告诫："火星是属于火星人的，即使火星人只是些微生物。"如果情况确实如此，那么在今日航天时代，我们将不得不面临一系列新的问题：如何防止火星探索中可能造成的对火星的污染、对火星生命的伤害？我们人类是否还要殖民火星，怎样开拓移民火星才不影响火星上的生命？等等。这些问题不单单是科学问题，更多的是社会、伦理、文明的问题，值得我们严肃认真地思考与对待。

《火星生命》这本书已译成西班牙文、韩文、波兰文等，很高兴能见到中译版的出版，希望能满足广大读者的兴趣，引起共鸣。

借此愿与读者共勉之。

叶叔华

中国科学院院士

中文版自序

近年来，火星变得越来越重要。火星，既是宇宙中离我们最近的可能存在地外生命的星球，也是宇宙中人类能够殖民的最近的星球。出于这些原因，人类正在投入大量的资金和人力去认识火星，每两年就发射一艘新的航天器飞往火星。

当前，世界各地的航天部门以及私人公司正在制定殖民火星的计划，这些计划在最近十年内很可能会实施成功。与此同时，科学家们将继续采用机器人、轨道器和望远镜去探索火星，希望更深入地了解火星的演变史。火星过去温暖吗？火星有过更厚的大气层吗？火星现在有多少水？火星目前的水量与几十亿年前相比又如何？火星有生命居住吗？等等。所有这些问题的答案，意义深远非凡。这些答案可能会透析出我们地球的未来，能揭示宇宙中生命的演化变迁和普适性。如果我们探测到火星上存在生命，我们就应该认真讨论宇航员们是否应该去殖民火星，或者我们是否应该为火星生命去保护火星。基于这些原因，我们要继续加大研究火星的投入。

我在这本书中试图介绍和解释人类现今对火星生命的认知。本书既是一本现代探索火星生命的史书，也是一本介绍各种奋力探索的史书。这不是一本教科书，也不是一本供专家阅读的书；相反，它是为所有读者而写的，包括中国的读者。我想读者会愿意了解行星科学家在火星生命可能性问题上的认知。此外，我希望，有了这些知识，读者将能够跟踪天文学家关于火星的所有新发现，也能够成为有关人类开拓这颗红色星球的全球性对话的积极参与者。

戴维·温特劳布
范德比尔特大学，美国田纳西州

导　读

虚无缥缈的“火星生命”，

推动了实实在在的火星探测。

火星上有生命吗？

是曾经有过，还是现在就有？抑或是将来会有？

火星之所以在所有行星乃至所有天体中最受关注，生命是最主要的理由。

很多人坚信，宇宙这么大，不会只有地球上有生命，而在人类航天器可及的范围内，火星拥有最大的可能性。

《火星生命》系统回顾了人类从望远镜观测开始，到航天时代搜寻火星生命的历史。1609年，望远镜发明之后不久，人类就将它对准了这颗让人迷惑的行星，并绘制了一系列火星地图。19世纪，人类根据望远镜中的模糊影像，想象着火星上纵横交错的运河、农场和火星人。虽然，20世纪60年代第一颗成功抵达火星的航天器水手4号的发现，就否定了火星运河和火星人的存在，但是，随后取得的一系列重要进展，反而进一步激发了人们的探索热情。例如，有充分的证据表明，火星上曾经有过浓密的大气层，曾经有过遍布火星表面的江河湖海，可能曾经孕育过生命。20世纪70年代，海盗1号和2号登陆火星，重新燃起了人们对火星生命的热切期待。到了20世纪八九十年代，科学家在一块来自地球南极的火星陨石中，发现了疑似生命的信号，导致在每26个月一次的发射窗口，几乎都会有火星探测器从地球出发。借助轨道器、着陆器和火星车等不同功能的探测器，人类在火星上取得了许多新发现，加深了对火星生命的信心。如今，曾经遥不可及的载人登陆火星和移民火星，也开始吸引着新一代的探索者。

火星生命，不管有还是没有，一直是火星探测的核心目标。

一、古人眼中的灾星

夜空中，你如果长期观测，有时候会看到一颗略带一丝暗红色的星球，它就是火星。因为颜色、轨迹、亮度变化与众不同，自人类文明产生以来，火星就已被人们所关注。

自古以来，火星一直都很“火”。

在希腊神话中，火星代表了以残暴、血腥著称的战神阿瑞斯（Ares）。

在罗马神话中，火星象征着战神玛尔斯，如今火星的英文名称Mars，就源于此。

在北欧神话中，火星代表了战神提尔（Týr），这也是英文“星期二”（Tuesday）的由来。就像星期日（Sunday）源于太阳一样。

在东亚地区，金、木、水、火、土这五颗夜空中肉眼可见的行星，加上太阳和月亮，被合称为“七曜”。一星期中的七天，分别由这些天体主管。日本至今仍将一周七天以“七曜”分别命名，其中星期二叫火曜日。

在中国，自汉代以来，人们将火星称为“赤星”“荧惑”。称火星为“荧惑”，一是因为它荧荧如火，发出红光；二是因为它的亮度变化很大，有时很亮，有时暗得几乎看不到，在天空中时隐时现，让人捉摸不透；三是因为它在群星间穿行，相对其他的恒星背景而言，时而顺行，时而停滞不前，有时还会逆行，行踪不定，令人十分迷惑。

与西方一样，中国古代也曾把火星与战争联系起来。三国时期张揖编撰的《广雅·释天篇》记载：“荧惑，一曰罚星。或曰执法。”罚和执法，都是兵象的征兆。

中国古人把星空划分为三垣四象二十八宿，东南西北各七宿。每隔几十年，火星会运行到东方七宿中的心宿附近，与代表帝王的恒星心宿二相遇。在占星术中，这种天象叫作“荧惑守心”，被认为是王朝统治地位不稳的象征，是凶兆。它们一个是太阳系中的行星，一个是离太阳系 600 光年的恒星，相距非常遥远，只是在天空中看似“走”到了一起。事实上，它们相互之间毫无影响，与人间的吉凶更是没有任何联系。

虽然，东西方的人们都把火星看作是不祥之兆。但慢慢你会发现，它是一颗因“外貌”而被长期“冤枉”的星球。

二、火星运河的推波助澜

幸运的是，人类掌握了以认识自然界客观规律为使命的现代科学。随着技术的进步，人们通过点点滴滴的探索和日积月累，逐步还原出火星的真实面目。

1543 年，波兰科学家哥白尼（Nicolaus Copernicus）在临终前才得以发表的《天球运行论》中提出，火星是绕太阳运行的，而不是绕地球运行。当然，这比说出地球绕太阳运行的风险要小得多。

1609 年，德国科学家开普勒（Johannes Kepler）宣布，火星等行星绕太阳运行的轨道不是圆形的，而是一个椭圆。

1610 年，意大利物理学家、天文学家伽利略（Galileo Galilei）第一次把望远镜对准火星，但他的望远镜实在是太简陋了，还不如现在街边小摊上的玩具望远镜，因此并没有得到什么特别的发现。

1659 年，荷兰科学家惠更斯（Christiaan Huygens）通过望远镜观测，看到了火星上的“大黑斑”，得到了火星的自转周期。即便他绘制的火星地图非常简陋，甚至还不如小朋友的涂鸦，但那也是历史上第一幅火星地图。

1666 年，天文学家卡西尼（Giovanni Cassini）在意大利观测火星，也绘制了火星地图。

每 26 个月，火星与地球位于太阳的同一侧，两者之间的直线距离最近，这种天象被称为火星冲日。随着望远镜技术的进步，火星成为天文学家最重要的观测目标之一。在火星冲日前后，全世界的天文学家都将望远镜对准火星，利用火星靠近地球的时机，观测并绘制了一系列火星地图。

1867 年，英国天文学家普罗克特（Richard A. Proctor）在道斯（William R. Dawes）1864 年绘制的火星地图基础上，绘制了更详细的火星地图。他用对火星观测做出贡献的天文学家的名字，命名了火星表面的各种特征。在这张地图上，你可以看到他标注的大陆、岛屿、海和洋等。

1877 年的火星冲日期间，美国科学家霍尔（Asaph Hall）发现了火星的两颗小卫星，他用神话故事中战神的两位随从——福波斯和戴摩斯为它们命名，意思是害怕和恐惧。

同样是在 1877 年，意大利天文学家斯基亚帕雷利（Giovanni

Schiaparelli）通过望远镜观测发现，在火星的北半球，有许多细长的线条，而南半球是大片的灰色区域。他把观测结果绘制成了新的火星地图。在地图上，这些线条组成了蛛网状，被标注为大陆上的“河道”，灰色的区域被标注为“湖泊”或“海洋”。这幅地图与我们常见的上北下南的地图不同，它是上南下北，因为天文学家在望远镜里看到的是倒立的火星图像。

在从意大利语翻译成英语的过程中，有人把地图中的“河道”（canali），翻译成了拼写很接近的“运河”（canal）。这意味着火星上有像人类一样的智慧生命，通过大规模的社会动员，开挖出长达数千千米的运河。这个消息在全世界广泛传播，吸引了广泛关注，其中包括美国富商洛厄尔（Percival Lowell）。

洛厄尔出资建立了一座私人天文台，主要目标就是寻找火星上的运河。他甚至还写了好几本书，描述他观测到的火星运河，以及幻想中的火星农业和火星人。1911 年 8 月 27 日出版的《纽约时报》，报道了洛厄尔天文台的发现，标题是“火星人在两年内开挖了两条巨大的运河”。虽然，火星运河后来被证实并不存在。但是，有意栽花花不发，无心插柳柳成荫。洛厄尔天文台招聘的观测助理汤博（Clyde Tombaugh）却在 1930 年首次发现了冥王星，开拓了太阳系的边疆。

火星运河之争历时百年，有关火星人的传说和猜测热度不减。这一阶段，科幻作家创作了《火星纪事》《红色星球》《火星沙》等科幻小说，把人们对火星的关注从科学视角扩大到了文化和社会视角，进一步吸引了人们对火星的关注。

三、火星探测的真金白银

火星到地球的最近距离约为 5 500 万千米，但相对于地球到月球的 38 万千米而言，从地球上观测火星还是太远了。

1957 年，第一颗人造地球卫星发射，人类进入航天时代。两年后，第一个月球探测器发射。三年后，第一个火星探测器发射。此后，一连串航天器飞向火星，对火星进行近距离探测。

1. 海盗号登陆火星，引发微生物争议

19 世纪六七十年代火星运河之争发生后的一百年，火星探测迎来了第二个高潮。

1965 年，美国发射的水手 4 号探测器从火星上空掠过，成为第一颗抵达火星并发回探测数据的探测器。虽然传回的照片模糊不清，但已经足以证明，所谓的火星运河并不存在。

1971 年，苏联发射的火星 3 号着陆器，在火星表面成功实现软着陆，成为第一个登陆火星的探测器，从火星表面发出一段 14.5 秒长的信号后，便失去了联系。

1975 年 8 月 20 日，海盗 1 号从肯尼迪航天中心升空，并于次年 6 月 19 日进入绕火星轨道，其中的着陆器于 7 月 20 日降落在火星克律塞平原西部的坡地上。海盗 2 号于 1975 年 9 月 9 日发射升空，次年 9 月 3 日到达火星，之后实现环绕和着陆。

早期的火星探测器发射失败的概率很高，基本都是一对一对生产，如果第一个失败了，第二个就会紧接着发射。海盗 1 号和海盗 2 号就是这样一对双胞胎航天器，整体结构基本相同，重约 3 527 千克（含燃料），包括一个着陆器和一个轨道器。轨道器除了为着陆器提供中继通信外，还拍摄了 52 000 余张图像，绘制出详细的火星表面地图。着陆器拍摄了登陆点周围的彩色全景图，测量了火星气象参数，开展了检测火星微生物的实验。但对实验结果的解释，科学界一直争议很大，认为不能证实火星上有生命。

争议并不一定是坏事，有时候还是好事情，那就是争取政府资助，再发射一个航天器，以平息争议。就像愚公移山中说的“子又生孙，孙又生子”那样，这种争议让火星探测避免了大起大落，半个多世纪以来，美国航天界对火星的探测一直热度不减，保持着相对稳定的发射频次和经费投入，在某种程度上靠的就是这种争议。而月球探测就没有这样幸运了，在阿波罗计划实现六次载人登月之后，陷入了长期沉寂。

海盗 1 号和海盗 2 号虽然成功登陆火星，但只能待在原地，无法移动。接下来，当然要有一个巡视器，在火星上开起车来。但在整个 20 世纪 80 年代，美国还没有从越南战争的阴影中缓过劲来，与苏联之间的竞争正处于冷战的关键时期，导致这一计划拖了很久。

2. 火星探测器能否物美价廉

20 世纪 90 年代，美国通过火星观察者号任务，重启火星探测。1992 年，火星观察者号探测器发射。探测器重约 1 018 千克，造价不菲，于次年 8 月 21 日即将进入绕火星轨道时，与地球失去联系，以失败告终。

这次失败，促使美国国家航空航天局（NASA）开始反思原先贪大求全的探测战略，开始推出更好、更快、更便宜的探测任务。通过控制经费规模，实施一系列小型任务，达到一次大型任务能够实现的效果。

1996 年，美国发射了重约 1 030 千克的火星环球勘测者号探测器。作为火星观察者号的继任者，自 1997 年 9 月进入绕火星轨道之后，一直运行正常，成功绘制了火星表面的地图，发现了火星上曾经存在水的迹象，包括火星表面纵横交错的沟壑，以及在水中才能形成的特殊矿物。

1997年7月4日，火星探路者号探测器携带人类历史上第一辆火星车——旅居者号（也叫索杰娜号）火星车，采用气囊缓冲方式成功登陆火星。7月4日是美国独立日，把登陆火星的日子选在这一天，也是为了迎合政客的需求而刻意为之。同年9月，探路者号和旅居者号与地球失去联系，任务结束。

1998年12月，重约638千克的火星气候轨道器搭载德尔塔2火箭发射升空。因导航错误，它抵达火星的高度与设计目标偏离80～90千米，最终进入火星大气层被烧毁。

1999年1月发射的火星极地着陆器，总质量576千克，搭载了由两台撞击探测器组成的“巡航平台”。在火星上空，“巡航平台”与极地着陆器分离，由于着陆器的着陆腿在展开过程中发出虚假信号，使它误以为自身已经着陆，过早关闭发动机而撞击火星表面，导致任务失败。多项火星探测任务的失败，让NASA意识到，花小钱办大事这样的想法是不切实际的。

3. 越来越先进的火星车

进入21世纪以来，多个轨道器和多辆火星车发射升空，携带一整套先进的科学载荷，全方位开展火星探测，使人类对火星的认识在深度和广度上都得到空前提高。

2001年，美国火星奥德赛号探测器发射后一直正常运行，成为运行时间最长的火星探测器。

2003年，欧洲航天局（ESA）发射火星快车号探测器。

2016年，ESA和俄罗斯联邦航天局（RKA）合作，发射痕量气体轨道探测器。

这些轨道器的探测结果发现，火星南部的冰帽中有水冰和干冰（主要成分为二氧化碳），冰层之下有液态水，并提供了关于火星表面和大气的化学组成的详细信息。

要回答火星上究竟是否有生命，必需采集岩石和土壤样本进行分析。NASA 意识到推进火星探测器着陆和取样返回的重要性。但限于经费制约，在火星上开车的愿望，因为更快、更好、更便宜的战略而大幅推迟。

2003 年实施的火星探测漫游者任务，将重约 176 千克的两辆火星车分别送到火星表面。勇气号火星车，也称为火星探测漫游者−A，于 2003 年 6 月 10 日发射，次年 1 月 4 日成功抵达火星。它与地球的通信联系坚持到 2010 年 3 月 22 日。机遇号火星车，是勇气号的双胞胎弟弟，也称为火星探测漫游者−B，于 2003 年 7 月 8 日发射，次年 1 月 25 日成功飞抵火星。

随着火星着陆技术逐渐成熟，登陆火星的成功率已经有了保障，在火星上开车已经不是问题。NASA 又开始转向大型旗舰项目，好奇号火星科学实验室和毅力号火星车任务隆重登场。这两辆火星车相当于一个移动的科学实验室，耗资巨大，但都取得了成功。

好奇号火星科学实验室，重约 907 千克，2011 年 11 月 26 日发射，意在评估火星是否有过能够支持小型生命形式（指微生物）的环境，2012 年 8 月 5 日成功登陆盖尔环形山。2018 年是一个小年，只发射了一个小型火星着陆器洞察号，在火星埃律西昂平原成功着陆，目的是探测火星内部结构和能量。

2020 年夏天，是名副其实的“火星之夏”，有多个火星探测器启程飞往火星：中国发射的首个火星探测器天问一号，由轨道器、着陆器和火星车组成；阿联酋发射了阿拉伯世界的第一个火星探测器希望号，主要目的是探测火星大气；美国发射的毅力号火星车，又名火星 2020，重约 1 043 千克，于 2020 年 7 月 30 日用宇宙神 5 号运载火箭从美国佛罗里达州卡纳维拉尔角发射升空，2021 年 2 月登陆火星上的耶泽罗环形山。几年来，它不知疲倦地探测了火星表面环境的宜居性、可能曾经存在过生命的痕迹，并收集样本留待未来探测任务送回地球。

这些任务用充分的证据证明，火星上曾经有过大规模的水。引人注目的是，探测器在火星大气中探测到了甲烷这种有机分子，再次点燃了人类寻找火星生命的热情。

四、火星上的“小强”，生命力有多强

轨道器和火星车都探测到火星大气中含有甲烷，这可能是产甲烷菌的产物吗？产甲烷菌是一种十分古老而简单的生命，在火星近表面的恶劣环境下以及地下深处都可以生存。虽然在地球上，火山爆发、橄榄石和水反应等非有机反应过程，也可能产生甲烷。但一般认为，甲烷的产生与微生物活动密切相关。

产甲烷菌是一种厌氧微生物，不需要光合作用，因此可以生存于火星地表之下。虽然火星表面的紫外线很强，但只需要薄薄几毫米厚的尘埃和土壤，就足以保护生命体免受紫外线与宇宙射线的伤害。火星大气中含有甲烷，究竟意味着什么，科学家还不能确定。但有一种可能，是一些顽强的生命在火星上繁衍而产生的。即便火星表面的土壤十分贫瘠、干旱，大气十分稀薄。

有些科学家在实验室中模拟火星环境，将产甲烷菌放到类似火星表面的低气压环境中，发现这些产甲烷菌可以在这种环境中生活几天到几十天。

有些科学家研究了火星地下环境对生命的影响。对火星的地热研究表明，地下 30 千米深度处可能存在液态水，而水是生命的必要条件。

在地球上，存活于热水环境中的产甲烷菌，可以承受高强度的压力、酸碱 pH 水平与温度。有些科学家模拟出比火星表面高 1 200 倍的大气压力，将温度保持在 55℃，让 pH 在 4.96～9.13 之间变化。pH 为 7.0 代表中性，低于 7.0 为酸性，高于 7.0 为碱性。结果发现，沃氏嗜热产甲烷杆菌可以在不同的压力与 pH 环境中存活。而且，在酸性条件下，随压力升高，生长速率反而会加快。在中性与碱性条件下，随压力升高，生长速率一开始加快，而后逐渐减缓。

由此证明，产甲烷菌可以存活在火星地下，并有可能繁衍至今。

五、如果火星有生命，一定在有水的地方

冷战期间，美国和苏联一直在进行太空争霸。但苏联在火星探测方面接连失败，一直停滞不前，火星因此被称为苏联航天器的坟场。相比之下，美国人则要幸运得多，在过去的半个多世纪中，发射了 20 多个火星探测器。除了中国的祝融号火星车之外，所有成功的火星着陆器和火星车，都是美国发射的。

从 20 世纪 60 年代航天器首次飞越火星，到 70 年代环绕火星、登陆火星，再到 90 年代之后在火星上开车，火星探测器的成功率越来越高，功能越来越先进。其中，很值得思考的是，推动美国火星探测的动力，是可能存在也可能不存在的火星生命。这些探测任务获得了很多新的科学发现，让寻找火星生命的故事高潮迭起，情节跌宕起伏。

20 世纪 60 年代，最初的火星探测任务发现，火星上并没有运河，也没有之前想象的森林和草原，让人大失所望。

但到了 70 年代，火星科学界凭借着海盗号着陆器得到的模糊信号，成功地说服政治家继续支持火星生命的搜寻。

80年代，美国深受越战后遗症的影响，美苏两大阵营正进行激烈的冷战，再加之火星生命探索并没有取得实质性的进展，火星探测陷入沉寂。

90年代，科学家在地球上的南极艾伦山附近发现了一块陨石（被编号ALH 84001，后被确认为是火星陨石）。在陨石的显微照片中，发现了一条疑似的“虫子”，这重新激活了美国火星探测计划。

一般认为，火星生命只可能出现在有水的地方，既然火星生命难以被证实，火星找水战略的实施变得理所当然。21世纪以来，科学家将火星探测的重点转向找水，开展了“追寻水的踪迹”的探测计划。通过实施多项火星探测任务，找水策略取得成功。不仅发现了流水冲刷形成的鹅卵石、大量的古河道和洪水遗迹，还发现了曾经的古海洋、极区的地下卤水湖、峭壁中出露的冰层，探测到土壤中的冰块和水蒸气凝结的露珠。这些发现，为火星生命的探寻以及改造火星提供了更多的可能性。

六、采样返回地球

火星探测的热度，不仅没有随着一连串新发现而降温，反而进一步升温。目前，火星科学界已经提出了上百处值得进一步探索的着陆点。就像他们自己说的那样，现在的问题不是火星值不值得探索，而是我们的火星任务太少了，只能去少数几个有限的地方。

毫无疑问，未来火星探测的重点，是火星采样返回，并向着载人登陆火星的长远目标前进。

经过好奇号和毅力号火星车的检验，把大型载荷释放到火星表面的能力已经具备，火星采样返回已经呼之欲出。一方面，采样返回可以在火星是否有过生命这个问题上取得突破，以期一锤定音；另一方面，要实现载人航天器从地球到火星的往返，必须先实现采样返回。因为人命关天，这是载人登陆火星的必经步骤。

火星采样返回虽然比载人登陆火星要简单一些，但仍然极为艰难，NASA和ESA紧密合作，希望通过实施一系列任务，将毅力号火星车收集的样品安全送回地球。

第一步，收集火星样品，主要由毅力号火星车完成。毅力号收集了火星的尘埃和岩石样品，并封装存储，送到样品检索着陆器，供此后其他探测器择机运回地球。毅力号上的载荷还测试了从火星的二氧化碳大气中制取氧气的流程，并获得成功。这让未来载人登陆火星，不必再从地球上带氧气过去。毅力号还带有一架小型无人机机智号。这架无人机主要用于“探路”，探索着陆点周围的地形地貌，发现最值得探索的目标，从而大幅提高火星车的探测价值。这也是首次在其他星球上放飞旋翼飞行器。

第二步，样品检索任务，由样品检索着陆器、火星上升飞行器、样品转移臂、两架样品回收直升机共同完成，计划2028年发射。

第三步，样品返回任务，由地球返回轨道器完成。期待已久的火星样品，计划于2033年降临地球。

七、未来的火星，比现在更火

人类对火星的热情，始于数千年来对它的颜色、轨迹、亮度变化的好奇和疑惑。在望远镜发明以来的400年里，人们一直用想象中的火星运河和火星人，支撑着探索求知的信念。

进入航天时代之后，虽然火星运河梦碎，但人类依旧对火星念念不忘，很大程度是因为它曾经很接近地球早期的状态。大约35亿年前，火星的环境与如今的地球非常相似，因此也被称为“第二个地球”。但客观而言，人类目前并没有什么迫切的理由需要移民火星，毕竟地球不是危在旦夕，火星上也没有什么值得千里迢迢去开采的资源。

火星狂人祖布林（Robert Zubrin）则认为，人类飞往火星的技术早就具备了，只不过这是一张单程票。“钢铁侠”马斯克（Elon Musk）一直希望在火星上退休，他雄心勃勃，打算在2050年之前将100万人送上火星，并建立人类殖民地。太空探索技术公司SpaceX投入大量资金，制造了可以用于火星移民的重型运载火箭——星舰。

现在，中国通过天问一号成功登台，成了火星探测舞台上的另一个主角。未来，世界上第一个成功采集火星样品的国家，很有可能是这个曾经的后来者。

“火星叔叔”郑永春
中国科学院国家天文台研究员

参考文献

[1] 祖布林，瓦格纳．赶往火星——红色星球定居计划［M］．阳曦，徐蕴芸，译．北京：科学出版社，2012.
[2] 威尔．火星救援［M］．陈灼，译．南京：译林出版社，2015.
[3] 罗宾逊．红火星［M］．王凌霄，译．重庆：重庆出版社，2017.
[4] 罗宾逊．绿火星［M］．蓝目路，译．重庆：重庆出版社，2017.
[5] 罗宾逊．绿火星［M］．蔡梵谷，译．重庆：重庆出版社，2017.
[6] 毛新愿．下一站火星［M］．北京：电子工业出版社，2020.
[7] 考夫曼．国家地理火星零距离——好奇号火星探索全记录［M］．姚若洁，译．北京：北京联合出版公司，2017.
[8] 克莱弗特，卡斯，卡斯．火星移民指南［M］．郑永春，门雪洁，译．杭州：浙江人民出版社，2017.
[9] 卡拉杰耶夫．载人火星探测［M］．赵春潮，王苹，魏勇，译．北京：

中国宇航出版社，2010.
[10] 郑永春．火星零距离［M］．杭州：浙江教育出版社，2018.
[11] 派尔．登陆火星——红色行星的极客进程［M］．魏晓凡，译．北京：电子工业出版社，2021.
[12] 欧阳自远，邹永廖．火星科学概论［M］．上海：上海科技教育出版社，2017.
[13] 哈兰德．火星全书——从 45 亿年前至今的火星全记录［M］．郑永春，刘晗，译．北京：北京联合出版有限公司，2019.
[14] 兰布赖特．为什么要去火星——NASA 的空间探索历程［M］．左文文，屈艳，译．长沙：湖南科学技术出版社，2022.
[15] Waza A A, Merrison J P, Iversen J J, et al. Laboratory study of dust resuspension mechanisms in the Martian Environment [C] //EGU General Assembly Conference Abstracts. 2022: EGU22-3094.
[16] Siegel B, Robinson J A, Spry J A, et al. Development of a NASA Roadmap for Planetary Protection to prepare for the first Human Missions to Mars [J]. 44th COSPAR Scientific Assembly, 2022, 44: 3253.
[17] May L, Davis R, Beaty D, et al. Maximizing Crew Performance/ Productivity For Missions To The Moon And Mars [J]. 44th COSPAR Scientific Assembly, 2022, 44: 432.
[18] Foing B H. Highlights from ILEWG LUNEX EuroMoonMars Earth Space Innovation, ArtMoonMars, Space Renaissance & EuroSpaceHub [J]. 44th COSPAR Scientific Assembly, 2022, 44: 292.
[19] Billings L. To the Moon, Mars, and beyond: Culture, law, and ethics in space-faring societies [J]. Bulletin of science, technology & society, 2006, 26(5): 430-437.
[20] Narici L, Lloyd C, Kotov O, et al. ISS4Mars: Progress in planning to use the ISS as an analog for Mars missions [J]. 44th COSPAR Scientific Assembly, 2022, 44: 2921.
[21] Kminek G, Benardini J N, Brenker F E, et al. COSPAR sample safety assessment framework (SSAF) [J]. Astrobiology, 2022, 22(S1): S-186.
[22] Cruz Mermy G. Calibration of the NOMAD-LNO channel onboard ExoMars 2016 Trace Gas Orbiter using solar spectra [C] //European Planetary Science Congress. 2021: EPSC2021-708.

[23] Shen J, Zerkle A L, Claire M W. Nitrogen cycling and biosignatures in a hyperarid mars analog environment [J]. Astrobiology, 2022, 22(2): 127–142.

[24] Rettberg P. Astrobiology: Challenges and Opportunities for Research on Earth and in Space [J]. 44th COSPAR Scientific Assembly, 2022, 44: 6–0001–22.

[25] Harris C M, Maclay M T, Lutz K A, et al. Remote and in-Situ Characterization of Mars Analogs: Coupling Scales to Improve the Search for Microbial Signatures on Mars [J]. Frontiers in Astronomy and Space Sciences, 2022, 9: 849078.

[26] Glass B, Bergman D, Stern J, et al. Varying automation levels in Mars initial human-precursor site surveying, drilling, sampling and instrument-deployments [J]. 44th COSPAR Scientific Assembly, 2022, 44: 434.

[27] Gibbons E, Leveille R, Berlo K. Exploration strategies to support the search for sequestered nitrogen on Mars [J]. 44th COSPAR Scientific Assembly, 2022, 44: 2781.

[28] Baqué M, Backhaus T, Meeßen J, et al. Biosignature stability in space enables their use for life detection on Mars [J]. Science advances, 2022, 8(36): eabn7412.

[29] Yakovlev V, Horelik S, Lytvynenko Y. On the cryogenic nature of the large hills of Mars [J]. Planetary and Space Science, 2021, 208: 105340.

[30] Treiman A H. Uninhabitable and potentially habitable environments on Mars: Evidence from Meteorite ALH 84001 [J]. Astrobiology, 2021, 21(8): 940–953.

[31] Sefton-Nash E, Vago J L, Joudrier L, et al. ExoMars 2022 Rover Science Operations Preparations [C] //European Planetary Science Congress. 2021: EPSC2021–773.

[32] Rivera-Valentín E G, Méndez A, Lynch K L, et al. Special Regions Based Habitat Suitability Index Model for Brine Environments on Mars [J]. Brines in the Solar System: Modern Brines, 2021, 2614: 6025.

[33] Oehler D Z, Etiope G. Methane on Mars: subsurface sourcing and conflicting atmospheric measurements [M] //Mars Geological Enigmas. Elsevier, 2021: 149–174.

[34] Cuřín V, Brož P, Hauber E, et al. Mud flows in the Southwestern Utopia Planitia, Mars [R] . Copernicus Meetings, 2021: EPSC2021－382.

[35] Cockell C S, Perera L, Bass R. Planning the human future beyond earth with the prison population: the life beyond project [J] . Astrobiology, 2021, 21(11): 1438－1449.

[36] Bontognali T R R, Meister Y, Kuhn B, et al. Identifying optimal working conditions for close-up imagining during the ExoMars rover mission [J] . Planetary and space science, 2021, 208: 105355.

[37] Berger J, Ming D, Morris R, et al. Phosphorus was Mobile in Gale Crater, Mars: Geochemical Constraints Based on Hawaiian Analogues [C] // AGU Fall Meeting Abstracts. 2021, 2021: P25B－2159.

谨献给

卡伦·列维·伯吉斯（Caren Levy Burgess）、

艾伦·伯吉斯（Alan Burgess），

以及我西海岸的双亲——

多特·列维（Dot Levy）和格里·列维（Gerry Levy）*

---

* 列维一家是作者家很亲密的朋友，20 世纪六七十年代作者在加利福尼亚州读研究生时期，列维一家待其如同亲生儿子，作者也将他们视为亲生父母。格里·列维与第八章提到的杰拉尔德·列维（Gerald S. Levy）为同一人，在 20 世纪 50—80 年代是美国喷气推进实验室重要的无线电工程师，曾设计掩星实验，第一次测定了火星大气的密度和压强，并参加了水手 5 号计划。卡伦与艾伦分别是列维夫妇的女儿、女婿。——译者注

关于火星的废话已经写得够多了……很容易让人忘记这颗行星仍是一个严肃的科学研究对象。

加拿大天文学家彼得·米尔曼（Peter M. Millman）

摘自《火星上有植被吗》

[《太空》（*The Sky*）杂志1939年3月刊第10—11页]

目 录

第一章

火星，一颗重要的星球

身处宇宙的我们孤独吗？地球也许是生命的绿洲，宇宙中唯一滋生万般生物的地方。不然，生命就可能普遍存在，如同无数的恒星和行星那样遍布宇宙。如果生命是普遍的，如果只要环境适宜并具备必需的基本材料，生命就能相当容易地产生，那我们邻侧的火星就可能有某种形式的生命存在。如果我们发现火星生命的起源与地球生命无关，那就可以很可靠地推断：生命是遍及整个宇宙的共同现象。要是这样，这一发现就非同小可，火星的重要性将不言而喻。

火星自始至终受到地球观察者的关注，无论他们是何民族。希腊人（称火星为阿瑞斯——Ares）、罗马人（称火星为玛尔斯——Mars）、巴比伦人（称火星为尼尔加尔——Nirgal）或印度人（称火星为曼伽罗——Mangala，或安迦罗迦——Angaraka）都视火星为战神，中国人和日本人则视火星为火之星。印加人将这颗行星命名为奥卡库（Auqakuh），古代的苏美尔人称其为西穆德（Simud），在古希伯来语中火星被称为马阿迪姆（Ma’adim）。无论何时何地，在所有的历史记载上火星总有其专称。只要仰望天空，它就那么引人注目。作为行星（古希腊地方语意为流浪之星），火星是天空中脱颖而出的特殊天体，其亮度只有金星、木星和土星能与之媲美，即使不用望远镜，夜空中的火星也比其他行星更具色彩，不过，多数情况下火星呈现为红色。也许这就是火星的诱惑，也许在古代充斥神明的天空中，在充斥想象与神话的夜幕上，火星的魅力诱使我们将火星想象成一个特殊之地，比我们幻想中去过的任何地方都要独特。

长久以来，人类受到自身愿望和想象的支配与诱惑，火星上有没有生命的疑问一直萦绕在心。在人类数千年的历史上，无论哪种文化，都将这颗明亮的红色星球视为极重要的神明。尤其在中世纪和文艺复兴时期，人们以为几乎所有外部世界都应有人居住，这种想法可能促使天文学家怀着火星类同地球的期待，去寻找并且很可能遂其所愿地找到了他们想要找的东西。望远镜发明后拍摄的火星照片表明，这颗离太阳第四远的行星在与生命有关的方面和地球有许多相似之处。怀有这种情怀，天文学家得出火星必定也有生物居住的结论也就极其自然了。在火星殖民时代日益逼近之际，需要认识到我们肩负着有关火星生命的历史期待，因为过去四百年来关于火星的发现历史激励今天的科学家去探索和研究这颗红色星球。

火星上是否存在生命？或许存在。火星人就是小绿人吗？那倒不见得。原始微生物能在火星上（在地下液态水层中）存活吗？毫无疑问。发生在很久以前的巨大撞击事件，能否将孢子从火星传到地球或从地球传到火星？非常可能。

我们知道，构建生命最重要的六大基本元素是：碳（C）、氧（O）、氮（N）、氢（H）、磷（P）、硫（S），而这些元素在宇宙中几乎无处不在。正如我们所知，碳是化学生命的基石，它在火星上极为丰富。火星上还有大量的氮和磷，它们可是氨基酸和 DNA 必要的成分。我们知道火星上有水，水由氢和氧组成，因此，这两种元素，无论是因某些化学过程合成为水还是分离，很容易获得。糖、蛋白质和核酸中均含有硫，这在火星上也很丰富。所以，从化学角度而言，火星至少具备了基于化学的生命发生和存活所必需的全部原材料。此外，自太阳诞生以来，火星在最近45亿年的部分岁月里处于太阳系的宜居区，那里的温度、压力和密度恰到好处，可让液态水存在于火星，至少在火星一年的某些季节里，存在于其地层之中。

因此，原则上，火星可以拥有生命，无论是作为生命的诞生地，还是作为沉积在那里的某种生命的培育环境。此外，天文学家最近在许多恒星周围的宜居区内发现许多系外行星，火星可以作为一个样板，帮助我们理解生命在这些系外行星上存在的可能性。

一些科学家猜想，太阳系里的生命可能早已在火星上发生，后来有一颗巨型小行星撞击了火星并将火星岩石溅入太空，意外地将生命输送到了地球。还有一种可能，生命或者先产生于地球，一次巨大的撞击事件将其输送到了火星，在这种情况下，对于先在别处形成而后沉积在火星上的生命体而言，火星起了培育环境的作用。不过这种情况在动力学上较为困难。

地球和火星约在45亿年前几乎同时从环绕新生太阳转动的一个气体尘埃盘中形成。形成之初，它们的表面可能受到许多巨型小行星和无数彗星持续数亿年的轰击，经过这一痛苦阶段后，太阳系逐渐稳定下来。只要行星冷得足够，固态大地便会开始形成，而且几乎可以肯定，地球和火星的表面都会有液态水积聚。

这些原始形成事件之后不久，这两颗行星中至少有一颗出现了生命。澳大利亚地质学家艾伦·纳特曼（Allen Nutman）及其科学团队最近*将地球上已知最古老的生物出现的时间推到了37亿年之前。在格

---

* 指2016年。——译者注

陵兰的伊苏阿（Isua）岩层构造中，他们发现岩石呈叠层结构，证明这种岩石本身就是叠层石[1]。叠层石是微生物菌落在生长过程中沉积而成的矿物层。由纳特曼的工作可知，在地球只有8亿岁时叠层石就已在地球的浅海中繁盛。生命在地球形成后如此快地在地球上扎下根来，真是令人难以置信。火星8亿岁时同样又暖又湿，要是这样，那么在大约同一时期火星上也可能有生命形成或扎根。因此，年轻的地球上存在叠层石的事实强烈表明，年轻的火星在其浅湖中也可能有了原始生物菌落。

毫无疑问，火星是宇宙中有可能找到外星生命最近的地方。数百年来，天文学家反复声称发现了火星拥有生命的证据。不过，迄今为止所有这些发现，要么被证明是错误的，要么争论不休。这种局面让我们无所适从！“火星上是否存在生命？”如何回答这个问题，至今没有任何科学共识。关于火星生命众说纷纭、争论不休的局面表明存在一种极其诱人的可能，即火星上的生命曾经繁荣昌盛甚至今日尚存。然而，我们无法给出一个能证明火星上曾有生命存在过或现仍尚存的确凿证据。对此，没有评委，需要的只是更多的证据。

在火星上发现地外生命将会被归入科学史上最深刻、最重要的发现之列，然而，这一发现也会引起伦理道德上的巨大忧虑。如果科学家们确认火星上存在生命，那么我们将会开展一场是否应殖民火星的辩论，要知道那里已经有人居住，这可能会成为21世纪中叶人类面临的最重要问题之一。仅仅因为拥有运送本族成员到行星际空间的技术能力，人类是否理所当然地拥有可能扰乱另一世界生命的权力？有些伦理学家争论说，如果火星上居住的只是些生物学上不比微生物群体更高级的生命，那么我们就可以自由地殖民这颗红色星球，要是发现的是多细胞生物，那就不应该打搅它们。

人类踏上火星还要多久？根据《美国国家航空航天局（NASA）授

权法案（2010）》（NASA Authorization Act of 2010）和同样在2010年颁布的《美国国家空间政策》（U. S. National Space Policy），NASA正在开发21世纪30年代前将人送到火星并能安全地返回地球的能力。根据这些计划，到达火星的时间表似乎过于乐观，所以NASA正在逐渐缩减预期目标。尽管如此，我们现在正在筹谋的计划都是在我们多数人的有生之年内派遣宇航员前往火星。当前的计划属于第一探索阶段，在月球附近进行探索，包括在月球轨道上建造空间站，使其成为NASA进入深空——目标远在月球之外——的门户。

NASA的火星（还有月球）载人航天飞船将从佛罗里达州肯尼迪航天中心（Kennedy Space Center）发射，那里正在建造一个先进的跟踪系统，旨在支持月球之外的载人任务，该系统已接近完成。一旦完成，这个太空发射系统SLS（Space Launch System）的推力将比阿波罗计划用的土星五号火箭约强20%（后者可将118吨*载重推入轨道），它采用过去空间航天飞机计划（Space Shuttle）开发的火箭技术来建造，因为它已经受过长期的考验。SLS的功率十分巨大，它的最终目标是要用猎户座多用途载人飞船（Orion Multi-Purpose Crew Vehicle）将宇航员送抵火星。往返火星的旅程长达16个月，途中猎户座飞船要为宇航员提供生存空间。SLS的第一艘运载飞船Block 1计划于2018年完成**，运载能力95吨。SLS计划的第一个航天任务是发射一艘太空船进入绕经月球的轨道并返回地球。SLS任务的后续设计阶段称为Block 1B，在Block 1的上部增加一级功率更大的火箭，将SLS任务的运载能力提高到105吨。NASA计划用这种配置将宇航员送到月球之外的太空，例如近地小行星的附近。SLS任务的第三设计阶段为Block 2，

* 本书英文版中，ton常指美吨，中文版中则采用公制吨，因而数值看上去和英文版不同。——译者注

** 首航时间延迟，于2022年11月首飞成功。——译者注

图 1.1　澳大利亚哈梅林池（Hamlin Pool）中的海洋生物叠层岩。本图承蒙克里斯蒂娜·霍珀（Kristina D. C. Hoepper）提供。（彩色版本见书前插页）

计划采用固体或液体推进剂的火箭助推器替代 Block 1 的 5 个火箭助推器，设计指标要求达到 130 吨的运载能力。目前估计，按照 SLS 将宇航员送入火星的最终配置，宇宙飞船重达 575 万磅，相当于 10 架满载的波音 747 飞机，起飞推力达到 880 万磅，相当于 208 000 多台美国雪佛兰科尔维特超级跑车的发动机，站立高度达 365 英尺，比 30 层大楼还高 *。

猎户座飞船的第一次无人驾驶双轨试飞已于 2014 年 12 月完成。SLS 火箭和猎户座飞船向月球上方目的地的第一次集成发射和飞行的计划 ** 称为探索任务 1 号（Exploration Mission-1），它不搭载宇航机组

* 1 磅约为 0.45 千克；1 英尺约为 0.3 米。——译者注

** 该计划后更名为阿尔忒弥斯计划（Artemis Program），探索任务 1 号、2 号分别更名为阿尔忒弥斯 1 号、2 号，其中 1 号已于 2022 年 11 月发射，2 号发射不会早于 2025 年 9 月。——译者注

人员，并预定在 2019 年 2 月进行[2]。第一次载有宇航机组人员的猎户座飞船称为探索任务 2 号，定于 2021 年发射，但现在看来似乎要推迟。第二阶段的探测任务，包括最终的火星之旅计划，将于本世纪 20 年代末启动，最初是为期一年的月球空间站的载人飞船。到 21 世纪 30 年代前，NASA 计划对猎户座飞船系统进行全面测试，测试飞船运载宇航员和生命保障物资到火星轨道并返回地球的能力。

遣送宇航员到火星并在其表面降落，保障他们的生存，然后让他们从火星表面升空撤离并安全返回地球，这些要求已经远远超出了 NASA 现有的能力。火星表面向下的重力几乎是月球表面的 2.5 倍。因此，要使宇航员在火星上安全降落必须采用制动火箭或别的着陆器，以减慢宇航员向火星表面降落的速度。基于同样的原因，宇航员要从火星起飞返程也是一项比从月球表面返回技术难度大得多的挑战。当然，进出火星仅仅是在火星居住会遇到的部分问题，目前 NASA 已经着手为营造火星居住点而制定各种富有想象力的计划。

然而，现在 NASA 不再是从事太空探索和火星竞赛的唯一参与者。在线支付系统公司 PayPal 的创始人兼企业家埃隆·马斯克（Elon Musk）在 2002 年创立太空探索技术公司 SpaceX 时明确表示，他的目标是在火星上建立人类居住地。SpaceX 已经成功地用它的龙飞船（Dragon Spacecraft）将货物运送到了空间站，它还有意将宇航员运送到空间站，然后送到更远的太空。SpaceX 目前采用两级猎鹰 9 号（Falcon 9）作为运载火箭，其推力等同于 5 架满载功率的 747 飞机，可升举 28 吨重物进入轨道。2015 年 12 月，SpaceX 成功证明，火箭的第一级可以安全返回着陆以便重新使用，并于 2017 年 5 月的第二次火箭发射中首次重复使用了第一级火箭。SpaceX 现在正致力于研发功率更强的猎鹰重型（Falcon Heavy）火箭，据说它能升举 55 吨重物进入轨道。

2016 年 6 月在接受《华盛顿邮报》（*Washington Post*）采访时，马

斯克第一次透露他有一个大胆的计划，打算在2018年派遣第一艘无人飞船前往火星。在2016年9月墨西哥瓜达拉哈拉（Guadalajara）的国际宇航大会（International Astronautical Congress）上，他更详细地诠释了这些计划。两年后，在澳大利亚阿德莱德（Adelaide）的国际宇航大会的演讲中，他更新了这些计划，并谈到了使人类成为“多行星物种”的问题。马斯克计划中的运载火箭有好多个名称，例如行星际运输系统ITS（Interplanetary Transport System）和BFR（B和R分别是英语“大”与“火箭”两个词的首字母），这种运载火箭的动力由31台“猛禽火箭”（Raptor）发动机提供，起飞推力达到5 400吨（接近1 100万磅），能够升举150吨重物进入轨道，BFR将取代以前所有的SpaceX火箭和飞船（猎鹰9号、猎鹰重型和龙飞船）。目前SpaceX的猛禽（Raptor）火箭还处于设计阶段，根据现有计划，将采用碳纤维罐分别储存液态甲烷和液氧两种燃料，要求能在太空中进行燃料补给，使BFR能升举150吨直达火星。2022年，马斯克打算发射2次ITS，用龙飞船将两批货物送到火星并着陆。如果该公司能按极为大胆的时间表连续进行发射（很多人认为不现实），SpaceX将于2024年向火星发射4艘运载火箭，其中2艘运送补充物资，另外2艘运载人员，每艘运载的冒险者多达100人，他们将抵达火星并着陆，在那儿建立一个居住地，另外再建造一个推进剂生产基地，还要找到水源。科幻迷们可能会发觉，马斯克的计划与20世纪90年代罗宾逊（Kim Stanley Robinson）获奖的三部曲——《红火星》（*Red Mars*）、《绿火星》（*Green Mars*）和《蓝火星》（*Blue Mars*）中描述的计划十分相似，该书讲到要在2026年将首批100名殖民者发送到这颗红色的星球上。

在接下来的40年里，马斯克希望将多达100万的移民送往火星，并开始改造火星气候，使它更像地球气候，这个概念被称为“外星环境地球化”。他声称，他的火星人能在火星上维持生存，并能再次返回地球，因为他的火箭将定期往返于地球与火星。但是，移民们能够返回地球的假设，首先取决于他们在太空和火星表面恶劣的辐射环境下的生存能力，其次取决于 SpaceX 在火星上利用太阳能制造返程的燃料甲烷和氧的能力（汲取储存在地下和大气中的水和二氧化碳）。马斯克的大胆计划可能还需要投入数百上千亿美元用于开发，这个超出了他个人的支持能力。

另一位科技亿万富翁、亚马逊（Amazon）的创始人杰弗里·贝索斯（Jeffrey Bezos），也通过他旗下的企业蓝色起源（Blue Origin）制造火箭，并制订了他自己的输送移民到火星的计划。2016 年，蓝色起源已经成功地发射了第一枚以美国第一位宇航员艾伦·谢泼德（Alan Shepard）命名的新谢泼德号火箭（New Shepard），并在亚轨道飞行中成功着陆。蓝色起源还在研发一具威力更强的火箭，名为新格伦号（New Glenn），它以美国第一位环绕地球的宇航员约翰·格伦（John Glenn）命名。佛罗里达州卡纳维拉尔角肯尼迪航天中心的探险公园里现在正在建造一座大型设施，该具火箭就打算从那里进行发射。新格伦号的首秀定在 2020 年，计划采用第一级可重复使用的三级运载火箭，该火箭连同飞船高达 350 英尺，以液氢和液氧为燃料。贝索斯预计这个项目需要长达数十年的时间，其目的不是发射卫星或运送货物，而是将建造人类居住地所必需的设备运送到月球。然后，他打算将数以百万计的人送入太空，让他们在近地轨道上工作。只有到那时他才会把目光投向移民月球和移民火星。据贝索斯说，“我认为，第一步得去月球，在月球上建立家园，然后再去火星就会容易多了。”[3]

NASA 可能还有一个竞争对手，那就是火星一号（Mars One），这是荷兰一个私人集团的计划[4]。火星一号是巴斯·朗斯多普（Bas Lansdorp）和阿尔诺·维尔德斯（Arno Wielders）在 2011 年设立的计划，打算在 2020 年向火星发射无人飞船，2031 年将第一批机组人员送往火星，2033 年运送第二批。火星一号在 2013 年已开始挑选宇航员，计划在 2017 年选出第一批机组人员，届时他们将开始接受单程火星之旅的培训。与 NASA、SpaceX 和蓝色起源不同，火星一号什么都不设计，也不制造，包括火箭、发射系统、着陆设备、生命保障系统或漫游车等都不设计、制造。相反，他们准备从现有的航空航天公司购买所需要的一切。至于火星一号能否真正买到航天任务所需要的硬件，尚待关注 *。

另外还有一玩家最近也宣布了殖民火星的计划。2017 年 2 月在迪拜举行的世界政府峰会上，迪拜的酋长和阿联酋副总统谢赫·穆罕默德·本·拉希德·阿勒马克图姆（Sheikh Mohammed bin Rashid Al Maktoum）宣布，阿联酋计划一百年内在火星上建造一座城市[5]。阿联酋的“火星 2117 计划”（Mars 2117 Project）目前只是一个概念，不过，它已于 2014 年设立了自己的空间局，并计划于 2021 年向火星发射一个无人探测器，届时恰逢阿联酋从英国获得政治独立（1971 年）50 周年[6]。

为什么有那么多人对火星感兴趣，其原因就是火星上可能有生命，无论这种生命是未来的人类还是原著火星人。如果火星今天已有生命存在，那会发生什么情况呢？如果 21 世纪宇航员在火星上建起人类居住点又会怎么样呢？会不会给火星带来死亡和破坏？就像第一批欧洲殖民者对付新大陆那样，把天花、麻疹、百日咳、黑死病和痢疾带入一个没有能力抵御这些入侵者的世界。他们还带去了马和猪，这些马和猪为求生与原住野生物种展开竞争，而它们往往取得胜利。旧世界的疾病和动物一起给新大陆的生物群造成了毁灭性破坏。人类在保护偏远荒野地区方面也没有良好的记录。北极、南极和亚马孙的生态系统都受到了人类文明的侵害、狩猎和全球变暖的威胁。如果我们连帮

---

* 火星一号运营组织于 2019 年 1 月宣布破产。——译者注

助北极熊、企鹅和巨獭在自己星球上的生存都不能达成共识，那我们还能为保护火星微生物的生存干得成什么呢?

火星微生物难道也那么重要吗? 是的，十分重要。第二种生命，即完全独立于地球起源的生命，可能已在那里发生。即使火星上的生命只是些细菌大小的生物，它们隐藏在地下或地缝深处，既可以避免紫外辐射和宇宙射线，还可以找到水，即使如此，这些火星微生物对于理解宇宙中的生命也是至关重要的。独立于地球的火星生命清晰地向我们传递了一个外星生物学信息：只要条件许可，生命可以处处发生。另外，要是发现微观生命也是以 DNA 为基底的话，我们还会获得格外重要的一个地外生物学信息和人类远古进化的线索：生命在行星际空间的传播十分容易。生命一旦开始就会传播，因此无论我们是火星人还是火星人是我们，彼此都有亲缘关系。最后，如果我们发现火星是块贫瘠不育之地，甚至连火星微生物都不存在，那就是说，人类在太阳系甚至可能在银河系、在宇宙都是孤单的，比我们大多数人现在想象的更为孤单。无论答案如何都意义重大，所以，火星至关重要。

随着飞往火星的可能越来越大，对我们的这颗邻居行星是否存在生命做出科学决定也越来越紧迫。让宇航员进入火星轨道几乎不会造成污染火星的风险。但是，如果人居船舱和宇航员在火星上着陆、甚至建立居住营地，那我们就有可能在充分考察这颗红色星球并发现是否存在生命之前，会无意之中摧毁火星上可能存在的生命。

接下来的科学探索故事，将追溯 17 世纪到现在的许多确认火星上有没有生命的尝试。考虑到这些宣称和发现，我们或许得静思细想，在开始殖民火星之前是否需要谨慎行事。是否殖民火星的决定也许不应该严格限于政治家、专业宇航员和天文学家、太空爱好者，以及有钱的风险投资家，我们所有的人都应该更好地理解火星，都应该参与这场公共辩论。

第二章

有火星人吗

经过两个世纪天文观测的逐渐改进，人类对火星这颗红色星球的基本共识缓慢而渐渐地形成。从 17 世纪末到 19 世纪中叶，经过几代天文学家用日益强大的望远镜对火星表面的绘制，使得火星图的清晰度不断地改善提高。毫无疑问，近几个世纪来的天文学家都相信，他们在望远镜的另一端发现了火星上可能有火星人的线索。

一旦认定火星与地球之间惊人的相似，各国的天文学家也就不惜耗费数十年的精力去绘制火星全球图。19 世纪，他们用当时最先进的测量工具发现火星大气中有水，或者更确切地说，是他们自认为他们发现了水。有了火星的地图，天文学家们像对待地球一样去识别它的表面特征，诸如大陆、海洋之类，并充分相信他们已经找到水在大气、海洋和极地冰盖之间循环的证据，天文学家不但自己深信不疑，而且还说服大众相信火星处处与地球相同。

19 世纪后期，出了两位天文学家，先是意大利的乔瓦尼・维尔吉尼奥・斯基亚帕雷利（Giovanni Virginio Schiaparelli），后是美国的珀西瓦尔・洛厄尔（Percival Lowell），他们关于火星提出了一个崭新的观点，重塑了我们与这颗行星邻居的关系。1878年，斯基亚帕雷利首先确认火星上有水道（canali）*,canali这个词在意大利语中就是水道的意思，不过在威尼斯也被用来称呼人工运河、英吉利海峡和山沟。然而，比斯基亚帕雷利的水道走得更远的是洛厄尔，19世纪90年代，洛厄尔宣布canali就是超级聪明的火星工程师设计的人造运河（canal）。从20世纪到21世纪，我们人类一直在孜孜不倦地搜寻火星生命的证据，正是对斯基亚帕雷利的发现、对洛厄尔狂放不羁的想象以及向大众竭力推销他的火星观念的间接继承。

来自火星的入侵者

毫不奇怪，就在19世纪90年代洛厄尔在美国四处游说、向公众兜售他那古老而聪明的火星文明的这十年里，赫伯特·乔治·威尔斯（Herbert George Wells）发表了《世界大战》（*War of the Worlds*）一书，在这场大战中，火星侵略者的先头部队袭击了地球。

"我们现在知道，20世纪初，一些比人类更聪明但同样不会永生的智能生物正紧紧注视着我们这个世界。"[1]这是1938年10月30日奥森·韦尔斯（Orson Welles）在美国哥伦比亚广播公司周日晚上的"水星剧院"节目开播时所说的第一句话。奥森·韦尔斯正在该档节目播放威尔斯科幻小说的改编剧，该小说原本写于1898年。"我们现在知道，"他继续说道，"正当人们忙于处置各种事务时，有人正在仔细地审视他们、研究他们，就像有人拿着显微镜仔细观察一大群在水滴中繁衍生息、转瞬即逝的生物那样。"接下来，播音员戏剧化地播起了美

* 意大利语的canali应当对应英语channel一词，表示河渠、航道、海峡等天然形成的水道，没有人工开挖的含义，例如英吉利海峡the English Channel。而canal常表示人工开挖的水道，因此一般作"运河"解，如京杭大运河the Grand canal，巴拿马运河the Panama canal等。——译者注

国东北部的天气预报。紧接着听众们听到了一段音乐，并被告知那是一支舞蹈乐队在纽约市公园广场酒店子午室里的现场演奏。突然间，第二位播音员打断了音乐，为听众带来了洲际广播新闻的一则特别新闻公告。公告告诫听众，伊利诺伊州詹宁斯山天文台法雷尔教授观察到“火星上间隔规律地出现了几次很亮的气体爆炸”。

我们从普林斯顿大学天文学教授理查德·皮尔逊（Richard Pierson）那里获得证实，他的同事做过这个令人惊讶的观察，他说天文学家一直在观察火星，但无法解释这些爆发现象。不久，水星剧院的广播节目播报说，一颗熊熊燃烧的巨陨石掉入了地球大气层，坠落在新泽西州格罗弗岭的威尔莫斯家庭农场。然而，在威尔莫斯农场撞击地球的家伙并不是陨石，而是一个巨大光滑的金属圆筒，坠落后不久，有人听到圆筒里面传出叮当的响音。惊骇的听众听到电台评论员卡尔·菲利普斯说，他在水星剧院广播空挡赶往撞击地点，“有些家伙像灰蛇一样蠕动着从阴暗中往外爬。爬出来一条，又有一条，我觉得它们看上去就像许多触须。哦，我看到了这家伙的身体，它好大，像熊一样，潮湿的皮毛亮晶晶的。不过那张脸，它……女士们，先生们，简直没法形容，我几乎不能强迫自己再看着它了。它的眼睛是黑色的，像巨蟒一样闪闪发光，V 字形的嘴巴，涎水从无唇嘴边滴下来，好像还在颤抖开合。”

火星入侵者开始向聚集在威尔莫斯农场的地球人投掷火焰，热射线范围内的一切都燃烧起来。爆炸声短暂地切断了菲利普斯的广播，不一会儿，电台广播员继续向惊恐的听众进行广播。“女士们，先生们，”他缓慢而沉重地说，“现在我宣读一份严肃的声明，它似乎令人难以置信，但是科学观察和我们的眼睛都证实了这个不可回避的猜想，今晚在新泽西农田登陆的那些奇怪生物是来自火星的入侵先锋部队。”

据一些媒体报道，电台广播《世界大战》的直接后果是，美国许多公民开始对想象中的火星人军队入侵地球感到恐慌。历史学家理查德·凯彻姆（Richard Ketchum）在他的著作《借来的岁月》（*The Borrowed Years*）中写道："恐惧的纽约人开始离开公寓，一些人涌向城市公园，一些人乘汽车拼命逃离城市却被堵在滨江大道上，还有一些人拥挤在火车站和汽车站。旧金山人得到的印象是纽约城正在被摧毁……印第安纳波利斯（Indianapolis）的一名妇女冲进教堂，尖叫道，'纽约毁掉啦……，世界末日到啦！大家回家去等死吧。'"[2]一篇报道宣称："全国各地爆发了恐慌，新泽西州惊恐的市民为了逃避外星人强盗被堵塞在高速公路上。人们向警方索要防毒面具，以免受到有毒气体的侵害，还要求电力公司切断电源，让火星人看不到他们的灯光。"[3]

广为流传的《世界大战》事件史刊登在普林斯顿大学心理学教授哈德利·坎特里尔（Hadley Cantril）的调查研究报告中，该研究报告发表于1940年，题目为"来自火星的侵略：恐慌的心理学研究"。令人失望的是，在某些认为我们的祖辈完全是无知、愚蠢、容易上当的傻子的人看来，坎特里尔的研究存在严重的缺陷。恐慌并没有在全国各地爆发，因为大多数人没有打开收音机，即使打开的人大部分也不在收听水星剧院广播。疯狂状态几乎没有发生，仅仅限于新泽西州和纽约市附近。最近布拉德·施瓦茨（A. Brad Schwartz）更全面地研究了《世界大战》现象，2015年发表了题为"疯狂的广播：奥森·韦尔斯的《世界大战》和假新闻艺术"一文，对当年听众收听到火星人入侵以及听到后发生的情况作了纠正。按照施瓦茨的观点，坎特里尔所作的《世界大战》广播造成巨大影响的结论是不正确的，因为他的研究团队"故意多抽样被广播吓倒的人，调查数据忽略了清楚知道是虚构的听众，而且他们只采访新泽西的听众，所有调查都认可那里是恐慌最强烈的地方。”[4]“绝大多数听众，”施瓦茨写道，“都能正确理解广播的东西，少数几个受到惊吓的人也没有消极接受广播中听到的消息，更多的是通过各种途径去核实。”个别恐慌即使出现，“也只是发生在某些听众将假消息传给毫不知情的人，散布他们的恐惧和迷惑之时。而且这种行为也并不是‘恐慌’这个词所暗示的那样，是一群人不顾一切、抱头鼠窜。”[5]

然而，听众们都愿意相信根据威尔斯的火星科幻故事改编的广播剧是真的这个事实，几乎反映出我们想知道的20世纪前30年里火星与人类思想和理念的所有关系。到20世纪30年代，奥森·韦尔斯在水星剧场广播《世界大战》时，他的听众中有许多读过火星人的书都不下几十年了。与威尔斯的《世界大战》同时代出版的有乔治·杜莫里耶（George du Maurier）的著作《火星人》（*The Martian*）（1897）。杜莫里耶的科幻小说是哥特式一类的故事，这本书描述一个住在人体里名叫马蒂亚的火星人。一颗流星将马蒂亚从火星带到了地球，在大半个世纪里它住在各种生物体内，最后它选择了一位英国文学天才巴蒂·乔斯林的身体。许多关于火星人的小说相继问世，例如约翰·麦科伊（John McCoy）的《预见的浪漫：从火星到地球》（*A Prophetic Romance: Mars to Earth*）（1896），加勒特·瑟维斯（Garret P. Serviss）的《爱迪生征服火星》（*Edison's Conquest of Mars*）（1898），埃德温·莱斯特·阿诺德（Edwin Lester Arnold）的《格列弗·琼斯上尉：度假》（*Lieut. Gullivar Jones: His Vacation*）（1905），阿尔努·加洛潘（Arnould Galopin）的《欧米茄博士》（*Doctor Omega*）（1906）。甚至刘易斯（C. S. Lewis）在他的《走出沉默的星球》（*Out of the Silent Planet*）（1938）一书中也写到了火星人。

在《火星人》一书出版十几年后，埃德加·赖斯·伯勒斯（Edgar Rice Burroughs）出版了他的第一篇约翰·卡特在火星上的连载故事

《火星世界》(*Under the Moons of Mars*)(1912)。在伯勒斯撰写的故事中，卡特是联邦军队的一名上尉，一个备受欢迎的英雄。他发现自己被神秘地从地球送到了巴尔苏姆，一个伯勒斯虚构的地点，以取代火星。伯勒斯在三十多年里出版了十来部这样的小说，第一部是《火星公主》(*A Princess of Mars*)(1917)，故事中的火星人文明与洛厄尔的火星观念非常相似，他笔下的火星古老、干燥，火星文明包括有疯狂的科学家、绿色和红色的火星武士，还有约翰·卡特为之坠入爱河却濒临死亡的纯洁公主。

大约就在约翰·卡特爱上火星公主的同时，电影院上映了影片《火星之旅》(*A Trip to Mars*)，而且放了两次。第一次是爱迪生电影制片公司 1910 年发行的《火星之旅》。这部 5 分钟的电影讲述一位科学家的故事，他发明了一种能够反转重力的粉末。由于反重力粉末的化学泄漏，这位科学家被送到了火星，他不得不逃离一个长满巨树的深山老林，每一棵树都是一个妖怪，长着一双手臂企图抓捕我们这位英雄。第二次上映的《火星之旅》原名《天堂之船》(*Himmelskibet*)，是一部丹麦电影，一部全长 80 分钟的无声电影，1918 年上映，描绘了一组飞往火星的科学家，在那里遇到了热爱和平的火星人文明。1913 年，在两部《火星之旅》电影发行之间，英国电影集团发行了一部 1 小时长的电影《来自火星的消息》(*A Message from Mars*)。这部电影是根据理查德·冈特奥纳（Richard Ganthoney）的一部在 1899 年首次演出的戏剧改编的，剧中一名火星人被派往地球，通过让一个地球人做好事来救赎他自己。在 1934 年的《星际大战火星虎人》(*An Interplanetary Battle with the Tiger Men of Mars* ）中，巴克·罗杰斯为保卫地球而战；在 1938 年的 15 集连续剧《闪电侠戈登火星之旅》(*Flash Gordon's Trip to Mars* ）中，闪电侠戈登连续多周对抗蒙戈行星一个叫明的冷血魔王放在火星上的死亡射线枪。

到 20 世纪 30 年代，很多读过《科学美国人》（*Scientific American*）、《大众天文学》（*Popular Astronomy*）和《科学新闻》（*Science News*）等流行杂志的许多受过教育的非科学家们，都相信有火星人。至于没有读过这些杂志的人，可以从巴克·罗杰斯和闪电侠戈登这些电影人物了解火星人。此外，好莱坞还发行了许多火星人卡通片，如《挑逗命运的菲力猫》（*Felix the Cat Flirts with Fate*）（1926），《直达火星》（*Up to Mars*）（1930），《幸运兔奥斯瓦尔德：火星》（*Oswald the Lucky Rabbit: Mars*）（1930），《斯克拉比火星之旅》（*Scrappy's Trip to Mars*）（1937），《信不信》（*Believe It or Else*）（1939），《火星：梦幻游记》（*Mars: A Fantasy Travelogue*）（1943），《大力水手乘火箭去火星》（*Popeye's Rocket to Mars*）（1946）。对于对火星想入非非的人来说，不存在“有没有”火星生命的问题，他们也开展火星生命的公开辩论，只是辩的是“火星生命是怎样的”一类问题，而不是“火星人是否存在”这类更基本的问题。火星人可能非常先进，他们能够发射飞船舰队，派遣武装军队飞越我们两颗行星之间数千万千米的空间。这些观念在 1938 年不会令奥森·韦尔斯的广大听众们感到意外或震惊。难以置信的是，不到一个世纪之后，能够发射飞船舰队横越太阳系并要往火星上派遣入侵者的居然是我们地球人自己。

没有月亮人，也没有太阳人

古代和中世纪的某些伟大思想家认为，地球以外的世界充满了生灵，当然他们的主张只是基于为了避免孤独的个人哲学偏好[6]。希腊哲学家伊壁鸠鲁（Epicurus，公元前 341 年—公元前 270 年）争辩说，其他充满生命生物的世界必定存在，他写道：“世界有无数个，有些像我们这个世界，有些不像……没有人能够证明，某类世界会没有……

孕育出动物和植物的种子。”[7] 六个世纪后，伪普卢塔克（Pseudo-Plutarch）* 声称：“月球是陆生的，像地球一样有人居住，上面有动物和植物，比我们地球上的更大更美丽。”[8]

后来，宗教学者也得出了同样的结论。中世纪受人崇敬的犹太学者摩西·迈蒙尼德（Moses Maimonides，1135 年—1204 年）建议他人“考虑这种生灵身体有多巨大，数量有多庞大……人类这个物种比起超级存在——我指的是星球——来说完全是微不足道的。”[9] 两百年后，罗马天主教主教库萨的尼古拉（Nicolaus Cusanus，1401 年—1464 年）写道：“生命，将会被找到，因为在地球上它以人、动物和植物的形式存在，所以让我们假设，在太阳和恒星上它会以更高的形式存在……我们猜想，每个地方都有居住者……可以推测，在太阳地区存在太阳人，一群文明而生气勃勃的居住者，而且与生俱来就比可能居住月亮的人更精神。”[10] 意大利多明我会僧侣焦尔达诺·布鲁诺（Giordano Bruno，1548 年—1600 年）的臆测将这种思维方式推到了顶峰。他在 1584 年声称“有无数个太阳，还有无数个地球绕着这些太阳旋转”，所以“这些炙热的世界是有人居住的”，于是“太阳生物是存在的”。他的一名信徒问道：“那么其他世界跟我们一样也是有人居住的？”布鲁诺的另一名信徒赞同说：“即使跟我们不完全相同，也不比我们更高贵，但住的人至少不会少，也和我们一样高贵。”[11] 1600 年 2 月 17 日，罗马宗教裁判所将布鲁诺焚死在罗马鲜花广场上。我们不清楚布鲁诺被处死的确切原因，但他关于地外生命的观点无论过去还是今天众所周知都颇有争议，这肯定是他的麻烦之一。此外，他还有几个被指控为异端的理由让宗教裁判们抓住：布鲁诺被控诉宣

* Pseudo-Plutarch 是对署名 Plutarch 的作品（现在确认并非 Plutarch 的作品）的作者的常用称呼。——译者注

扬基督是个技术娴熟的魔术师，创造出迷幻的奇迹；布鲁诺还被指控阅读禁书、宣扬非正统的三位一体、轮回转世、不存在地狱，以及圣餐变体论等[12]。

伽利略·伽利雷（Galileo Galilei）让我们变成了“偷窥狂”，在那个年代之前，人类只知道五颗行星以及太阳和月球，对于遥远的天体是怎么样的一无所知。人们对其他世界包括太阳、月球或其他行星上的生命的所有看法，都纯粹是猜测。然而在1610年，伽利略对荷兰眼镜制造商汉斯·利伯希（Hans Lippershey）的新发明做了改进，用这具改进了的望远镜（spyglass），伽利略向天文学家展示了如何揭开天幕。在接下来的数百年中，形而上学——即根据哲学原理而不是根据可靠的数据来解释物理——慢慢让位于这样的认知：我们的行星伴侣处在环绕太阳的轨道上，不过，这些知识仍然带着人类期望和哲学偏见的浓厚色彩。在望远镜问世前一千多年，人类就有了一项智慧发明——丰饶原则，这个原则主张所有可能形式的存在宇宙中都有，它明确地回答了文艺复兴时代的学者们所问的一个似乎无法回答的问题——别的星球上存在生命吗？是的，必须坚持这个丰饶原则！外星生物必定存在，因为上帝的善良要求所有的世界，包括金星和火星、木星和土星、月亮，甚至太阳，都应该居住有聪明并崇拜上帝的居民。根据丰饶原则，这些生物崇拜上帝的理由十分充分，毕竟这些世界是上帝创造的。以地外生命必须存在的知识为武器，配备伽利略的创新技术，外星生物再也不可能利用巨大的空间作为屏障将它们的星球与地球隔离，藏匿其后以便躲避天文学家。其结果是，人类第一次用望远镜观察火星之前，我们心中已相信最近的邻居行星上存在着生命。

然而，望远镜以及出生在“现代”望远镜世界的学者改变了这些法则，自然哲学和形而上学让位于基于数据的科学和实验物理学。17世纪出现了许多杰出的观察家，如伽利略和罗伯特·玻意耳（Robert

Boyle），以及许多杰出的数学天才，如约翰尼斯·开普勒（Johannes Kepler）和艾萨克·牛顿（Isaac Newton），他们创立了新的学说，把亚里士多德地心宇宙说、托勒密本轮说等形而上学的陈旧学说丢进了历史垃圾箱。17 世纪伟大的天文学家，如意大利的乔瓦尼·多梅尼科·卡西尼（Giovanni Domenico Cassini）、荷兰的克里斯蒂安·惠更斯（Christiaan Huygens），用不断改进的望远镜展开了严谨仔细的天文观测。观测进展缓慢却很踏实，月球、太阳和众多行星上人类想象居住的邻居开始被赶了出去。早年的揣想逐渐为天文知识所取代，太阳系渐渐变成我们人类独居的乐园。最后，剩下的只有火星，它被视为我们所知的太阳系里外星生命唯一可能存在之地。从那时起，天文学家在考虑地外生命的可能性时所有的才华、情感、精力都被倾注于这一颗星球。

月球上有生命吗？即使是除了肉眼一无所有的古人看月亮，也看得出月亮上有些明显黑色的斑块，周围则是大片浅色区域。从古代开始，天文学家就把月球上的黑斑称作为海，因为他们认为地球上的海洋要是从空中俯瞰，在周围沙土色的大陆衬托下也呈黑色。正是他们认定黑斑的颜色、形状与地球大片水域相似，所以他们也认为月海里面蓄满了水，而那些大片浅色区则可能是稍高于月球海平面的大平原。除了海洋和平原之外，伽利略还在他最早的望远镜观察中发现月球有山，这些月球高地耸立于月面之上数千英尺之高，将长长的阴影投射在月球平原之上。

海、山、平原，合到一起使月球看上去就像地球，于是这个颇像地球的世界肯定有人居住。18 世纪末，伟大的法国生物学家布丰伯爵乔治-路易·勒克莱尔（Georges-Louis Leclerc）摆出了支持月亮居民存在的大量论据。与此同时，发现天王星的杰出英籍德裔天文学家威廉·赫歇尔（William Herschel）也证明有些恒星绕着别的恒星旋转，他称之为“双星”系统，他甚至还绘制出银河系的形状，还写文章认为可能存在“月亮人”[13]。

虽然海与山使得月球看起来像地球，但月球的可视边缘——月轮和黑色太空的界限，与地球的不同，它清晰而明锐。假如月球像地球一样有大气层，那么遥远的恒星在我们看到非常靠近月球边缘时，星光会因穿过月球大气而闪烁不停。另一方面，如果月球没有大气层，那么无论星星离月亮多近，星光都不会受到影响。19 世纪初，伟大的德国天文学家弗里德里希·威廉·贝塞尔（Friedrich Wilhelm Bessell）通过望远镜的观察，证明了从月球边缘到纯黑太空的过渡十分明锐清晰。他关于月球边缘毫不模糊的测量使大多数天文学家相信月球没有大气。在 1874 年出版的一本小册子中，当时的一位伟大的科学家、美国国家科学院的创始人之一、哈佛大学古生物学教授路易·阿加西（Louis Agassiz）编列出一长串月球没有大气的理由。他认为，假如月球有大气，大气会将日光散射到阴影区域，会使阴影不那么暗。此外，他认为，月山阴影的绝对黑度也是没有大气的证据。他写道，这是“月亮没有明显大气的第一个证据”。他认为，贝塞尔关于从月球到背景星明锐过渡的观察，可作为证明月球没有大气的另一个理由[14]。

没有大气，月球生命的假设也就不可信了。天文学家们清楚，月“海”里几乎可以肯定根本没有水，相反，它们只是月面上深色的地貌。因此，没有大气，月球也就没有空气供动植物呼吸。结论很明显：没有大气就意味着没有水或空气，没有水或空气也就意味着没有生命，月球表面不可能有生命存在。因此，到了 19 世纪中叶，天文学家认识到，这颗离我们最近的邻居尽管外貌简单乖巧，但肯定不同于地球。月亮人也许可以在月球的地下生存，但除了个别非主流天文学家外，月球上存在生命的猜想很快失去了支持，尤其当天文学家学会了用望远镜仔细研究月球之后。随着现代望远镜投入观测，特别是 20 世纪 60 年代阿波罗计划送宇航员登上月球，以及 21 世纪最新的月球轨道器任务，我们关于月球结构和月球史的知识呈现爆炸式增长，据此，我们现在能以科学的名义非常肯定地说，月球是个不育生物的世界。

那么，太阳上有生命吗？几位备受尊敬的学者中就有人认为存在太阳人，其中数 18 世纪的德国天文学家约翰·埃勒特·波得（Johann Elert Bode）最为著名，这位柏林天文台的台长还是创立于 1776 年并在 1960 年以前每年出版的《柏林天文年鉴》（*Berliner Astronomisches Jahrbuch*）的创始人。大多数天文学家知道，太阳是地球上光和热的源泉。他们进一步推测，太阳也可能同样将热与光施于宇宙的其余部分。作为所有这些热量布施者的太阳，天文学家正确地断定它本身必定是炙热的。虽然波得认为他的太阳人能忍受住太阳耀眼的光芒和炙烤的热度，但几乎所有的人都对燃烧炙热的太阳能居住生命的观点不屑一顾。因此，在天文学日益科学化的 19 世纪，太阳被严肃的天文学家完全排除在任何形式外星生命能生存的地点之外。

进入 21 世纪以来，太阳的温度结构（核心约 15 000 000开，表面约 5 600开*）和成分（几乎完全由氢和氦构成，几乎呈完全等离子体，即原子有一个或多个电子被剥离）都已完全精确知道。现在有数颗卫星不间断地测量和监视着太阳的活动（如耀斑、太阳黑子、日冕物质喷射等）。太阳上没有地方可藏匿生命，强烈的紫外线和 X 射线辐射场会迅速摧毁任何靠近它的生命。毫无疑问，太阳像月亮一样，不可能有任何生命。

---

* 开尔文（简称开）是热力学温标单位。热力学温标以 −273.15℃为起算零点即 0 K。——译者注

为什么是火星

天空中最亮的两个天体存在生命的可能性被排除了，对后伽利略时代的天文学家来说，下一个可能存在生命的地点得看剩下的几颗行星——水星、金星、火星、木星和土星（天王星和海王星直到 1781 年和 1846 年才被发现，而冥王星到 1930 年才被发现，当然，如果你仍将它归入行星家族）。

先说水星，它的情况怎样呢？正如 17 世纪在望远镜里所见到的，水星既小又平淡无奇。事实上，在 20 世纪的很长一段时间里望远镜看到的水星仍然矮小而毫无特征。它的物理大小不及地球的一半，公转轨道直径也不到地球绕日轨道直径的一半，而水星离地球的距离从不小于 6 000 万英里*（大约是月地最近距离的 250 倍）。较小的物理尺度（还不如两倍的月球直径大）加上离望远镜的遥远距离，两者的结合意味着水星的视角大小始终小于满月的 1%。另外，作为一颗内行星（绕日运行轨道在地球公转轨道以内），水星具有位相变化。水星离地球最近时，也是看上去最大的时刻，但这时我们看到的只是它的黑暗面，即没被太阳照亮的一面。绕过半个水星轨道后，水星应该到达“望”的位相，但此时我们看它的视线被太阳挡住了。实际上，我们观测到的水星是在这两个位置之间，而且看到的只是月牙状的水星。

要是一个天体始终只露出一点点，或者只露出一丝而不是整个圆面的话，当我们去观测时，即使它有什么，我们也无从知晓更多。另外，水星绕太阳的轨道很小，从地球上看，水星离太阳的距离从不超过 28°（约 3 500 万英里）。有时水星正好在太阳出现前的晨曦中升起，

---

* 1 英里约为 1.6 千米。——译者注

出现在东方地平线的白昼天空，此时，天空快速变亮，亮到我们看不见这颗星球。其余时候，水星都在太阳落山后的薄暮中显现。因此，只有当明亮的天空褪色于暗黑之时，才有可能见到水星，这时水星将跟随着太阳迅速地消失在地平线之下。通常认为水星十分酷热，因为它靠近太阳，而且它很小，很难观测到，所以 18 世纪和 19 世纪的天文学家猜想水星上有没有生命的激情从来就不高。

据我们今天对水星的认知，这个星球是不适宜生命居住的。因为离太阳太近，水星受到日光的炙烤，受日光直射的地表温度最高可达 427℃。水星的自转速度非常慢，一个水星日几乎等于 176 个地球日 *。由于没有大气的阻挡，不同经度和纬度上地表的日夜温差也无法消除，水星面向太阳的一侧受到数月之久炸薯片般的炙烤，与此同时，水星的另一侧则被冷冻至星际深空的温度，最低达−173℃。因此，水星的表面对于生命不是太热就是太冷，完全没有适中的温度。水星的小直径加之离太阳很近的距离对宜居生命的能力产生负面效应。直径小意味着质量比地球小得多（约为地球的 5.6%）。小质量加上小直径使得水星表面的引力只有地球的 38%，几乎与火星相同。由于表面的引力相对较弱，所以水星和火星这两颗行星都很难留住大气。但是，水星表面白昼温度很高，这意味着在水星大气中，原子或分子的速度要比在冷得多的火星大气中高得多。结果，更高的速度意味水星大气原子分子更容易从表面上升并离开，然后完全从水星逃逸到行星际空间。此外，太阳以每秒几百英里速度向外抛出的快速运动粒子（这些粒子被夹带在众所周知的太阳风中）也有助于水星大气粒子加速到逃逸速度。因此，无论是大气还是水，在水星表面都留不住（但有个例外十分有

* 水星“日”长 175.97 个地球日，是水星缓慢的自转周期（58.65 天）与轨道周期 87.97 天的古怪组合。

趣：现代观测表明，水星南北两极附近永不见阳光的陨击坑盆地深处存在极少量的水冰）。水星只留有一个大气外逸层，这层大气十分稀薄，它由从表面逃出并向外转移的轻气体组成。

那么，金星又怎样呢？金星是离地球最近的行星。它与地球的物理大小（半径）类似，相差不超过 5%，质量为地球的 81%。然而，尽管它与地球情况相近，有相似的大小，相似的表面重力（90%），但是天文学家基本上都不看好地球这颗最近的邻居，因为在望远镜里它看不出有任何值得研究的东西。

在现代行星探索开启之前，金星让天文学家感兴趣的只有短短的一小段时间，而且几乎与地外生命猜想无关。正如伽利略 1609 年用他的第一架望远镜观察天空时所见到的那样，用望远镜观察金星时，它的外观大小和形状都在发生变化。当它靠近地球时变得更大，当它远离地球时变得更小。正如伽利略所发现的，金星要历经新月和凸月各个相位，这与月球有点像，区别是新月的金星比凸月的金星大得多，而月球不论什么相位，大小都几乎相同。

金星的这些变化具有革命性的重要价值。伽利略解释说，金星的大小随其相位发生同步变化，表明金星环绕太阳而非地球运行。他无疑是正确的。伽利略对金星的观察无可争辩地表明，亚里士多德关于宇宙结构的一个基本思想即地球是所有轨道的中心是错误的。因此，伽利略声称，他支持哥白尼的学说，地球和其他所有行星也都是环绕太阳运行的。虽然伽利略这些观念正确无误，但是最终出乎他意外的是，金星相位变化的方式只是哥白尼正确的间接隐示而不是证明。伽利略的雄辩无疑是对下述观点的支持：《圣经》应在以太阳为中心而不是以地球为中心的宇宙框架下重新诠释和理解。但是把伽利略的观察和逻辑统统合起来也不足以说服后宗教改革时代的罗马天主教会领袖们放弃亚里士多德的宇宙地心说，他们认为，无论在逻辑上还是在神学上地心学说都已被证明是正确的，因为作为长期传统，教会领袖们就是据此解释《圣经》的某些章节（例如《传道书》第 1 章第 5 节“日头出来，日头落下，急归所出之地。”）。伽利略试图改变教会的观点，他认为这属于天文学问题，但教会认为这是神学问题，此举的后果是 1616 年禁书目录的发布，禁止并谴责所有认为哥白尼是正确的书刊（具有讽刺意味的是，哥白尼自己的著作《天球运行论》却仅仅被要求“更改”前暂停发行，而更改的命令又是在 1620 年发布的）。17 年后的 1633 年，教义圣部（即罗马宗教裁判所）对伽利略进行了审判，定他异端邪说罪，判其软禁，伽利略就此度过了一生最后的八年，而且这一判决还在科学与宗教之间制造出迄今尚存的紧张气氛。

的确，金星对于天文学史和科学史而言很重要，伽利略对金星所作的少量观察属于科学史上最重要的、最具革命性的发现之列。然而，金星并没有因此成为一颗有趣的天体得到进一步的研究，或者成为猜测地外生命的有趣天体。金星从大芽形变到小芽形，然后变成几乎圆形，最后重新回到大芽形。除了这种形状变化之外，金星看起来总是一成不变的灰色，毫无特征。金星的大小和形状的变化意味着，它离我们较近较大时，我们只能看到它的一缕；当金星渐渐变圆时，它也变得离地球更远而难以研究。因此，基于地面观测的天文学家为了增大金星视角，无论他们将望远镜造得多大，也无论如何精心制造成像滤光片，即使现代可以舒服地坐在地球上观测的天文学家，也绝不能在金星表面上看到环形山、高山或别的东西。凡是用地球上的望远镜，天文学家们也没有在金星视圆面上见到过暗斑、亮斑或其他什么样的斑块。对过去四百年来用望远镜观测的天文学家来说，金星一直是平淡无趣、不可认知，从未像火星那样成为天文学期望与关注的焦点。事实上，直到 20 世纪初发明望远镜用的紫外滤光片以后，天文学家才看到金星大气中的某些特征。

在理解了金星位相的成因后的300多年里，天文学家们对这颗星球的兴趣荡然无存。

对金星有点兴趣的倒是些科幻小说的作者，这很可能是因为金星浓厚的大气层阻止天文学家去证明这些作者们所描述的金星表面上发生的情节是错误的。埃德加·赖斯·伯勒斯写的《卡森·内皮尔金星历险记》（*Carson Napier of Venus*）系列丛书，从《金星海盗》（*Pirates of Venus*）（1934年）开始，紧接着是《迷失金星》（*Lost on Venus*）（1935年）和《金星谍战》（*Carson of Venus*）（1939年），这些故事都发生在炎热的金星。霍华德·菲利普·洛夫克拉夫特（Howard Phillips Lovecraft）的《迷宫墙内》（*In the Walls of Eryx*）（1939年）叙述的故事发生于泥泞的金星，而雷·布拉德伯里（Ray Bradbury）的《一天长的夏季》（*All Summer in a Day*）（1954年）则是发生在多雨金星上的故事。但是，20世纪的天文学缓慢而坚实地表明，金星不适宜居住，即使是对于科幻生物。

1942年，还是在现代天文学家想出实际测量金星表面温度方法之前，著名的英国天体物理学家詹姆斯·金斯（James Jeans）认为金星“太热，水会沸腾跑掉……因此这个星球很可能完全没有水。”[15]然而他对此无法给予证明。不过20年后，卡尔·萨根（Carl Sagan）用射电望远镜测量了金星白天的表面温度，约为890 ℉（现在最好测量值约为870 ℉或465℃），这证明金斯是正确的[16]。金斯还提出，有充分理由可以认为，金星的云可能由甲醛组成。后来也证明他多少有点是对的，因为组成金星云的物质尽管不是甲醛，却也是腐蚀性物质。金斯的思想十分开放，他没有完全排除金星上存在生命的可能，虽然他认为“能在这个星球上居住的生命一定很不同于地球生命”。

进入20世纪70年代，天文学家终于发现金星隐藏其表面的原因。除了有一个密度为地球大气95倍而且几乎完全由二氧化碳组成的大气层外，金星还覆盖着厚达 20 千米的云层。通过地面望远镜的观测，天文学家能够测定金星的云滴主要由硫酸组成，尽管不是甲醛，也着实令人讨厌。由于这层厚厚的云，我们在可见波段永远无法穿透金星大气看到它的表面。我们肉眼所见的光，以及 17、18、19、20 世纪，甚至 21 世纪的天文学家用望远镜观测到的光，全是金星云顶反射的，它呈淡黄色，几乎完全没有特征。为了透过金星大气进行观测，NASA 的工程师们建造了金星先驱者（Pioneer Venus）轨道器，它在 20 世纪 70 年代后期被发射到金星绕其运转，还建造了麦哲伦（Magellan）轨道器，并在 1989 年造访了金星，这两个轨道器上都安装有电波能穿透云层的雷达。

根据金星先驱者号的数据，行星科学家们发现詹姆斯·金斯是正确的。金星几十亿年前曾经拥有的水现在已几乎全部丢失。金星曾经有过海洋和河流，但现在干燥得如同枯骨，大气中的水汽至多只够形成一个仅有一二英寸深的全球海洋（假如其全部水汽都凝聚到地面上），而地球的海洋，平均深度约达 2 英里[17]。尽管金星表面有环形山、山脉和大陆，类似地球表面，但对于该行星上可能存在的任何生命，金星都是敌视的。

木星又怎样呢？木星有所不同。虽然伽利略在 1610 年发现了木星的 4 颗大卫星，然而这颗行星本身却丝毫没有引起他的注意。在 17 世纪的望远镜里，无论是伽利略的还是别人的，木卫一、木卫二、木卫三和木卫四看上去只不过是几颗在木星周围不停游动的白点而已。一旦这些卫星的轨道周期在合理的精度范围内被确定下来，那么它们也就没有更多东西能获悉了。这种情况一直持续到现代，直到 NASA 在 20 世纪 70 年代先后派遣先驱者 10 号（Pioneer 10）和先驱者 11 号（Pioneer 11），而后是旅行者 1 号（Voyager 1）和旅行者 2 号（Voyager 2）从木星侧畔飞过后，情况才有所改变。进入 20 世纪 90 年代，我们通过伽利略（Galileo）轨道器获取木星信息，而今天通过仍在工作的朱诺号（Juno）继续获取木星更多的信息。

可能早在1630年，意大利的弗朗切斯科·丰塔纳（Francesco Fontana）就已观察到木星的暗带和带纹。30年后，约1664年，即伽利略发现木星卫星近半个世纪之后，英国科学家罗伯特·胡克（Robert Hooke）声称他在木星上见到一个斑痕。一年以后，卡西尼第一个描述说木星上有个巨大的“永久性斑块”。但是木星离地球太远，所以直到现代望远镜问世后，天文学家才看清这些特征的丰富细节并产生各种兴趣，像迷恋火星一样迷恋上了木星。

在17世纪最初的几十年里，木星成为猜测地外生命的主要对象，其中最笃信的莫过于约翰内斯·开普勒。开普勒发现行星沿一个椭圆（而不是圆）环绕位于其中一个焦点上的太阳旋转，从而创立了现代数学天体物理学这门学科。在得知伽利略发现木星的四颗大卫星之后，开普勒认为，单凭木星存在卫星这个事实就足以证明木星是有人居住的[18]。开普勒进一步解释说，这些卫星如果不为木星人享受，上帝为什么要创造它们呢？

然而，木星离太阳确实太远了。因此，木星上层大气中任何形式的生命能接收到的太阳热量远低于将水维持在液态所必需的热量。不过，木星云顶之下的温度却随大气深度的增加而上升，在气压大约超过地球表面压强20倍的深处，温度能达到水的冰点之上。更往深处走，压力和温度还会继续急剧上升。在缺乏液态水的木星上层大气中，生命能够存在和繁荣吗？而生存在木星大气深层的生命又能否承受得了木星巨大的质量和引力产生的超强压力呢？所以，对生命而言，木星的环境也恶劣得难以置信。因此，除了个别天文学家，几乎没人愿意花费一点点时间和精力去猜测木星的生命形式。

至于木星的几颗大卫星，在20世纪70年代之前，就连对探索宇宙生命兴趣盎然的天文学家也觉得它们索然无味。不过，最近几十年来，木卫二引起了对可能存在的地外生命兴致勃勃的行星科学家的强烈好奇。在木卫二形成后不久，星体内的热量——形成卫星的碰撞过程所产生——已足以使木卫二内部软化。其结果是，卫星内部的轻质物质（水）往上升到卫星表面，而密度较高的物质（金属与岩石）往下沉入卫星中心，这一过程行星科学家称之为分化。木卫二的水透过内部岩浆层向上迁移，在表面积聚，并暴露在酷寒的空间温度下，冻结并形成厚厚的冰层。与此同时，木卫二的岩石往下沉淀形成岩核。

当木星及其卫星的形成时代过去后，卫星与木星之间的引力相互作用在最内的几颗大卫星上产生潮汐，潮汐开始将木卫一、木卫二和木卫三同步地向外推。木星挤压推动最内的大卫星木卫一，木卫一推木卫二，最后木卫二推木卫三。当木卫一绕木星转动时，木星与木卫一之间的潮汐相互作用一张一弛地挤压木卫一，就像挤压一个网球。这个过程是连续的，它将能量注入木卫一的内部并使之变得很热，并促使其表面连续发生火山活动。像木卫二一样，木卫一也发生分化，但是，很久以前上升到木卫一表面的水早就被加热并吹散到太空中去了。

然而，木卫一会将相当多的潮汐热转移到木卫二上，使它的表面冰层软化，没有找到撞击坑就是木卫二表面可塑性的证据。木卫二表面的软化层深达几至几十英里，它下面的冰为潮汐热完全融化。因此，在木卫二的岩核和表面薄冰层之间拥有一个全球性的海洋。这个全球海洋可能深达 60 英里，它位于地下，那里的温度、压力、能量和含盐度等各种条件可能正好适宜生命的维护。由于这些原因，现代天文学家对木卫二表现出莫大的兴趣。不过，木卫二内部的条件还不清楚，得等待现代太空探索时代的到来。因此，前几代研究宇宙地外生命的现代天文学家对木卫二毫无兴趣。

如果木星对地外生命而言是个恶劣的家园，那土星就更糟。土星离太阳比木星远一倍，所以比木星要冷得多，而引力的严酷性却差不多。然而，伽利略在 1610 年 7 月发现土星时立即对它发生了兴趣，因为按他自己的说法，土星由三个相连的天体组成。联系到木星的情况，伽利略以为他发现了土星的卫星，而且是一边一颗。但是，在土星的鼓起部分时而出现时而消失的同时，它们并没有像木星的四个大卫星那样成为独立的小光点，并在夜空中持续地改变与土星的距离。相反，它们更像固定附属在土星上的手柄。对于土星上观察到的情况，伽利略始终没有想明白。直到半个世纪后，已经发现土星最大的卫星土卫六的惠更斯正确地提出，土星周围有一个扁平的薄环。一颗巨大的卫星加上一个光环系使得土星趣味无穷，然而土星本身却又类似水星、金星，更多地像木星，几乎没有任何足以引起天文学家长期关注和持续兴趣的表面特征或大气特征。巨大的土星，类似于巨大的木星，也是一个残忍的母亲，所以天文学家早就不再指望在土星上能找到任何生命。

土星最大的卫星土卫六同样十分遥远，在地球上不可能对其细究精考，这种情况直到现代星际航天器出现才发生改变。这些自动探测器中，最重要的当属欧洲空间局（European Space Agency, ESA）研制的惠更斯（Huygens）探测器。惠更斯由 NASA 的卡西尼（Cassini）飞船运抵土星系统，并于 2004 年末投入土卫六大气层。卡西尼的任务是研究土星、土星环和土星卫星，共进行了 13 年的观测，最后在 2017 年 9 月以冲入土星大气层的方式终结了自己的使命，而惠更斯则掀开了土卫六的面纱，将它的大气和表面的秘密展现在我们眼前。在土卫六的表面，液态乙烷和甲烷组成的河流、湖泊和海洋星罗棋布，现代天体生物学家推测，那里可能存在奇特形式的生命，当然它们也可能居住在土卫六超咸的地下海水中[19]。与木卫二一样，我们对土卫六潜在可居性的迷恋是一种现代情怀。

当然，也是卡西尼飞船，使得行星科学家能有十多年的时间定期地研究土卫二，所以，土卫二如同磁铁般引起了天体生物学家的关注。与木卫二类似，土卫二在它的冰壳层下面也有一个全球性地下海洋[20]，另外还有类似黄石公园里的间歇泉，将水汽、氢气、氮气、甲烷和二氧化碳气体从密封的地下洞穴喷入太空，其中某些喷发直达土卫二表面之上 300 多英里的高空。与木卫二和土卫六一样，土卫二现在也攫取了现代天体生物学家的眼球。不过，在 21 世纪初以前，土卫二只是外太阳系中一颗朦胧模糊的小卫星。

至于天王星，在发现之前我们甚至不知道它的存在，1781 年赫歇尔用望远镜在双子座搜寻暗星时才意外地发现了它。与之相反，海王星是 1846 年柏林天文台的约翰·戈特弗里德·伽勒（Johann Gottfried Galle）在天空的准确位置上有计划地搜索时发现的，而在此前先有两位数学家，一位是英国的约翰·库奇·亚当斯（John Couch Adams），另一位是法国的于尔班·勒威耶（Urbain Le Verrier），他们根据天王星自发现以来的测量结果，推断出更远处有一颗迄今未知的行星扰动了天王星的轨道[21]。这两颗巨行星离太阳实在太远，在 20 世纪 80 年代末旅行者 2 号从它们侧畔越过之前，我们对它们几乎一无所知。在 19 世纪的望远镜里，天王星和海王星只不过是两个小光点，只是在前两颗已知的巨行星木星和土星存在生命的想法被遗弃之时，天王星和海王星才进入天文学家的视野，不过这两颗巨行星无论哪一颗，都从未被天文学家看作为生命存在的可能地点而产生过兴趣。

此外，19 世纪是唯智论的时代。在这期间，多元论——存在大量可居住世界的观点的缩称——的概念引起了人们的质疑。几个世纪以来多元论在天文学家和哲学家中一直很流行，它认为宇宙中的每个世界——与恒星、行星或月球同义的世界——必定是有人居住的，因为上帝创造了这些世界，要是不安置崇拜他的居民在这些世界的话，就是浪费创造能了。

美国费城的戴维·里滕豪斯（David Rittenhouse）1775 年在向美国哲学学会发表演说时，第一个提出基督教和多元论是不相容的。里滕豪斯认为，对天文学家而言，所有遥远的世界都居住着智慧生物的所谓“多元论”，“与天文学的原理不可分离，但是这种学说仍是……背离基督教所宣称的真理的”。[22] 里滕豪斯所指的是，一个人不可能既是一个基督徒，又相信有地外生命。托马斯·佩因（Thomas Paine）广泛地传播这一信念，1793 年他在《理性时代》(*Age of Reason*）一书中写道：“要是相信上帝创造了众多的世界，至少像我们称之为的恒星一样多的话，那么基督教的信仰体系立即变得微不足道而荒谬可笑，就像空气中的羽毛那样散落于人心。”[23] 英国首相罗伯特·皮尔（Robert Peel）任命的剑桥大学三一学院院长威廉·休厄尔（William Whewell）（后来他担任剑桥大学副校长）在 1853 年发表了《论世界的多元性》(*On the Plurality of Worlds: An Essay*)，书中他充分地辩解道，多元论者的立场的科学基础“在科学上是有缺陷的，在宗教上是危险的”。[24] 休厄尔是 19 世纪英格兰最有影响力的一位公共知识分子，他发明了“scientist”（科学家）一词取代“natural philosopher”（自然哲学家），他担任过英国科学促进协会和地质学会的主席，并被任命为皇家学会会员[25]。休厄尔的观点因他在学术界的巨大影响而引起强烈的反响，尽管大多数天文学家并未放弃多元论的信奉，但已迫使许多人更谨慎地去思考地外生命的问题。

也许是偏见的错误诱导，自最早用望远镜观察之时起，天文学家就发现了或者说是发明了火星相似地球的许多理由。他们对火星研究得越多，就越相信这些相似的真实性和重要性。根据他们的逻辑，因为地球有生命，因为火星与地球相似，所以火星也可能居住有生命。此外，火星与月球、太阳、水星、金星、木星、土星、天王星和海王星都不一样，所以火星不违背里滕豪斯、佩因和休厄尔反多元世界的论据。自 21 世纪初以来，木星的卫星木卫二和土星的卫星土卫二可能已经超越火星，成为我们太阳系内最有可能存在地外生命的候选天体。不过，从 19 世纪初到 20 世纪的大部分时间里，火星是我们太阳系中唯一一个被一些严肃学者坚称曾经存在且可能仍然存在地外生命的天体，尽管尚存争议。

第三章

火星，地球的孪生兄弟

望远镜发明后不久，用光学望远镜装备起来的天文学家便早早地坠入了火星之恋。火星，不但明亮、颜色多变，而且有亮区有暗区，反差明显，令人兴趣盎然。此外，除了金星，火星比其他所有行星离地球更近，所以望远镜里它显得相当大。还有，附近的金星和水星常常呈现为月牙状，而火星则不同，始终都是圆圆亮亮的（“满”火星）。所以，与太阳系其他当时已知的行星相比，火星对天文学家更有诱惑力，始终吸引着他们的注意。到 18 世纪末，天文学家已了解到火星的许多物理性质，这使他们相信，火星与地球这两颗行星有如此多的共同属性，可把它们视为孪生兄弟。

望远镜先后在意大利与欧洲的其他地方普及流行，一经如此，火星很快成为观测的舞台中心。令人吃惊的是，天文学家把他们在火星上看到的，想象为倘若他们身在远处用望远镜眺望地球时见到的情形。火星早期观测最重要的一个发现是望远镜里火星表面的暗斑。第一次宣称看到的是那不勒斯的一位律师、眼镜商和业余天文学家弗朗切斯科·丰塔纳，他先后于 1636 年和 1638 年在火星圆面几乎正中央处发现了一个暗色斑点，他称它为“黑药丸”。在十年后的金星观测中，丰塔纳在金星圆面上也看到了一个类似的“药丸”，所以几乎可以肯定，火星上看到的小药丸只是光学假象，是他那具自制望远镜糟糕的光学系统造成的，尽管他和他的同代人都没有认识到这一点[1]。丰塔纳的暗斑十分重要，当然，之所以重要并不因为它是火星斑（后来知道它不是），也不是因为它的似是而非，而是因为它引起了其他天文学家对火星的关注，将它视为一个有趣的天体，在细心的观察者看来它并非是个平淡无奇的圆盘，而是有什么东西藏匿着。情况似乎已十分清楚：火星有秘密要分享，天文学家可以用望远镜穿越深邃的太空，撩起火星的面纱，揭开这颗红色行星的奥秘。

接下来报告的火星斑很可能是火星表面上一些真实的特征。1644年圣诞节前夕，耶稣会士达尼埃洛·巴尔托利神父（Daniello Bartoli）用望远镜观察火星，与在那不勒斯观察的丰塔纳一样，他在火星的“下半部”发现了两个斑块。火星的其他观察他都没有记录，却为我们留下了他个人的另外一个观察。“上帝保佑，”他写道，“未来的观察者或许能把它们看得更清楚。”[2]在随后的十年里，这位耶稣会士从那不勒斯搬到了罗马，但他还是全神贯注于火星的斑块。在罗马学院（Collegio Romano），有两位一起工作的神父詹巴蒂斯塔·里乔利（Giambattista Riccioli）和弗朗切斯科·格里马尔迪（Francesco Grimaldi），他们报告说，他们在1651年、1653年、1655年和1657年的多个夜晚观察到火星斑块[3]。

对于地球上的观察者而言，火星大约每两年会有一个最佳观察位置，那时地球追上缓慢移动的火星。此时地球与火星都在太阳的同一侧，从太阳看过去它们正好位于同一方向。这个两年的周期就是里乔利和格里马尔迪在17世纪50年代每隔一年有一次火星观测记录的原因。两颗行星在太阳的同一侧排成一列，天文学上称为冲，对地球和

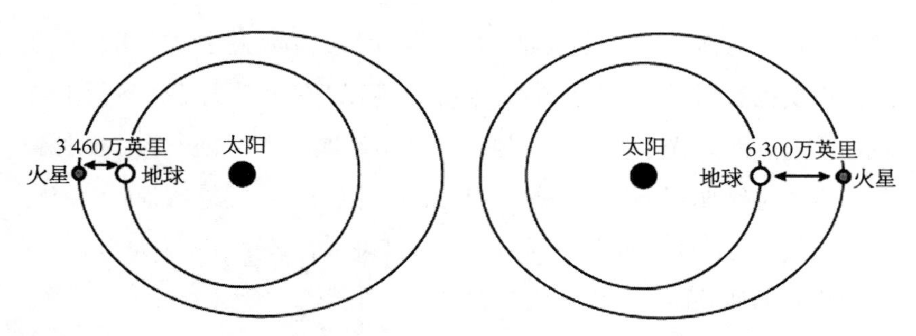

图 3.1　太阳、地球和火星排成一直线时（称为火星冲，每 780 天发生一次），地球与火星的最小距离为 3 460 万英里（约 5 570 万千米，左图），最大距离为 6 300 万英里（约 10 140 万千米，右图）。

火星而言每隔 780 天就会发生一次，其原因很简单，仅仅是因为地球绕太阳的旋转（365.25 天）比火星（686.98 天）快的缘故。就像跑道上的两名跑步者，地球处在半径较小的内线，地球与火星以不同的角速度环绕太阳运行，所以地球每 2 年零 50 天追上一次火星。在发生冲的时刻，火星要比其他时候更接近地球，因此在地面观察者看起来它也更大一些。此外，在冲发生期间太阳、地球和火星三者的相对位置，使得经火星反射折回到地球的太阳光比日－地－火三者的其他位置更为有效。对使用望远镜的观察者来说，火星越大越亮也就越好，因为他们可以看到火星表面上更精细的结构。火星离地球最近时，可近到约 3 500 万英里。然而，火星的轨道较之近圆形的地球轨道更为扁长（不太圆），所以火星离地球的最近距离不是始终不变的。发生冲时两颗行星最近距离只有 3 460 万英里（这时火星的视角大小约为 26 角秒），最远可达到 6 300 万英里（火星的视角大小仅为 13 角秒）。所以，天文观测火星的最佳时间出现在大冲期间，每 15～17 年发生一次大冲。

17 世纪 50 年代的后半叶，一场关于火星的革命即将发生，因为正处于极佳观察位置的火星恰逢该世纪最杰出的一位天文学家——荷兰人克里斯蒂安·惠更斯。1655年，处于大冲的火星位置极佳，而且四年后的1659年它的位置仍然相当好，就在此期间惠更斯有了一个关于火星的发现，就是这个发现在天文学家心目中形成了火星是地球孪生兄弟的概念。1659年11月28日和12月1日这两天的傍晚，惠更斯绘制了火星草图，图上画了一个又大又宽“V”字形的暗区，它占据了火星半个宽半个高的可见圆面。根据这两个傍晚观察的时间差以及从11月28日夜晚到12月1日夜晚暗区位置的稍许变化，惠更斯得出了一个大胆而正确的结论：火星像地球一样有约为24小时的自转周期[4]。

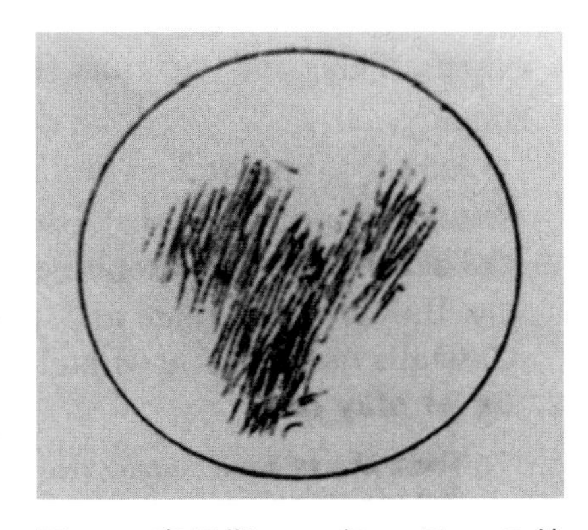

图3.2 惠更斯1659年11月28日绘制的火星草图。图上的暗斑是火星表面最容易发现的特征之一，由惠更斯首先发现。该特征的名称在19世纪变更过多次，曾被称为沙漏海、大西洋水道、恺撒海等，现称大瑟提斯高原（Syrtis Major Planum）。本图取自弗拉马里翁的《行星火星》（*La Planète Mars*）（1892）。

再简述一下这个发现：火星有自转，有昼夜变化，火星的昼夜循环周期与地球24小时的昼夜循环几乎相同。

火星的自转周期并不是非24小时不可，毕竟，太阳系行星的自转周期从几小时到几百天的都有。木星9.9小时自转一周，海王星的“一天”是16.1小时，冥王星的自转周期为6.4天，而金星则需要243个地球日才自转一周。（注意，这些自转周期天文学家在1659年就已知道。）火星为什么是24小时？对17世纪的天文学家来说，答案是很明显的：火星就是另一个地球。这一发现带来的后果是，火星作为一颗具有重要研究价值的行星，其吸引力如雨后春笋迅速高涨。

1666年，意大利的罗马教会天文学家乔瓦尼·多梅尼科·卡西尼

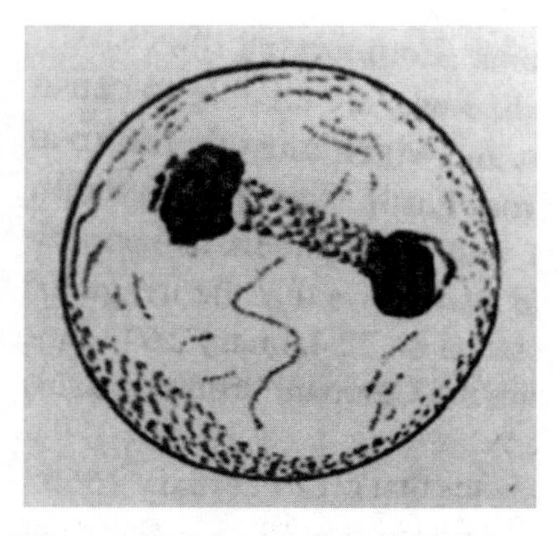

图 3.3 卡西尼 1666 年初绘制的火星草图。本图取自弗拉马里翁的《行星火星》(1892)。

正在巴黎洗心革面，更名为让-多米尼克·卡西尼（Jean-Dominique Cassini），路易十四国王任命他为巴黎天文台第一任台长。然而，巴黎天文台此时尚未建成。所以，那年的二月份和三月份卡西尼只能留在博洛尼亚，并在那里开展了一系列的火星观测。卡西尼不仅看到了火星上的两个暗斑，而且还观察到它们每天重复地从东向西越过火星的可视圆面。奇怪的是，这两块暗斑在准点 24 小时后没有回到原来的位置。相反，它们是在 24 小时 40 分钟后才回到原来的位置。由此，卡西尼正确地得出结论，火星自转一周不是准确的 24 小时而是 24 小时 40 分钟[5]。

1686 年，法国学者贝尔纳·勒博维耶·德·丰特内勒（Bernard Le Bovier de Fontenelle）出版了《多元世界的对话》(*Entretiens sur lapluralité des mondes*）一书，这本书是 17 世纪最流行的天文学著作，该书至少按照丰特内勒的想象描述了每个行星上的生物。到 1800 年，这本书被译成了丹麦语、荷兰语、德语、希腊语、意大利语、波兰语、俄语、西班牙语和瑞典语，还被列入罗马天主教会的禁书目录，直到 1825 年才被解禁。尽管丰特内勒没有讲火星居住有智慧的火星人，但他笔下的火星壮观辉煌，巨大高耸的岩石，白天储存日光，夜间闪闪发光。在丰特内勒的想象中，这些磷光岩石加上大量的夜光鸟共同照明了火星人的夜晚。丰特内勒的火星生命不同于他的水星和金星上的生命。他的水星人和金星人都饱受太阳的炙烤，而他的火星鸟却完全相反，生活在一个美丽的世界里：“没人能想象有比日落后闪闪发光的岩石照亮大地更愉悦的情景，瑰丽的光芒，轻而易举地带来了热量。”[6]公众根据丰特内勒的描述得知的火星，是一个居住着各种生物的美丽、愉悦并与地球相似的世界。

接下来使火星知识获得巨大增长并使火星更像地球的，是来自伟人卡西尼的侄子贾科莫·菲利波·马拉尔迪（Giacomo Filippo Maraldi）的观察研究。受卡西尼的聘用，马拉尔迪担任了巴黎天文台大学的助理天文学家，从此这位侄子把自己的一生都奉献给了行星的观察。1704 年，又逢每 15 年一次的火星大冲，在此期间，马拉尔迪对火星进行了研究，并取得了四项重大发现。接着，他又耐心地等待了 15 年，一直等到 1719 年下一次大冲的来临，他证实了这些发现。首先，马拉尔迪对火星的自转周期作了稍许的改进。他测定的火星转动周期是 24 小时 39 分而不是 24 小时 40 分。其次，他肯定了火星暗斑的存在，而且认为火星暗斑不同于月球上的暗斑，形态和位置都会变化。最后，马拉尔迪发现火星的南北两极上还有亮斑，其外形随时间变化。事实上，位置稍偏离正南极的南极亮斑有时还会完全消失，北极亮斑也同样如此。马拉尔迪非常谨慎，他避免去解释这两个极地亮斑，尽管他确实已经指出，这种外形变化是火星表面某些真实的物理变化所致[7]。毋庸惊奇，那个时代的天文学家无需太多的想象就会想到，这些明亮的斑块就是与地球上类似的极地冰盖。

火星的知识在 18 世纪的大部分时间里增长得十分缓慢，但在 18 世纪的 80 年代再次获得爆炸性的增长，这得归功于威廉·赫歇尔的研究。赫歇尔重要的科学成就可开列出一张长长的清单，而所有这些几乎都是在他姐姐卡罗琳（Caroline）的热心帮助下完成的。赫歇尔发现了天王星，证明了某些恒星绕别的恒星旋转，即所谓的双星系统，利用这一发现他证明了所有恒星本征上亮度是各不相同的，有的本征暗弱，有的本征明亮。这一发现对现代天文系学生来说似乎浅显平常，但是在1800年之前，除了少数恒星已知有亮度变化之外，根本没有确切的证据证明某些恒星本征上比其他恒星要更亮。赫歇尔还绘制出整个星空图，特别留意他观察到的每颗恒星的位置和视距离。他认为，天穹上目视最暗的恒星标志着宇宙遥远的边缘，所以他认为他已将整个宇宙都画了下来。实际上，赫歇尔的宇宙只是我们银河系小小的局部，更不是整个宇宙，虽然天文学家明白这一点要到20世纪20年代，直到埃德温·哈勃（Edwin Hubble）用自己的研究彻底革新天文学以后。赫歇尔还发现我们眼睛能见的范围之外也存在着光，他发现这种光位于红色光之外，即我们今天所说的红外光。他的实验如下：让日光通过一个棱镜，再让蓝光、黄光和红光分别照射各自的温度计，然后测量温度计所吸收的热量。接着，他把第四个温度计放在可见光谱红端之外毗邻的地方，显然那里没有任何日光的直接照射。他发现这个温度计也吸收到太阳的热量，由此正确地得出结论：这部分到达地球的光所具有的颜色是我们眼睛不敏感的。这份冗长的清单并未盖全赫歇尔的所有重要发现及测量，不过已经足以证明赫歇尔这位18世纪最伟大的天文学家的历史地位。

对于火星，赫歇尔也做过许多非常仔细的观察，其中之一就是那一时代以他为首的天文学家在变火星为克隆地球的道路上向前迈出了一大步。赫歇尔发现，一个世纪前马拉尔迪首先发现并假定是冰盖的南北两极的亮斑，其大小反同步地变大和变小。当北极斑缩小时，南极斑增大；当北极斑增大时，南极斑缩小。赫歇尔认为，这种表现方式是冰盖的季节性变化所致。如果赫歇尔能证明这种想法是正确的，那他也就能证明火星不仅有四季，而且有南北半球之分，所以这些季节正好每隔半个火星年出现一次，恰如地球上南北半球的季节变化。

从 1777 年到 1783 年期间，赫歇尔进行了大量的精心观察。他能证明火星的自转轴斜交于它绕太阳的轨道面（天文学家将行星的这种属性称之为黄赤交角），得到的倾角为 28.7°，他测量的自转周期为 24 小时 39 分 21.67 秒。虽然这两个测量值与实际值都略有偏离（火星的自转轴倾角约 25.2°，旋转周期约 24 小时 39 分 35 秒），我们必须赞美他的工作做得出色。更重要的是，火星的自转轴倾角 25° 与地球自转轴相对于地球绕日轨道面的倾角 23.5° 几乎相同。地球上有季节变化的主要原因是地球自转轴的倾斜，而非日地距离的变化。因此，既然火星有与地球几乎相同的自转轴倾角，那么它必定也有春夏秋冬，而且在火星南北半球上出现的时间也恰好相反，这与地球上情况相同，澳大利亚的夏季在阿拉斯加冬季时来临。赫歇尔关于火星自转轴倾角的发现，几乎就是确凿地证明了火星明亮的极斑就是冰盖。（究竟是哪一种冰的争论发生在下一个世纪。）

有关火星的每一项新的发现都使得它变得越来越像地球。1784 年 3 月 11 日，赫歇尔向英格兰巴思哲学学会（Bath Philosophical Society）报告他的结论，这刊登在他的第二本回忆录里：

> 火星与地球之间的相似性肯定比太阳系的其他行星更明显。它们的昼夜运动［一天的长度］几乎相同，造成季节变化的黄道倾斜度相近，在所有位置更高的［距离太阳远于地球的］行星中，火星离太阳的距离与地球离太阳的距离最接近。因此，火星年的长度不会与我们的相差太大[8]。

最后，赫歇尔认为火星有大气。一方面是因为火星的某些地区出现亮度变化，他将此归因于大气中的云雾和水汽，由此得出火星大气相当可观的结论。另一方面，他发现他能观察到离火星边缘 3 至 4 角

图 3.4　哈勃太空望远镜 2001 年拍摄的火星图，当时火星距离地球 4 300 万英里（6 800 万千米）。南极冰盖（图底部）上的冰十分明显，而北极冰盖（图顶部）此时正笼罩在沙尘暴中。右下是希腊盆地（Hellas Basin），可看到那里正在刮着又一个巨大沙尘暴。北极冰盖周围还可看到水冰云，从南极冰盖向北延伸到火星赤道。图片来自 NASA 和 Hubble Heritage Team（STScI/AURA）。（彩色版本见书前插页）

分（满月角直径的 1/10～1/8）处出现的恒星，而且这些恒星在向火星靠近时亮度丝毫没有发生变化。根据这些观察，他得出的结论是，火星大气延伸不大，离其表面不很远，否则当火星从恒星侧畔很近处经过时，星光会因火星大气变得模糊甚至消失。

19 世纪有一群天文学家开始绘制火星表面图，不过在那之前，还有一位对火星的认知有过重大的贡献，他就是德国天文学家约翰·希罗尼穆斯·施勒特尔（Johann Hieronymus Schröter）。施勒特尔是利林塔尔市（Lilienthal）的首席治安法官，在该市有个自己的天文台。施勒特尔的天文学成就可开列出一份长长的清单。他是第一个证明金星有大气的人，是六个自诩为"利林塔尔警探"或"星空警察"的天文学家之一，他们决心一起去寻找一颗失踪的行星，据说，火星和木星轨道之间有一颗环绕太阳旋转的行星。最后，从 1801 年到 1807 年短短的七年时间里，这群杰出的天文学家中有人在太阳系的这一区域——现在称为小行星带的地方，发现了四个这样的天体，这就是谷神星、智神星、婚神星和灶神星。

从 1785 年到 1803 年的整整 18 年里，施勒特尔几乎持续不断地观察火星，绘制了 230 幅不同的火星图。他还对赫歇尔的大部分发现予以一一证实，他得到的火星自转轴倾角（27.95°）和自转周期（24 小时 39 分 50 秒）与赫歇尔很接近，只是数值略有不同。对火星暗斑图的不断变化甚至按时变化的观察，是施勒特尔对火星认知最重要的新贡献。这些暗斑图绝不是一个样的，而是逐夜逐年地变化。施勒特尔还观察到火星的颜色变化，他认为是火星上的云造成。事实上，他渐渐地醒悟，就是暗斑自身也完全是大气现象，而不是表面特征[9]。

到 18 世纪末，自 17 世纪初开创的望远镜火星观察已经持续了整整两个世纪了，人们对这颗红色星球的轮廓已基本了解。天文学家已准确地测量出火星自转的周期、自转轴的倾角，发现了随季节时大时小变化的极盖、稀薄的大气以及时而遮掩火星局部表面的云层。不论是天文学家还是关注火星的人都理所当然地得出结论：火星的自转周期等同造成昼夜更替的地球自转周期，火星的自转轴倾角等同地球的倾角，火星的季节变化等同我们地球上见到的季节变化，火星的极盖等同地球两极的冰盖，火星漂浮着云朵的稀薄大气时而透明时而晦暗，其行为等同地球上有云的大气。至此天文学家们确信，火星与地球是一对实实在在的孪生兄弟。

第四章

火星的地球化

地球和火星之间如此多相似之处的发现，促使天文学家决定去寻找更多的共同点。毫无疑问，倘若火星上的天、季、年，以及冰盖和云都与地球上的相同，那么包括大气成分和温度在内的整个火星环境，凡是地球上适宜人类生存的一切，都必须与地球相似。

因此，装备着望远镜又怀着这种期望的天文学家们，开始将火星想象为处处与地球相似的星球，即按他们的想象使火星地球化，这一行动始于 19 世纪 30 年代。火星的地球化即改变它的自然环境，使它成为地球一样的世界，温和适宜的气候、行云般的流水和可供呼吸的大气，一旦地球化完成，人类就能在火星上生活。当然，19 世纪地球上的天文学家不可能真正地球化火星，不过，他们可以迅速地重塑他们对火星的共识，将它从一个敌对世界变为人类、蝴蝶和蕨类都能生存的世界。想象加上从众心理，是自欺欺人的有力手段。

他们这么干了半个世纪之后，除了几个亮斑、暗斑以及一对极盖以外，旧火星已被改得面目全非，被地球化成一个高度发达的世界，有河流、海湾和海洋，有大陆，还有环绕火星的运河系统，而且是工程技术水平远超人类的先进文明所建。

最早按照自己的科学想象进行火星地球化的是两位德国天文学家，威廉·沃尔夫·贝尔（Wilhelm Wolff Beer）和约翰·海因里希·冯·梅德勒（Johann Heinrich von Mädler）。贝尔是个银行家，爱好天文，他有个天文观察的合作伙伴，那就是梅德勒，一位专业天文学家，他的职业生涯始于贝尔在柏林所建的私人天文台。凭借贝尔提供的研究资金，梅德勒拥有一具性能优良的望远镜，它由世界上最好的光学仪器商约瑟夫·冯·夫琅禾费（Joseph von Fraunhofer）制成。夫琅禾费在 1814 年就已开始研究太阳光谱中的 570 条暗线，证明了大型光学设备对天文学的价值。这些谱线宛如太阳大气化学组成的独特指纹，所以两个世纪后专业天文学家仍将这类暗线称为夫琅禾费线。19 世纪 30 年代，贝尔和梅德勒用一架集光透镜直径仅为 3.75 英寸但有 185 倍放大倍率的望远镜示范证明，一架直径不很大但光学成像质量优良的望远镜，辅之以天文学家的耐心、技巧和毅力，也能够用来观测整个宇宙。

贝尔和梅德勒从 1831 年到 1839 年实施了一项火星重复观察计划。他们将观察结果写成一系列论文，发表在当时刊登专业天文工作的主流期刊《天文通报》（*Astronomische Nachrichten*）上［该期刊是德国天文学家海因里希·克里斯蒂安·舒马赫（Heinrich Christian Schumacher）在 1821 年所创，这份世界上最早的天文学期刊现在仍在发行］。然后，他们将自己所有的论文合订成书印刷出版，1840 年出版了法文版，1841 年出版德文版。他们的观测成果包含有第一张完整的火星表面图，其中包括火星南北半球分幅图，覆盖了全火星 360° 经度以及从南纬 90° 到北纬 90° 的全部地区。贝尔和梅德勒在绘图过程中，发现了“一个十分显眼的黑色小暗斑……它是如此地显眼，而且与假定的赤道又如此地接近，所以我们认为应该选它作为测定自转周期的参考点。”[1] 接着，他们在图上用字母 *a* 标注出这个小暗斑，用它定义为火星表面零子午线的起点，这跟我们在地球上把经过英格兰格林尼治的经线定义为零子午线（或本初子午线）的做法毫无二致。

贝尔和梅德勒注意到，虽然他们没有看到山脉投射的阴影，那是因为火星距离地球很远，但是他们能辨别出火星表面反射太阳光不同

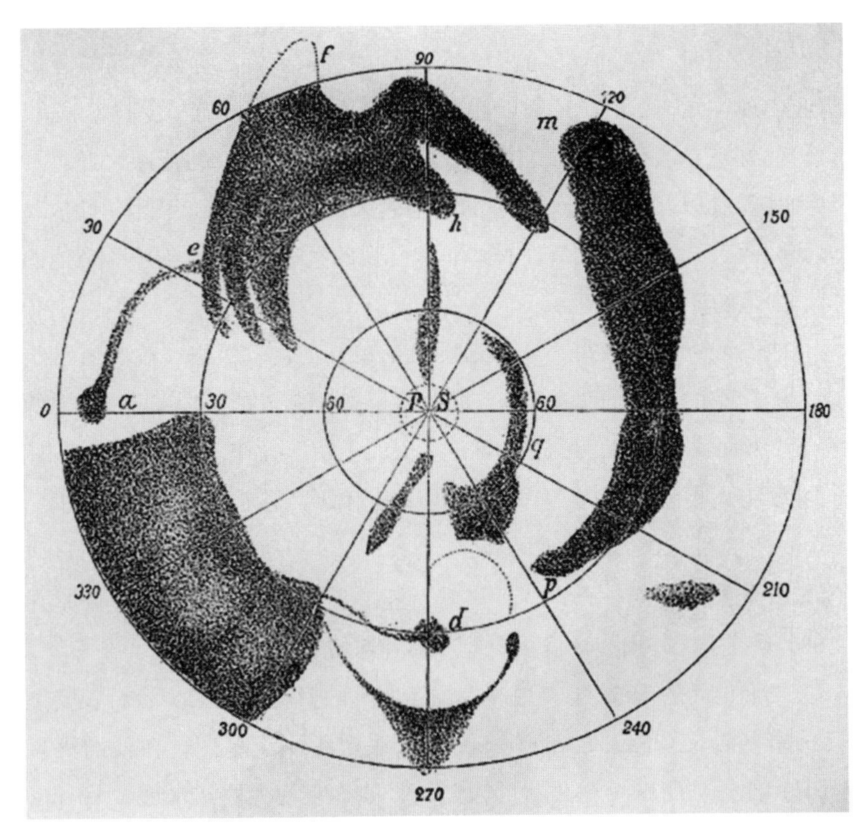

图 4.1　贝尔和梅德勒 1840 年绘制的火星南半球。该图的中心为火星南极，字母 *a* 标记的表面特征就是后来弗拉马里翁所称的子午湾（Meridian Bay），贝尔和梅德勒用它定义火星经度系统的原点（0°）（相当于地球上的本初子午线）。本图取自弗拉马里翁的《行星火星》（1892）。

的区域，也就是说亮斑和暗斑他们都看到了，他们认为“这一定是由于反射率的不同”造成，因为“地球上反射率不同的地方”也出现这种情况。在研究火星普遍呈现的“淡红色”特征时，他们发觉“这些地区的颜色令人想起它多么像地球上美丽的夕阳”。这一结论使他们“愈加坚定地相信，火星有十分可观的大气，与地球大气一样”。其逻辑很简单（也很奇怪）。先认定火星的红色，再由这种红色肆意地联想到地球上与红色有关的东西——日落，最后武断地得出结论：火星上的红色是由日光穿过浓厚的大气所造成的。这一逻辑荒谬而可笑，因为我们现在知道，红色的夕阳跟随着落日在地面上移动。我们还知道，火星的红色是表面的尘埃富含铁的缘故。但是该逻辑的荒谬之处对贝尔和梅德勒以及随后几十年里的追随者来说都是不可认识的。贝尔和梅德勒两人试图证明火星拥有“非常可观的大气”，并找到了一个他们自以为是的证据作为理由。

他们继续谈论极斑，毫不迟疑地信口开河说，极斑“确实由雪组成，随夏季的来临而缩小”。当极地冰层融化蒸发时，“靠近蒸发雪的表层变得非常潮湿”，形成“潮湿多沼的土壤”。“毫不夸张地说，”他们继续胆大妄为地发挥，“火星与地球太相似了，甚至连自然环境也一样。”贝尔和梅德勒把他们在火星上看到的——或者至少是他们自以为在火星上看到的——东西，尽其所能地想象为倘若他们多年来是在4 000万英里之外用望远镜眺望地球所看到的东西。

二十年后的1858年火星冲，位于罗马的罗马学院天文台台长安杰洛·塞基神父（Father Angelo Secchi）决定绘制火星图。在他的火星图上，他标注了一个三角状的大蓝斑，他称它为大西洋水道（Atlantic Canal）。塞基使用的是意大利语“Canale”，所以，塞基神父是第一个把这个词引入我们人类用来描绘火星表面某类特征的词汇表的。他还发现了一条将火星表面两个较宽的斑块连起来的较小的水道。“这两条水道，”他写道，“圈出一块淡红色陆地。”至于火星表面的颜色代表什么，塞基也作了回答，而且流露出极端的自信。“淡红色的地区，”他写道，“像浅蓝色的地区一样，似乎如此恒定永久，所以其性质无须再质疑了。很可能，前者是固体，后者是液体。”

为什么蓝色的地区应该是液体、红色的地区是陆地呢？因为当时的天文学家认为，地球上蓝色的地区是海洋而红色的是土地（假如能从太空看它们）。因此，他们完全相信，颜色与物质的关系在火星上和在地球上必定是相同的。由此，塞基就“证明”了火星拥有类似地球的海洋和大陆。他将那块三角状的大蓝斑称为“大西洋水道，给这个大蓝斑取这个名字只为简洁地表明它似乎扮演着地球上划分新旧世界的大西洋的角色”。他继续滔滔不绝地谈论一个地峡、一个淡红色的巨大陆洲、一条蓝色的大水道，以及明亮的云朵，所有这一切使得火星听起来非常像地球。

基于塞基的工作，巴黎天文台天文学家、后任里约热内卢天文台台长的埃马纽埃尔·利艾斯（Emmanuel Liais）在1860年宣称，火星的红色是植被引起的。作为一个观察者，下这样要令人信服的结论，除非你知道红色的地区是巨大的陆地，还得知道这些陆地上覆盖的是红色的植被。当然，对利艾斯来说，这些情况他一无所知，或许他唯一能确定的是，在一个他有着大量直接认知的星球——地球上，覆盖大片陆地的植被是绿色的而不是红色的。然而，这种知识似乎没有影响他对火星所下结论的自信。在他看来，火星上覆盖大片陆地的植被就是红色的。

年轻法国天文学家卡米耶·弗拉马里翁（Camille Flammarion）于1862年出版了他的第一版《众多可居住世界》（*La Pluralitédes des Mondes habités*）一书，那一年他刚刚19岁。最初出版时只是一本56页、售价2法郎的小册子，书中表达了弗拉马里翁对地外生命的坚定信念。第一版很快售罄，却也让弗拉马里翁付出了失去巴黎天文台工作的代价。不过，该书第二版出版时扩大到了 468 页，使弗拉马里翁成为他那个时代的天文流行语。如 19 世纪的其他作品一样，《众多可居住世界》一书在 1864 年至 1872 年一共出版了 17 版，搞得人人都在边走边想火星和火星人。弗拉马里翁指出，地球与火星有许多相似之处，由这些相似之处很自然地得出一个结论——火星上居住有智慧生物：

> 火星和地球都环绕有大气层，两颗行星的两极都有周期出现的冰雪，它们的大气层里都有延伸范围随时间变化的云彩，两者表面都有大陆和海洋地理构造，这两个世界都有季节变化和气候，这使我们相信这两颗行星都居住有结构特征相似的生物[2]。

安杰洛・塞基在 1862 年再次从事火星的研究。“火星是所有天体中研究得最好的，当然除了月球。”他写道：“在火星上，赫歇尔和其他天文学家不仅看到了海洋和大陆，还看到了冬夏季节的效应。”塞基接着解释说，极斑的大小以及云层外貌的变化都“证实火星上存在液态水和海洋……海洋和大陆的存在，甚至还有季节更替和大气变化，今天都得到了终结证明。”塞基不是说他“相信”他已在火星上发现了水，也不是说他“认为”火星上有海洋和季节，他说得是那么的自信和武断，远不如今天的科学家那么谨慎，“终结证明”就是他的强烈自信之词。塞基毫不迟疑地告诉读者，他已“证明”了火星的好多东西。

接下来，塞基开始给火星上某些地区命名，贝尔和梅德勒只是用 e、f 或 h 等字母标识这些地区，而塞基的命名却像一盆国际大杂烩。有块地区他取名库克海，另一个取名马可波罗海，再有一个叫富兰克林水道，还有一个淡红色的地区成了卡伯特大陆，其结果可以想到，进一步助长了想象的火星地球化。

威廉·拉特·道斯（William Rutter Dawes）牧师是位医生兼训练有素的神职人员，是英格兰19世纪中叶一位声望很高的天文学家。他的天文工作十分杰出，影响巨大。早在1850年，他就发现了土星所谓的波纹环（现称C环），并在1857年成功地观察到木星大红斑，比更权威的天文界公认这一木星大气特征还要早好几年。1855年英国皇家天文学会授予他金质奖章，十年后的1865年他被选为英国皇家天文学会会员。当道斯决定对火星大展其观测技巧宏图之时，整个天文界为之翘首以待。

1865年，道斯在英国《皇家天文学会月刊》（*Monthly Notices of the Royal Astronomical Society*）上发表了8幅火星图，都是他在1864年末火星冲期间的观察所得[3]。出于对道斯的敬畏，其他天文学家都相信他能看到其他观察者看不到的细节。毕竟，他已有的声望就是来自他观察的精准。用弗拉马里翁的话来说，“道斯画的图精美绝伦”，“代表了我们对火星地形知识的巨大进步”。[4]

非常重要的是，道斯发现贝尔和梅德勒最初认出的那个小圆斑“明显分叉……给人的印象就像河道两头宽阔的河口”。不过，这些河道道斯并没有看到。他确实得出过这样的结论：“火星的红色色调不是这颗行星的大气产生的，没有比这更确凿的了，这种红色越往火星圆面的中心越明显，那里恰恰是大气最薄弱的地方。”这个概念意味着，火星的红色是观察者的视线一路穿过火星大气直到火星表面看到的。首先提出这个概念的是法国物理学家和天文学家弗朗索瓦·阿拉戈（François Arago），在1854年至1857年期间他离世后出版的《通俗天文学》（*Astronomie populaire*）一书中提及，不过，在那本书里解释得不清楚，很含混[5]。比较起来，道斯的工作对认真研究火星的天文界影响更深远，其表现在 19 世纪 60 年代末，火星的红色代表它的表面状况而非大气现象的观点已被广泛接受。随之而来的问题更麻烦，那就是“表面上的红色从何而来？是植被还是岩石？”其实，埃马纽埃尔·利艾斯也提出过火星红色就是植物生命的观点，至于其他人不过是跟风效仿而已。

接下来继续把火星想象成处处类同地球的还是一位英国人，理查德·安东尼·普罗克特（Richard Anthony Proctor），19 世纪 60 年代到 70 年代著名的天文科普作家，而作为专业天文学家，他早已声誉鹊起。与道斯一样，他在 1866 年当选为英国皇家天文学会会员，并且是伦敦国王学院的荣誉会员。普罗克特几乎接连写了几本书，流传颇广，其中包括《土星及土星系统》（*Saturn and his System*）（1865），《行星轨道》（*Planetary Orbits*）（1867），《地外世界》（*Other Worlds than Ours*）（1870），《天文图集》（*Atlas of Astronomy*）（1873）和《324 000 颗星图》（*Chart of 324 000 Stars*）（1873）等。1888 年，期刊《天文台》（*The Observatory*）刊登出他的讣告，公认他“作为科学的诠释者，他的名字在英语世界已家喻户晓”[6]。

1867 年，普罗克特出版了他的《火星图》（*Charts of Mars*），书中有一幅他在道斯火星图基础上绘制的火星图，其中包括一个“合适制定的命名系统”。也就是说，普罗克特给火星表面上他能识别的每个特征都取了一个名字。拜普罗克特所赐，火星表面曾有过四个有名字的大陆——赫歇尔 I 洲（Herschel I continent）、道斯洲（Dawes continent）、梅德勒洲（Madler continent）和塞基洲（Secchi continent），两个洋——道斯洋（Dawes Ocean）和德拉鲁洋（De La Rue Ocean）。小小的火星还有几个他称之为“陆地”（land）的地区——卡西尼陆地（Cassini Land）、欣德陆地（Hind Land）、洛克耶陆地（Lockyer Land）、拉普拉斯陆地（Laplace Land）、丰塔纳陆地（Fontana Land）、拉格朗日陆地（Lagrange Land）和坎帕里陆地（Campari Land），以及若干个海——马拉尔迪海（Maraldi Sea）、凯泽海（Kaiser Sea）、梅因海（Main Sea）、道斯海（Dawes Sea）、胡克海（Hooke Sea）、贝尔海（Beer Sea）、第谷海（Tycho Sea）、艾里海（Airy Sea）、德莱布里海（Delembre Sea）和菲利普斯海（Phillips Sea）。显然，道斯是这场名望竞赛的胜利者，因为普罗克特用他的名字命名了一个大陆、一个洋和一个海。普罗克特标识的特征还有湾（bay）、叉湾（forked bay）、海峡（strait）、岛（island）和冰盖（ice cap），不过，普罗克特取的名字现在都不用了。他还收集了所有的火星自转周期测量值，并通过比较得出结论，认为火星的真自转周期 * 是 24 小时 37 分 22.7 秒。比较一下现代测量值 24 小时 37 分 22.663 秒 ±0.002 秒，可以发现，普罗克特的结果是正确的[7]。

火星地球化的想象过程到达它的顶峰，归功于英国艺术家纳撒尼尔·格林（Nathaniel Green）。1877 年，格林前往葡萄牙的马德拉岛（位于摩洛哥以西的大西洋上），他认为那里的海拔高度接近 2 300 英尺，纬度比英格兰更南，因此火星在天上的高度要比在英国看到的更高，火星的视野也会好得多。于是，他从八月中旬到十月初用当时也属相当大的望远镜（直径 13 英寸）开始制作火星平版图以及全火星的组合图。就在那一年，伦敦皇家天文学会发表了他的火面图（Areography）**，全面更新了普罗克特的火星图。格林的火星图也有四大洲，尽管名称已有变化。赫歇尔洲、梅德勒洲和塞基洲仍然还在，

* 真自转周期是火星相对于恒星和整个宇宙而不是相对于太阳的自转周期，即所谓的恒星日。火星上一个太阳日（也称为火星日）是指从一个日出到下一个日出的时间长度，该长度为 24 小时 39 分 35.2 秒，比火星恒星日约长 2 分钟。恒星日和太阳日的长度不同，因为火星自转时没有停留在同一个地方，在绕自转轴旋转的同时也在绕太阳旋转。

** Areography 是指火星表面的地理图形，简称火面图。

但是道斯洲已踪迹全无，取而代之的是贝尔洲，不过，道斯洋和德拉鲁洋仍然还在。显然，格林看来，道斯的名字显然不能同时命名一个大陆和一个海洋。

现在有了精心绘制的火星图，天文学家完成想象的火星地球化也就万事俱备。只要找到水和植物生命的确凿证据，下一代天文学家便能创造出一颗与地球一样的火星。

第五章

雾霭笼罩的火星

19 世纪中叶出现了一种很重要的研究手段，这就是新发明的光谱术，它被天文学家用来研究火星。天文学家利用光谱术这一工具，以为找到了水在火星表面和大气中存在的证据。火星上有水这件事，使他们相信他们已经证明了火星有与地球类似的气候，也证明了火星的红斑是植被。

光谱术是让光源发出的一束光通过棱镜或光栅（也可以是反射光栅），使光束按它的组成颜色分解散开，这样科学家能对这束光的不同颜色的明暗结构进行研究。用一个简单的棱镜，就能看到几条宽宽的彩色雨虹。不过，要是采用高分辨率光栅，可见光可以散得非常宽，分解成数以千计（甚至数以万计）不同色调的蓝色，紧跟着数以千计不同色调的绿色，再慢慢地过渡到数以千计不同色调的黄色，然后是数以千计不同色调的橙色，最后是数以千计不同色调的红色。

用地面望远镜获得火星光谱时必须记住，我们看到的光来自太阳光球。太阳光通过太阳外层大气向外辐射，在太阳系里穿越 1.4 亿英里以上几乎真空的空间，然后往下穿入火星的大气层，经火星表面反射向上折返再次通过火星大气层，在到达地球附近之前，还要穿越 2 500 万到 5 000 万英里的行星际空间。最后，这束光还得经过地球大气层的滤波。在实际的火星光谱中，我们会发现，这些数以千计有细微色调差的颜色有一些会变暗甚至消失，这是因为太阳外层大气、火星大气以及地球大气中的某些分子或化学元素部分吸收甚至全部吸收原始太阳光的结果。这种吸收准确发生在非常窄的色调内。因为这种原因致使光量减少或缺失的光谱区，天文学家称之为吸收线。1814 年，约瑟夫・冯・夫琅禾费在太阳光谱中发现了 570 条暗线，那是太阳大气中产生的吸收线，它们为我们提供了太阳外层大气化学组成的证据。火星射来的可见光——必须记住，这些都是被反射的太阳光——里面某个特殊色调的光会被某种分子或元素吸收掉，通过精心设计的实验，天文学家可以推导出这种分子或元素是在太阳大气里，火星大气里，还是在地球大气里。

火星光谱分析的开拓工作归功于伦敦皇家天文学会的威廉・哈金斯（William Huggins）和伦敦国王学院化学教授威廉・艾伦・米勒（William Allen Miller）。1863 年 4 月，他们用一具原始分光镜观测火星，并在 1864 年 8 月和 11 月再次用改进的设备对火星进行研究。观测中，他们设法探测可见光谱紫端（光谱的短波端）几条属于火星的强吸收线。他们认为，火星呈现为红色（光谱的长波端）是火星有效反射红光而反射蓝紫光效率低下的结果。这与红色涂料呈红色的原因是一样的：红色涂料中的化学成分有效地吸收紫、蓝、绿和黄色的光，很好地反射（或不吸收）红光。

哈金斯继续对火星进行光谱研究，1867 年他在《皇家天文学会月刊》上发表了新的结果[1]。通过火星光谱与他自己观测的月球光谱的比较，他发现火星光谱上有些特征也出现在月球的反射光光谱中。不仅如此，哈金斯进一步发现，这些光谱特征是太阳、月球和地球大气共有的。由此他相当理智地断言，只有在火星光谱上出现而月球光谱上没有的光谱特征才是火星大气或火星表面产生的。

哈金斯在火星光谱的夫琅禾费 F 线（这是光谱蓝端的一条谱线，现在知道它是激发态氢原子所产生）附近发现了大量吸收线。他知道 F 线是太阳大气里的一条谱线，而火星光谱中的这些吸收线在太阳光谱中都是没有的，因此哈金斯很清楚，它们是火星产生的。这些吸收线都位于火星光谱的蓝端到紫端（远离光谱的红端），从而将火星反射光中的大部分蓝光和紫光都吸收掉了。

现在哈金斯有了更多的信息，这对他很有帮助，1864 年他开始理解的现象现在得到了更完整的解释。火星看起来为什么这么红，他解释说，很可能是最初到达火星的蓝紫色太阳光有大部分在这些吸收特征处被火星大气吸收了，剩下的大部分是红光被火星反射出来了。他发现，1864 年 11 月份的蓝紫色吸收线弱于 8 月份的，也就是说，火星在 11 月份反射的蓝紫色光比 8 月份多。其结果是，11 月份的火星相比 8 月份的不那么红（因为反射的蓝紫光多了）。哈金斯断定，火星在 8 月份变红是因为太阳光是被火星表面反射出来的，而 11 月份火星变蓝是因为太阳光是被火星大气中的水反射出来的[2]。换句话说，哈金斯认为，当火星上雾霭笼罩时，它能有效地反射蓝色的阳光；当火星大气雾霭消散时，太阳光直射到火星表面，后者对蓝光的吸收更加有效，剩下的大部分是红光，它们被反射离开火星到达我们的望远镜。

19 世纪 60 年代末，哈金斯将实验室的光学和化学方法应用于天文学的研究，创建了一门新的交叉学科——天体物理学。从此，天文学家不再只限于天体位置和亮度的测量，他们将学会如何使用天体的光谱去发现组成恒星和行星大气的物质，学会如何使用光谱特征去确定天体的温度、压力、密度、化学成分、运动，以及质量。反过来，这些信息与物理学的基本定律相结合，能让他们认识恒星内部的物理结构，探索恒星如何诞生，如何发光，如何进行将氢变成重元素的核聚变，它们的内部结构又如何随年龄演变，它们的寿命有多长，会怎样死亡，死亡的原因又是什么，什么时候死亡，等等。所以，光谱学在20世纪已成为认识整个宇宙结构和演化的关键。

将天体物理光谱学这些新发明的技术应用于行星大气以及其他天体的研究，哈金斯开创了光谱学时代。在研究过程中，哈金斯发现了一个惊人的结果：有光谱证据表明火星大气含有水。火星（或火星大气中）存在水的结论不能仅凭"火星表面有看上去应该是海洋的暗斑"来断定，现在有物理学的和化学的取证方法可以用来梳理火星的光，寻找水或其他物质的光谱证据。火星上有水的证据，极大地支持了火星类同地球的观点。如果火星展现出有水的光谱证据，那么所谓的湾、海和洋也十有八九确有其事了。

哈金斯的光谱工作是开创性的，而且干得相当出色。他识别火星光谱特征——独特于太阳或地球大气的光谱特征——的技术很有成效，至今仍在使用。然而，实际上他并不真正知道火星光谱中大量蓝紫色吸收线是什么物质产生的，因此也就没有任何真正证据证明火星大气含有水。虽然天文学术界普遍接受他的解释，但也只不过是一种有依据的猜测而已，正如我们现在所知，他的解释过度解读了他的观测数据。哈金斯这一步迈得过头了，然而他人却纷纷跟进效仿。

法国天文学家朱尔·让森（Jules Janssen）就是哈金斯工作的仿效者，他的光谱实验富有想象力。据知，第一次观测到太阳大气中氦元素的就是让森*，那是在1868年日全食期间，用的就是光谱技

* 但是，让森没有对太阳光谱中这条明亮的黄色谱线给予太多重视，后来是英国人诺曼·洛克耶（Norman Lockyer）在1868年注意到这条谱线。产生这条黄色谱线的是氦原子，第一个在实验室里分离出氦元素的是苏格兰化学家威廉·拉姆齐爵士（Sir William Ramsay），那已是1895年。拉姆齐在1904年被授予诺贝尔化学奖，"表彰他发现空气中惰性气体元素以及确定这类元素在周期表中的位置所作出的卓越成就"。

术，而法国墨东天文台（Meudon Observatory）也是他在 1875 年所创建。1867 年，他将设备搬到西西里岛的埃特纳火山（Mount Etna）海拔 11 120 英尺的山顶，在那里他得到了月球和火星（还有土星）的光谱。他认为，该位置已处于地球大气的大部分水汽高度之上（不过他错了 *），他希望能将地球大气中的水汽对这两个天体光谱的影响减到最小。通过最大程度减小天体光谱中地球水汽对信号的污染，并将获得的高海拔火星光谱与巴勒莫湾海平面高度上获得的火星光谱及在巴黎拉维莱特工厂收集到的地球水汽光谱进行比较，让森认为，他对火星大气和地球大气中水含量的定性比较是正确的。像哈金斯一样，让森根据自己的研究断定，他能够辨认出“火星和土星的大气中存在水汽”[3]。

威廉·华莱士·坎贝尔（William Wallace Campbell）与哈金斯一样，也是天体光谱学的先驱。加州大学在 1888 年成立利克天文台（Lick Observatory）后不久，该台的第一任台长聘请年轻的坎贝尔担任助理，协助高级天文学家詹姆斯·基勒（James Keeler）从事光谱观测。基勒去了阿勒格尼天文台（Allegheny Observatory）后，坎贝尔接任了利克天文台的高级光谱学家之职。坎贝尔迅速将功能强大的设备调配给自己使用，36 英寸大折射望远镜就是其中之一，这架望远镜实现了它的赞助者、加利福尼亚古怪的百万富翁詹姆斯·里克（James Lick）的愿望，后者渴望建造一架“比任何现有的更优秀更强大的望远镜”[4]。

坎贝尔很细心，1894 年他发觉哈金斯和让森在实验计划中犯了一些错误，尤其是他们的观测是在潮湿的环境下进行的。坎贝尔认为，

---

* 地球大气密度降到海平面处大气密度 50% 时的高度为海拔 3.5 英里（18 500 英尺），不过，大气的水汽含量随地理位置及海拔高度的变化很大。

加利福尼亚州有干燥的环境、有世界上最大的并任凭他支配的望远镜、加之利克天文台 4 260 英尺的海拔高度，以及性能改进的设备，所有这些因素合到一起能使他对火星大气中是否存在可探测水平的水汽进行最权威的测定。接着他制定出火星光谱与月球光谱的比较标准，以及如何在相同的观测条件下获取这些光谱。1894 年 7 月到 8 月间，他花了十个不同的夜晚观测了火星和月球之后便给出了答案。“在环境良好和相同的情况下，观测到的火星光谱和月球光谱似乎完全相同。”因为众所周知月球没有大气，所以对坎贝尔来说结论也就不言而喻。月球光谱上的所有吸收线都是地球大气产生的，因此，既然月球和火星光谱看上去相同，那么同样的结论也适用于火星。用坎贝尔的话来说，“这两个光谱中观测到的大气吸收带和水汽吸收带似乎全是地球大气中的元素产生的。因此，这些观测没有给出火星大气含有水汽的任何证据。”[5] 坎贝尔令人信服地指出，哈金斯和让森探测到的是地球大气中的水汽，而不是火星大气中的水汽。

坎贝尔对哈金斯发现火星大气中水汽的结论发起了挑战。鉴此，从 1894 年 11 月起，哈金斯重新回到他三十年前的工作去迎接挑战。首先，他获得了月球和火星的光谱照片，但是在 11 月的光谱照片上他找不出这两个天体的光谱特征有任何的不同。然而，在 12 月有三个夜晚，月球和火星暗弱的光谱带是在几分钟时间内先后获得的，哈金斯和他的妻子两人用肉眼进行了比较。“这三个夜晚，”他在一篇文章中写道，该文章发表在他选择的一本全新杂志《天体物理学学报》(该杂志被视为“光谱学和天体物理学国际评论”)的第一卷上，“我们几乎是全神贯注……这些大气光谱带，在月球光谱中它们有很显著的强度变化，但据我们估计，总是火星光谱里的更强些。”经过反复检查，“哈金斯夫人独立进行的观测与我的是一致的”。于是，他们的研究结论是：“我们越发自信，光谱法确实证明了吸收线真的来自火星大气。”

言中之意，这些吸收带 * 就是火星大气中的水汽标志，结论已不言自明[6]。不过，有个事实他们却未予说明，尽管哈金斯的文章发表在《天体物理学学报》上，但他的结论所依据的还是早期的现代技术，即火星的颜色是用人眼判断的，而坎贝尔的研究则属于现代天体物理学。

1908 年，珀西瓦尔·洛厄尔的员工兼其在亚利桑那州弗拉格斯塔夫镇的洛厄尔天文台的私人代表维斯托·梅尔文·斯里弗（Vesto Melvin Slipher），从弗拉格斯塔夫镇海拔 7 250 英尺的高地对火星实施了观测。在接下来的几十年中，斯里弗成为 20 世纪或者至少其中某一时期最伟大的一位观测天文学家。最值得注意的是，大约从 1913 年前后开始的十年里，斯里弗测量了几十个星系的径向速度（向着地球或远离地球），发现它们几乎全都在红移。也就是说，所有这些星系几乎都以每秒数百至数千英里的速度飞速远离银河系。埃德温·哈勃在 1929 年认识到，斯里弗测量的星系速度以及他自己最新测量的星系速度确实与同一星系的距离相关，这意味着更远的星系比更近的星系更快地远离银河系、远离我们。因此，斯里弗测量到的星系速度红移直接导致哈勃发现膨胀的宇宙，也使我们认识到宇宙始于一次大爆炸。

斯里弗的整个职业生涯都是在亚利桑那州弗拉格斯塔夫镇的洛厄尔天文台度过的。1901 年，他成为一名专业天文学家，开始了自己的研究，从珀西瓦尔·洛厄尔去世的 1916 年到 1954 年，他都是该天文台台长。在他的领导下，洛厄尔天文台于 1929 年聘用了克莱德·汤博（Clyde Tombaugh）。聘用后不久，即 1930 年，汤博就发现了冥王星。斯里弗非常爱惜声誉，他的发现需经过谨慎又谨慎的证实之后才允许报道。按照他的传记作家威廉·格雷夫斯·霍伊特（William Graves Hoyt）

---

* 吸收带是有共同起源的谱线系，例如同处于一个能态的水分子产生的吸收带，所以吸收线的波长相近。在光谱分辨率很低的情况下，这些吸收线混合在一起，形成一条很宽的吸收带。

的说法，他“作出的重大发现可能比20世纪任何一位观测天文学家都要多”[7]。1919年，斯里弗获得法国科学院授予的拉朗德奖章（Lalande Prize）；1932年，斯里弗又获得美国国家科学院亨利·德雷伯奖章（Henry Draper Medal）；1933年，获得英国皇家天文学会金质奖章。

1908年，斯里弗在洛厄尔天文台的火星丘（Mars Hill）上观测火星，那里的高度已在地球大气层一半水汽含量之上，几乎是他在利克天文台的竞争对手所处高度的2倍。不过，他的实验方法与以前哈金斯、让森和坎贝尔用的方法还是基本相同的：比较火星光谱与月球光谱，因为后者既干燥又无大气。根据取得的光谱，斯里弗宣称探测到了“火星有微量的水成分”。于是他断言：“光谱仪显示火星大气中存在水的结论是合理的。”接着他又建议：“在明确给出火星大气的水汽含量之前，还需要做更多的观测。”[8]这一不寻常的研究结果成了其博士学位论文（1909年，印第安纳大学）的全部内容，这或许是斯里弗漫长而杰出生涯中所做的最不起眼和理由最不充分的研究成果，自那之后斯里弗再也没有回顾或提到这一研究结果。

一年后，斯里弗在火星水问题上的职业对手、刚担任利克天文台台长的坎贝尔，率领一支观测队登上了美国最高的山峰——南加利福尼亚州的惠特尼山（Mount Whitney）的峰顶，在海拔14 600英尺的高度上进行火星的光谱观测，这个高度已在地球大气80%的水汽含量之上。坎贝尔发现，与十年前情况一样，对月球和火星而言所谓的水汽带看起来是相同的。因此，他非常谨慎而又合理地总结道：“这并不意味着火星没有水汽，只是数量比例的多少，如果有，也一定是非常之少。”[9]接着，他又于1910年1月份和2月份在汉密尔顿山（Mount Hamilton）上的利克天文台重复了这项观测，当时火星相对地球的速度相当大，火星的水谱线有足够大的多普勒位移，能与地球的水谱线相互分离。

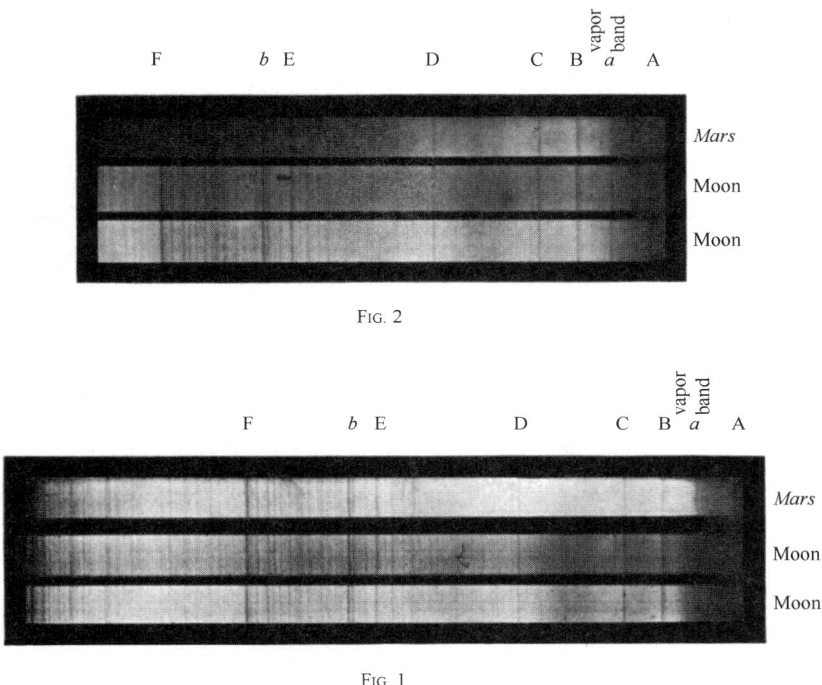

图 5.1　火星和月球光谱的比较研究，斯里弗 1908 年拍摄。其中下图是望远镜上方空气非常干燥的条件下拍摄的光谱；上图是当地湿度很高的条件下拍摄的光谱。斯里弗认为，火星光谱的“水汽带”（标注字母 *a*）比月球光谱中的更强（颜色更深），这是火星大气含有水汽的证据。本图取自斯里弗《天体物理学》（1908）。[图中文字 *：Vapor band（水汽带）；Mars（火星）；Moon（月球）；SPECTROGRAMS OF Mars And Moon（火星光谱和月球光谱）。]

多普勒位移是观测者接收到的光波的波长由于光源和观测者之间的相对运动而产生的变化。如果光源（现在的光源是火星）远离地球，火星光的波长会向长波方向移动（光从黄色向红色的移动称为红移）。

* 本书对于取自原始文献的图不进行翻译等处理，以保存文献原貌。主要词汇在图注中进行翻译。——译者注

如果光源和观察者彼此相向而行，则探测到的光将向较短的波长方向移动（蓝移）。根据这一观测效应，坎贝尔发现“火星赤道处的大气层……所含的水汽，肯定低于汉密尔顿山上空的1/5”[10]。

半个世纪之后，美国国家地理学会（National Geographic Society）和美国国家标准局（National Bureau of Standards）的一个研究团队认为，现在观测技术和设备业已改进，有可能对火星大气中的水含量做出决断性的测定。1956年，卡尔・基斯（Carl C. Kiess）、查尔斯・科利斯（Charles H. Corliss）、哈丽雅特・基斯（Harriet K. Kiess）和伊迪丝・科利斯（Edith L. R. Corliss）在美国国家气象局（National Weather Bureau）位于夏威夷冒纳罗亚火山（Mauna Loa）峰顶附近的气象站里架设起观测设备。观测点的海拔高度不仅堪比惠特尼山，而且夏威夷群岛最高峰之上的剩余空气格外干燥。此外，还有多普勒效应之利，火星的水线会微微偏离完全与地球水线重叠的地方。结果“是否定的”，“水分子的数量太少，其强度不足以产生测微光度计能够记录的谱线……我们不得不作出结论，假如把火星大气中的水汽完全凝结成液态，它只能形成一层厚度小于0.08毫米的水膜。”[11]坎贝尔是正确的，错误的是哈金斯、让森和斯里弗。这项观测研究前前后后地持续进行了整整一个世纪，这是对科学精神最好的诠释：科学家们对彼此的结果反复地检验与再检验，检验，检验，直至证实。结果的影响越大、争议越大，检验证明也越重要。在这种情况下，科学精神贯穿始终，尽管获得正确的答案需要很长的时间。

1961年，年轻的卡尔・萨根加入了这场火星之水的辩论。在注意到“迄今所有火星水汽光谱的搜寻都是否定的”之后，他进行了一系列的计算，确定火星环境下存在多少水才会与未探测到结果相互一致。他总结说，火星的极冠处可能仅有1毫米厚的水冰，而火星大气中很可能几乎不存在水汽。尽管如此，萨根乐观地表示：“低水汽丰度并不是否定火星生命，众所周知，专性嗜盐菌 * 就是从吸附在晶盐上的水获取其全部所需水分的。”[12]

最后，在 1963 年 4 月，即哈金斯第一次尝试光谱观测寻找火星大气中水汽整整一个世纪之后，两个不同的研究团队使用现代仪器和技术在差不多相同的时间对火星大气的水汽含量进行了测量。刘易斯・卡普兰（Lewis Kaplan）及其合作伙伴吉多・明奇（Guido Münch）和希伦・斯平拉德（Hyron Spinrad）获得的结果十分可信。他们的观测与以前的观测者有什么不同呢？他们的望远镜是加利福尼亚州威尔逊山（Mount Wilson）上 100 英寸直径的望远镜，他们的光谱仪也是最先进的而且具有很高的分辨率，配备的照相底片还涂有最新的超敏乳胶。他们拍摄火星光谱的曝光时间为 270 分钟。尽管他们的优势远超过他们的前辈，但获得的火星大气可降水汽量仍然微不足道，只有 14 ± 7 微米（信号 14 仅为背景噪声 7 的 2 倍，而大多数科学家都要求最小信号 3 倍于噪声的测量才能被看作是可信的），所以并非所有的人都相信这一“测量结果”[13]。当然，把他们的结果看作火星大气水汽含量的上限，即小于 21 微米，这一点是毫无问题的。该数值的含义是，假如把所有这些水汽凝结在火星表面上形成的水层不会比 21 微米（约 1 毫米的 1/50）厚。

同样在 1963 年，普林斯顿大学的一个研究团队做了一次引人注目的高科技实验，目的也是测量火星大气的水汽含量。3 月 1 日晚，他们放飞了一个载有一具 36 英寸望远镜的气球——平流层 2 号（Stratoscope Ⅱ），升到了 80 000 英尺高度，进入了地球的平流层，几乎跃居地球大气层内所有的水汽之上，所剩的可降水汽量只有 2 微米，

* 专性嗜盐菌是一种喜盐菌，它们需要 15%～30% 的高浓度盐并在其中繁衍。火星上的实验结果竟然如此地惊喜与意外。

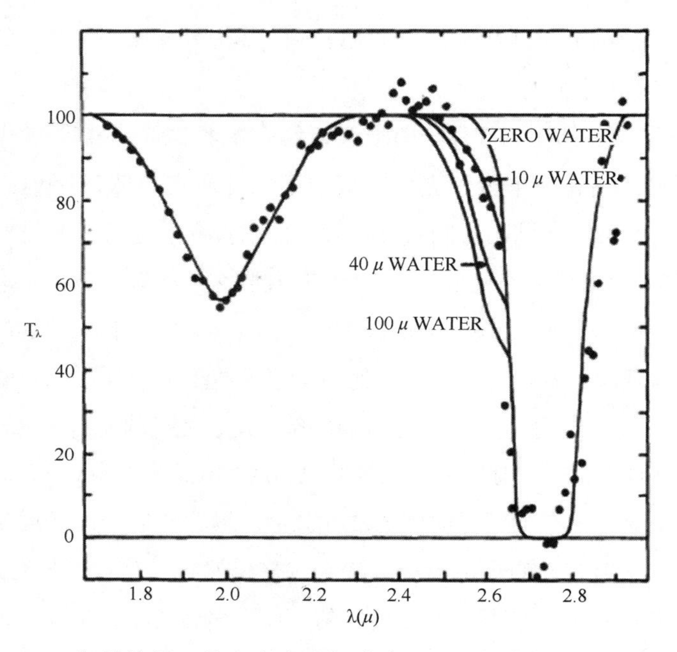

图 5.2　1963 年平流层 2 号高空实验气球在 1.6～3.0 微米红外波长上观测到的火星亮度（百分比）。水平线表示假设火星大气分子不吸收光波时估计的火星光谱。黑色数据点是各特定波长上测量到的火星光的强度，曲线是根据这些数据拟合得到的火星大气模型。图上 2.01 微米和 2.72 微米处有两个强而宽的凹陷特征，它们是火星二氧化碳对光的吸收。2.72 微米吸收的左“肩”处出现的下凹由火星大气中水汽的吸收造成。拟合左肩的最佳模型表明火星约有 10 微米可降水汽量。2.4～2.5 微米处强度过剩以及 2.3 微米处强度欠缺明显表明这些数据存在观测误差。本图经许可取自 Danielson R E, Gaustad J E, Schwarzschild M, et al. Symposium on instrumental astronomy: Mars observations from Stratoscope Ⅱ. The Astronomical Journal, 1964, 69: 344.［图中文字：ZERO WATER（零可降水汽量）；10 μ WATER（10 微米可降水汽量）；40 μ WATER（40 微米可降水汽量）；100 μ WATER（100 微米可降水汽量）。］

从这个高度进行的火星观测几乎无须担心地球水汽信号的污染。气球从得克萨斯州的帕勒斯坦升空，降落在田纳西州的珀拉斯凯，数据磁带回收后就在那里进行分析。普林斯顿大学团队还使用了德州仪器公司开发的一种最先进的探测器，这类特殊的探测器被称为测辐射热计，由掺镓材料制成*，这种探测器一旦用液氦冷却至绝对温度 1.8 开时，就会对红外光特别敏感。观测团队遥控操纵球载摄像机，在气球漂浮到望远镜和火星之间以前有 40 分钟时间可以观测火星并收集数据，实验结果令人惊讶，完全出乎意外。

平流层 2 号团队在火星大气中干净利落地探测到了二氧化碳气体。这项计划的一个主要发现就是，火星大气中二氧化碳的数量之巨，以致掩盖了水汽可能产生的任何信号。不过，这个结论需得仔细地完整分析数据后才会出现。最初，在球载飞行结束后不久，他们举行了一个新闻发布会，参与这项研究的科学家在向公众介绍未经分析的结果目前尚无结论时，时而显得十分小心谨慎，时而又显得极其乐观。哈罗德·韦弗（Harold Weaver）是这个团队的成员，加州大学的一位天文学家，他在完全没有实际数据的情况下向媒体透露，“非常肯定”平流层 2 号探测到了水汽。所以，科学研究为什么不该由新闻发布会来做，这就是早年的一个实际例子。

计划负责人、普林斯顿大学的马丁·施瓦奇尔德（Martin Schwarzschild）则要显得谨慎和明智得多。他说：“两周后我们会给一个说法，三个月后一切都清楚了。”可是，飞行后的第四天即 3 月 5 日，《华尔街日报》报道说“球载观测表明，火星大气中或生存有较低等形式的生命”。《华尔街日报》继续告诉读者，因为已在火星上发现有水，所以火星上“可能会存在某种形式的地衣或苔藓”[14]。一年后，平流层 2 号团队在《天文学报》的一篇论文中发表了他们的最终分析报告。文章说，他们得出的结论是：他们的测量表明“火星的可降水汽含量不太可能超过 40 微米”。他们显得既谨慎又自信。经过数据建

---

* 实验室掺杂材料的制造需要将杂质（这里的杂质为镓）有意引入半导体（通常为硅）中。杂质会改变半导体的电学特性，使其对一定范围内特定波长的光更为敏感。

模获得的最佳拟合，他们发现火星大约含有 10 微米的可降水汽量，这个结果与卡普兰团队的结果非常一致[15]。

第一次正确探测到火星大气中存在微量水汽（尽管微不足道）的荣誉，应由卡普兰及其同事还有平流层 2 号团队一起分享，不过，对火星水含量进行第一个权威性的而且不容置疑的测定，却是由几个研究团队在这之后的若干年里完成的。美国加州理工学院和喷气推进实验室的罗纳德·朔恩（Ronald Schorn）1971 年在为国际天文联合会撰写的一篇重点评述文章中总结了火星水汽的测量情况。“火星上有水，”

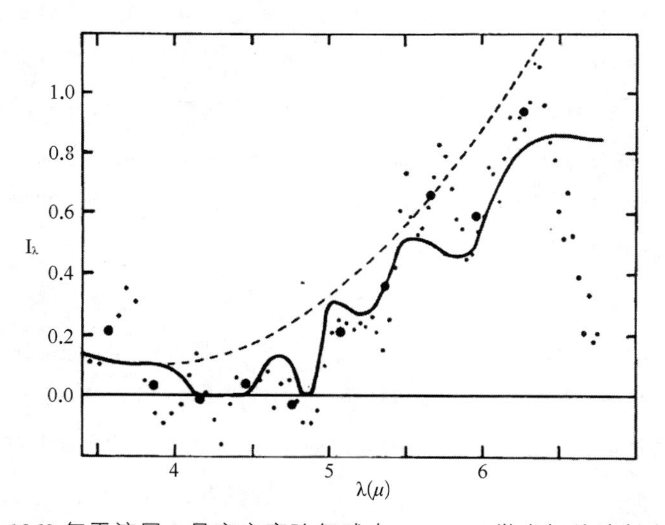

图 5.3　1963 年平流层 2 号高空实验气球在 3.5～6.5 微米红外波长上观测到的火星亮度，取 4.3 微米处的亮度为零。上升的虚线是假设火星大气分子不吸收光波时估计的火星光谱。黑色数据点是在各特定波长上测量到的光强度值（大黑点是取 0.3 微米波长间隔内所有测量值的平均），根据这些数据点拟合获得的模型以实线表示。该模型在 4.3、4.8 和 5.2 微米波长上出现三个凹陷，均对应于火星二氧化碳的吸收，模型与这段光谱区的数据点符合很好。模型光谱中 5.5～6.3 微米上出现的凹陷是假定火星大气中有 70 微米可降水汽量时水产生的吸收，而 5.5～6.3 微米波段的数据点表明火星上水的含量比该数值少得多。本图经许可取自 Danielson R E, Gaustad J E, Schwarzschild M, et al. Symposium on instrumental astronomy: Mars observations from Stratoscope Ⅱ. The Astronomical Journal, 1964, 69: 344.

他写道，“水汽随火星上的地点、季节和年份变化。水似乎通过含有部分 H_2O 的极盖发生循环。火星大气中总的水量至多几立方千米。”[16]假如我们把几立方千米的水均匀地铺在整个火星的表面，那么火星将被深度不超过 20 微米的水所覆盖。换句话说，卡普兰团队和平流层 2 号团队早在 1963 年就已获得了这一正确的结果。水的确不多，结果正确，火星确实很干燥。

自哈金斯和让森宣称在火星大气中探测到水的一个世纪后，一群天文学家在 1992 年写了一篇火星的总结报告，讲述 1976 年 NASA 火星海盗号结束以来 15 年的火星观测研究进展，非常简明扼要地提到了哈金斯和让森的工作，指出“他们的结果不再可信”[17]。

虽然火星大气中有微量的水汽，但是极为干燥，干燥到不可能产生哈金斯和让森观测到的如此强的光谱效应。现代天文学家认为，哈金斯和让森是不可能探测到存在于火星大气中的实际微量水汽的。用天体物理光谱学这一工具来证明水在火星大气中的存在实在比哈金斯和让森想象的要困难得多。

第六章

红色植被与火星生命

20 世纪后叶，专家们对 19 世纪 60 年代火星大气中水汽的初期光谱“探测”产生了怀疑（并有了正确的认识）。然而，早在 1870 年之前，火星专家已形成了一种普遍的共识：火星上有水而且已为当时的专业天文学家所证实（很清楚地见到了他们想要见的东西）。但是，这个共识可能是非常错误的，因为这一切都基于他们手中过度解读的图片和光谱资料。尽管如此，19 世纪后叶的天文学家却十分相信，他们已经证明了火星大气里蕴含有相当多的水，而且不止一点点。这种显然得到光谱学证实的天文结果，完全符合天文学家基于两个世纪以来火星目视观测的期望。事实上，有两个与火星有关的重要事实得到了天文学家的首肯：火星有水、有植被。前者已获得了证明，他们要做的就是证明后者。

基于火星大气湿润这一共识，哈金斯教授本人或者是具有天文知识并大力推崇哈金斯的人，借助一本相对较新但非常成功的英文杂志《康希尔》（*Cornhill*），将哈金斯推捧为名人（哈金斯出生在康希尔，这是伦敦金融城的传统街区）。月刊《康希尔》创刊于 1860 年 1 月，这本售价仅为 1 先令的杂志，作者多为有特色的著名作家，刊登的有虚幻的小说，也有非虚幻的作品。在维多利亚时代由伦敦的出版商发行的《康希尔》，几乎立即成为当时最具影响和拥有广泛读者的杂志之一。第一期的销售量就超过 11 万份，之后的数十年时间里《康希尔》都很流行，颇具影响。

1871 年，《康希尔》刊登了一篇题为“火星上的生命”的匿名文章[1]，将火星描写为“一颗迷人的星球……非常适宜生命的居住”。它有季节、昼夜、云彩和陆地，所以“火星是跟我们一样的世界，凡是爱好用合适大小的望远镜仔细研究这颗行星的人最清楚这一切”。文章用了一定的篇幅讨论了火星上可能存在的海洋，还谈到火星上的生物，认为它们可能因火星较弱的引力而有 14 英尺高，而且“可能更强壮，它们建造道路、运河、桥梁时所用的材料一定很轻。所以，我们可以有理由得出这样的结论：比起地球上的情况，工程的进展必定快得多得多，它们的规模也必定大得多得多。”当然，读者们也被告知，要想证明其中任何一点必定都是徒劳的，“除非天文学家能够造访火星并在火星的海洋上航行”。

然而，不！作者大声地呐喊。天文学家，他们中的最杰出者，拥有一种叫作分光镜的工具，它可是“望远镜的盟友”。“我们最为心灵手巧的光谱学家哈金斯博士就造有一台分光镜，他恰如其分地称它为赫歇尔。”火星的秘密已无处可藏了，读者们已得知，是哈金斯彻底地掀开了火星的面纱。他对火星的研究：

> 排除了人们对深蓝绿色标记以及白色极盖的真实性种种合理的怀疑。我们看到，火星肯定有与我们相似的海洋，它肯定也有它自己的北极区，像我们地球一样，随着季节的变换消退或扩张。实际上，哈金斯博士观察证明的远不止此。从火星海洋上升的水汽可以找到通往火星极区之路，这条路线是唯一固定的，即横越

火星大气层之路[2]。

这位在《康希尔》上发表文章的作者根据别人的观察——尤其是诺曼·洛克耶*的观察——写道，我们现在知道“火星的早晨和晚上都是雾蒙蒙的”。此外，“冬天比夏天有更多的云”。该文章最后得出结论：“关于这颗红色的星球，我们似乎有充分的理由可以说，现今它在天空中闪得如此的鲜明耀眼，就足以明示它是适宜生物栖息之场所。的确，怀疑这颗星球的可居住性似乎是毫无理由的，须知它与我们自己的星球有如此之多的类同之处。”这个结论把火星上水的发现和火星生命不仅可能存在而且很合理的主张直截了当、明白无误、毫无掩饰地联系了起来，所有这一切只是因为火星有水。

《康希尔》上这篇匿名文章的作者对天文学非常熟悉。他传递的天文学的观点让读者充满激情，他还将哈金斯塑造成一位民间英雄，树为19世纪中叶因证明地球和火星相似这一天文发现而成名的典范，尽管这并没有给他带来财富。他还参与哈金斯从事的天体物理学前沿的研究，支持哈金斯关于火星生命的种种学说，并将这些学说从一本积尘厚厚的著名专业杂志搬到数以万计有文化的伦敦市民的客厅。在哈金斯的相关工作被公开之前，关于火星和火星生命的辩论一直宁宁静静地限于天文界这个小圈子。然而，这个时代已告结束。现在已有明显的证据证明火星上有相当丰富的水，它再次燃起有关火星生命的辩论，并成为当时公众聊天的话题。

伦敦的一份廉价报刊《伦敦读者》（*London Reader*）在1873年发表了一篇题为“火星，有人居住吗？”的短文，其中再次提到“著名物

---

* 洛克耶做过一件具有战略意义的工作，那就是他在1869年创办的《自然》（*Nature*）杂志，该杂志很快成为并至今仍是世界上最有影响力的一份科学专业刊物。

理学家哈金斯解决了这个问题”。哈金斯证明，火星上有海、云、雪、冰、雾和雨。“以此为据推理，我们可以得出火星上有风，大量水汽被风从一处带到另一处，还可以得出有气流和洋流，有流入海洋的河流，有与我们调节方式相同的气候，有滋养土地并促进植被生长的大量雨水。”事实上，火星是“地球的缩影。因此，数百万英里之外的那个星球是另一个世界，一个较小的世界，这是真的。它不但有水、空气、光、风、云、雨、季节、河流、小溪、山谷、山脉，一切都和我们一样。”[3]这一关于火星状况的断言清单罗列的所有事实，都只是源自哈金斯关于火星上发现水的光谱证据。事实上，当时没有哪个天文学家能看到火星上的风，看到雨，看到河流、溪流或山谷，然而，这些事实根本改变不了火星在人们心目中的形象。

《伦敦读者》上这篇文章的作者随后提到有关火星接收到太阳的热量以及火星大气层纤薄的许多论据。由此作者得出：

> 在我们看来，这些重要证据是不利于我们熟悉的自然生物生存的。任何地球生物都不能够存活，即使在火星的热带也不行，那里天气必定既寒冷又阴暗。甚至植被生命，无论多么强壮，恐怕连一个小时都活不了。如果那里有居住者，它们也必定与我们有不同的形式，以适应小得多的引力。如果植被是红色的，那它们的眼睛也必定与我们不同。生活在这样的大气环境下，它们的呼吸器官也必定与我们完全不同[4]。

《康希尔》在1873年刊登的另一篇题为“火星：一位休厄尔追随者的随笔”的匿名文章，将话题转到了火星上的生命[5]。文章的标题直截了当地告诉读者，作者对火星上可能存在生命的想法抱有怀疑。写这篇《康希尔》随笔文章的休厄尔追随者不是别人，他正是在《火星图》上命名火星大陆和海洋的理查德·安东尼·普罗克特。普罗克特首先提出很多论据，支持火星与地球差异很大因此不适宜我们熟悉的生命的观点。作者指出，火星的大气压必定小于地球的1/10，因为火星的质量同样不到地球的10%。另外，火星必定比地球要冷得多，因为它离太阳的距离比地球还要远50%。作者认为，火星上的云彩很可能是卷云而不是积云，因此不是雨云。作者的结论是："火星与地球很不同，不适宜我们这个世界的生物居住。他认为，凡是我们熟识的动植物生命都不可能在火星上生存。地球上最顽强的植物生命假如能够移植到火星上，将活不过一个小时。"这些结论让那些想象火星上存在生命的人感到沮丧。然而，作者得出的结论却是完全相反的："生命，无论是动物还是植物，的确可能存在于这颗红色星球。那里可能有理性的生物，就像地球上有一样。"火星生命当然与地球生命截然不同，两者的差别使得"这些有理性的火星生物眼中，地球上有生命的观点即使不是站不住脚的，也必定是荒唐的和异想天开的"。如果连这位知识渊博天文学家、疑虑满腹的休厄尔追随者都低首屈服，受屈于不可抗拒的证据而得出火星上居住有动植物的结论，那么这场科学辩论也差不多结束了。

与此同时，在英吉利海峡的大陆一侧，流行的是弗拉马里翁的著作。在弗拉马里翁看来，火星不仅类似于地球而且可能居住着某种不同于我们人类的生物，这种观点已经深深扎根于19世纪末许多欧洲人的心中。1873年，弗拉马里翁继自己1869年和1871年的火星研究开展了新一轮的观察，并于7月呈交给了位于巴黎的法国科学院。他向法国科学院的院士们描述火星"北极周围的极地海洋"，他之所以能这么说是"因为那里常年可见一个暗色的斑块"。弗拉马里翁的极地海洋延展极广，从极地冰层边界的北纬80度向南延伸到北纬45度处。这个"狭长的地中海"在那里与"一个跨越赤道并延伸到南半球的巨大海洋汇合”。弗拉马里翁指出，火星与地球有一个很重要的不同之处，地球上 3/4 的面积被水覆盖，而火星则相反，拥有的陆地面积比海洋面积更大[6]。“尽管如此，”他继续说道，“火星上蒸发产生的效应类似于地球上的气象现象。”他的话锋接着转向了哈金斯和让森的工作，“光谱分析表明，火星的大气跟我们的一样充满了水汽，还有海、雪、云，跟我们的一样都由水组成”。

然后，弗拉马里翁觉得必须解释火星为什么是红色的。迄今为止，他和其他人都提出了一些论据，使他们可以将这种红色归因于火星的表面而不是它的大气。弗拉马里翁依据这些论据进一步说道：“我们看到的是表面，而不是行星的内部，所以红色应该是火星植被的颜色，因为那里生长的就是这种植物。”他总结道，火星的大陆“似乎被红色的植被所覆盖”[7]。

接下来的一年，法国科学院的某些院士就火星近乎不变的红色是否是生命存在或不存在的标志进行了一场辩论。院士霍弗（Hoefer）博士认为，火星几乎恒定的颜色是支持没有生命的有力证据，意味着土壤的颜色不随季节的变换而变化。然而弗拉马里翁等一些人认为，多元世界的教义就是反对火星不能孕育生命的有力论据。一个星球，尤其是一个像火星一样显然能够栖居生命的星球，要是不能孕育，就是“违背自然力的一切已知作用的”。他争辩道，“地面上一定有什么东西，不论是苔藓还是更低等的”。支持火星生命的论据很容易找到：火星拥有的是“（颜色）不会（随季节）改变的植被物种”，就像地球上的“橄榄树和橘树冬季像夏季一样也是绿色的”。

1879 年，弗拉马里翁普及天文的名声已遍及大西洋两岸。他在为《科学美国人》增刊撰写的一篇题为“另一个像我们一样的可居世界”的文章中解释说，他的动机是“在天文学实践中孜孜以求世界多元性这一伟大真理的直接证明”[8]。在他看来，哈金斯和让森在火星大气中探寻水汽是这场博弈的颠覆者。他解释说："光谱分析法"已在火星上发现了"与我们的雾、云和雨完全一样的水汽"。根据这些新知识，弗拉马里翁宣称，天文学家现在明白，如果想了解火星表面发生了什么，就得等火星大气中的云雾消散的那一刻，那是研究火星最佳的时刻。"换句话说，这一定也是这个星球上的居民正在享受明媚日光之时。"弗拉马里翁向读者解释说，火星的海洋就是"地中海"，水的颜色"与地球上水的颜色是相同的"。至于陆地的红色，他写道："火星的这种特殊颜色……会是覆盖火星平原的草或其他植被的颜色吗？那里生长有红草地和红森林吗？"弗拉马里翁在汇总了有关火星的所有信息后问道："红的真是大地吗？绿的真是水吗？白的真是雪吗？""是的！"他激动地总结道。

19 世纪关于行星演化的思想也因地球和火星的比较引导出一些有趣的想法。天文学家坚称火星比地球年龄更大。当时日趋流行一种宇宙进化论——尽管这种理论极具想象与猜测而完全没有物理根据，认为一颗行星变老时，它的海洋会被行星的固态核心逐渐吸收。按照这种（现在已被抛弃的）宇宙演化理论，一颗行星的海洋会给它自己的内部吸收，与此同时表面干涸并沙漠化，整个过程十分缓慢且确凿无疑。因此，按照当时流行的这一理论，火星观测的结果表明它是一颗垂死的行星，比地球更接近它的寿命终点。

总而言之，少数天文学家将他们对火星的信仰转化为火星人的既定事实。他们证明了火星上有水，证明了火星上的红色斑块是植被，证明了他们想要证明的一切，而完全无视不利于这些观点的任何观测资料。结果，一颗湿润茂盛的星球就成为火星的知识遗产传给了下一代火星专家和爱好者们。

第七章

火星上的水

今天的火星拥有多少水？自从威廉·哈金斯第一次“证明”火星有水以来的一个半世纪，天文学家只是部分而肯定不是全部解开了火星的水之谜——曾有过多少水、现在还有多少水，最简单的回答就是：火星已经失去了它曾拥有的大部分水。尽管如此，火星仍然还有大量的水，只是不再以液态形式存在于火星表面。火星表面的特征非常清楚地表明，在火星史最初的5亿年里，即39亿年前，它的表面有过巨量流水。此后，火星表面变得十分干燥，其原因可能是水流入了原先所在的地表之下，也可能是逃入太空，更可能是两者兼而有之。

但是，最近二十年来已有重大证据强烈表明，火星在较近的年代里也经历过水蚀峡谷期，可能是冰雪融化的水缓慢流入和流出湖泊链。某些河流特征可以在NASA的火星侦察轨道器（Mars Reconnaissance Orbiter）、火星环球勘测者号（Mars Global Surveyor）和ESA（欧洲空间局）的火星快车号（Mars Express，简称MEX）拍摄的照片上识别出来，有些年龄可能已有30亿年，有些可能是在20亿年前形成。广泛分布于火星赤道南北的湖泊中，其中有的一个湖所含的水比安大略湖还要多[1]。

火星南北两个极盖都是沉积冰层。这些冰层一部分（在当前的火星气候条件下）是永久性的，但每个火星冬季都会沉积出一个薄层，这个薄层会在火星的春季里升华。2001年，戈达德航天中心（Goddard Space Flight Center）的戴维·史密斯（David E. Smith）、麻省理工学院的玛丽亚·朱伯（Maria T. Zuber）和格雷戈里·诺伊曼（Gregory A. Neumann）利用1997年9月进入火星轨道的火星环球勘测者号上激光高度计获得的数据，表明北极盖在冬季覆盖着1.5～2米（5～6.5英尺）厚的季节性冰层，它由冰冻的二氧化碳（干冰）构成，而且整个北半球的夏季中北极盖仍保留有水冰。

至于南极盖，其永久性水冰盖之上也保留有一层薄薄的干冰层，纵然在南半球夏季也不例外，究其原因主要是它比北极盖还高4英里[2]。该项研究使我们认识到，该干冰薄层之下的冰盖几乎全由水冰组成。所以，残留在火星表面的水可能大部分储存在这两个极盖之中。

1998年，朱伯和史密斯率领的一个研究团队用火星环球勘测者号所载的激光高度计估算了北极盖含冰量的总体积。四年后，他们的研究表明，1998年的结果仍可看作北极盖所含水冰总量的量度，对此他们非常自信。他们的结果为：这些测量得出单个极盖所含水冰的总体积为300 000～400 000立方英里（约半个格陵兰冰盖）。这些水冰一旦融化，足以覆盖100%的火星表面，形成深达约30英尺的全球性海洋[3]。

2003年发射的火星快车号于当年12月进入火星轨道。美国喷气推进实验室（Jet Propulsion Laboratory）的杰弗里·普劳特（Jeffrey J. Plaut）利用火星快车号所载火星先进雷达系统测量了南极盖含冰总量。测量到的水冰总量为400 000立方英里，它足以形成一个深达约36英尺的全球性海洋[4]。总之，北极和南极极地冰层内蕴藏的水足够生成深达约 66 英尺的全球性海洋。

2013 年，法国图卢兹大学的热勒米耶·拉叙（Jeremie Lasue）及其同事总结了过去二十年里众多卫星和仪器测量的结果，得到今日火星近地表层的储水总量[5]。现已清楚，有些水储存在南北两极的沉积物中，另有一些水储存在极盖以外的永久冻土层中，分布于全火星的近地表沉积物中。总的说来，他们发现火星在这些近地表层中储存的水足以形成一个深达 80～96 英尺的全球性海洋。

2015 年，NASA 戈达德航天中心的杰罗尼莫·比利亚努埃瓦（Geronimo Villanueva）和迈克尔·穆马（Michael Mumma）也对火星现在的水量和历史上流失到太空去的水量进行了测定。为了了解他们的工作，我们需要一些化学知识。

水的分子式通常表为 H_2O，那是化学家表达单个水分子元素组成的速记写法，表示一个水分子由两个氢原子（H）和一个氧原子（O）组成。然而，并非所有的氢原子都是一样的，例如氘就是氢的一种同位素。一个氘原子在它的原子核中有一个带正电的质子，其核电荷为 +1，这与普通的氢原子一样。但是，与普通氢原子不同的是，氘原子核中还有一个电中性的中子。中子质量与质子质量几乎相同，但要略微大些，不过，它的质量虽有增加，却不影响原子的电荷量。因此，原子核中添加一个或多个中子不会影响原子的化学行为。所有这些都意味着氘原子就只是一种更重的氢原子而已。

如果水分子中的一个氢原子被氘原子取代，那么这个分子（HDO）仍然是水，但我们称它为“半重水”。如果两个氢原子都被氘原子取代，那么这种分子（D_2O）称为“重水”。因此，水分子可以是 H_2O、HDO 或 D_2O。所有这三种分子的味道都是一样的，但是它们的质量和重量是不同的，在生理上和重力作用下的反应也是不同的，而且吸收和发射光的波长也略有差别。

图 7.1　古代火星海洋概念图，比利亚努埃瓦等 2015 年发表于《科学》杂志。图中表明火星古代的蓄水量比地球北冰洋还多。假定数十亿年里火星地形没有重大的变化，即基本与现代火星地形相同，则古代海洋将处于低海拔的北部平原地区。火星曾经拥有海洋的观念来自观测，观测表明火星曾拥有的水的 85% 已流失到太空。请注意，如果火星上曾存在过海洋盆地，它们应当布满巨大的古代撞击坑，而地球上的海洋盆地形成于板块构造，而火星从未出现过这种情况。本图由美国 NASA 戈达德航天中心提供。（彩色版本见书前插页）

地球上，每 6 400 个氢原子就有一个氘原子。结果，每 3 200 个水分子约有一个实际上是半重水分子 HDO 而不是 H_2O。此外，地球上每 4 100 万个水分子（$6\,400^2 \approx 4\,100$ 万）就大约有一个天然的重水分子 D_2O。

比利亚努埃瓦和穆马用夏威夷和智利的望远镜测量了火星大气中两种不同分子形式的水——正常水和半重水。在火星环境下，太阳的紫外光将水分子离解成它的原子成分，即氢原子和氧原子。因为氢比氧要轻得多，所以氢会向大气顶层上升，最后逸入太空，而氧原子则向地表沉淀，并与岩石中的矿物质发生反应形成铁锈。正常氢原子的质量和重量只有氘原子的一半，它比氘原子更容易逃脱火星引力的控制，更快地逃入太空。因此，经过亿万年极其缓慢而稳定的变迁，随着大气中的水分子被紫外光分解，一些氢原子和氘原子逃入太空，氘与氢之比（D/H 值）将不断地增加 *，以致今天火星上的 D/H 值是地球 D/H 值的 8 倍。

因为地球和火星都形成于同一个环绕太阳的气体云，所以行星科学家认为这两颗行星开始时应该有相同的 D/H 值（除非这两颗行星上的水都是它们冷却后由彗星长期带入的 **）。另外，地球有磁场，质量也更大，两者的共同作用将阻止水被破坏和从地球流失。因此，今天地球上的 D/H 值应该与地球及火星形成之初即 40 亿年前两颗行星上的 D/H 值是相同的。

假设火星现在的地表储存的水相当于深达 69 英尺的全球海洋（据拉叙估计，该值可能低估了 10%～30%），并假设火星当前的 D/H 值是火星上某些水分子经光致离解后正常氢原子比氘原子更快流失太空的结果，比利亚努埃瓦和穆马据此计算得出，火星曾经拥有的水是现在的 6.5 倍，或者说当年的水足够形成一个深达 450 英尺的全球海洋。因此，根据比利亚努埃瓦和穆马的计算，火星上现在的 D/H 值证明，火星地表上或地表以上的水因很容易受到紫外光的破坏已经损失了约 85%[6]。

根据我们现在掌握的地球和火星的 D/H 值、地球和火星的形成以及火星地表附近的水量，可以认为比利亚努埃瓦和穆马的结论是合理

---

* H 数量的减少速度比 D 的更快，结果使 D/H 值随时间增加。

** 彗星有较高的 D/H 值，而且各彗星的 D/H 值也各不相同。

的。然而，应该认识到，我们所掌握的知识仍然是不完备的，所以火星现在有多少水、总共失去了多少水等结论也只能认为是合理的而不能看作为定论。事实上，根据许多人的估计，火星表面某些特征的形成要求有大量的水，但是根据火星上现有储存的水冰，并结合考虑比利亚努埃瓦和穆马依据 85% 地表水量从大气损失的证据测算出来的古代火星水丰度，还不足以解释这些表面特征。

火星的古峡谷网系是火星曾经有过大量水的证据，值得注意，它们与地球上的河谷网系十分相似。最大的一个水蚀峡谷宽达半英里，深一千英尺。很明显，37 亿多年前，在这些网状水系十分活跃的时期，曾有过大量的水流经这些古峡谷网系。要冲刷出这些峡谷网系需要大量的水，足以灌满一个深达一千英尺的全球海洋。

火星还有一个称为外流水道的表面特征。这些水道是火星史上巨大水量灾难性释放时刻的化石，很可能是地表附近的永久冻土层迅速融化所致。所有的融化水随后涌到地面上，在那里冲下山坡，蚀刻出这些深邃陡峭的水道。其中有些外流水道的宽度可达数十英里，长 600 英里。形成这些外流水道所需的水流速度高达亚马孙河流速的 100 倍。火星上已识别的外流水道所需的水就足够形成一个深达 1 500～3 000 英尺的全球海洋[7]。

火星上有如此大规模的水流似乎令人难以理解，不过，地球近代史上也曾发生过一次类似的自然灾害。大约在 12 000 年前，爱达荷州一座高达 2 500 英尺冰坝以东的一系列山谷被一个巨大的冰川湖——米苏拉湖填满，其水量相当于今天伊利湖与安大略湖之和。最后因巨大的湖水压力造成灾难性的溃坝。据估计，米苏拉湖冲下的水流量约为亚马孙流域的 60 倍，水流以每小时 50 英里的速度奔流直下，蚀刻出众多的峡谷，并在华盛顿州东部造成许多孤丘和深邃的峡谷，成为这次灾难遗留的证据[8]。以这样的流速，大约一周时间米苏拉湖便会干涸。

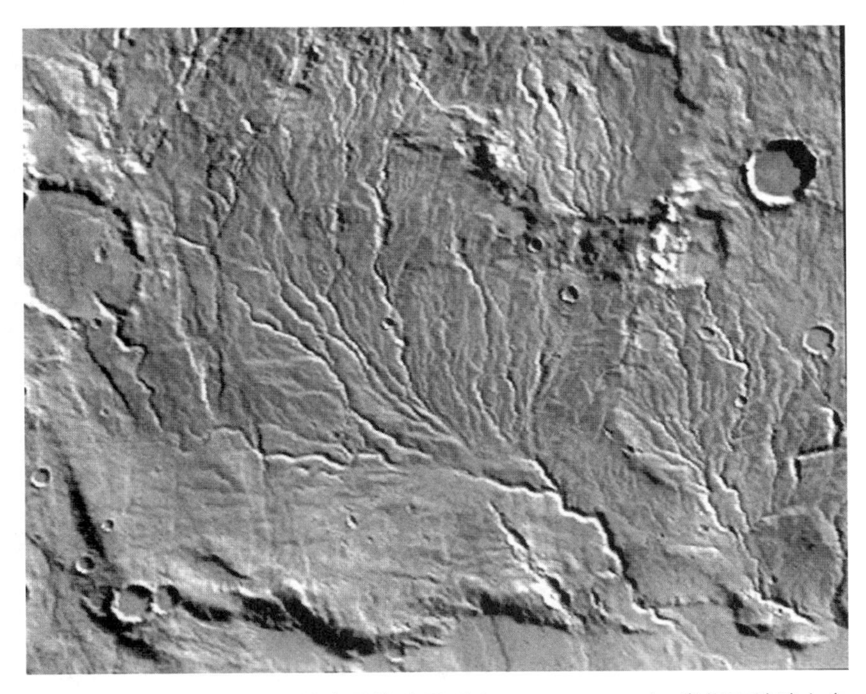

图 7.2　位于 42°S、92°W 的火星峡谷网系（Valley network），类似于地球上自然排水系统，是古代火星地表曾有长时间水流的证据。这块地区宽约 120 英里，大水道由许多小水道合并而成，但看不到细小的溪沟流入大峡谷的情形，表明这些峡谷可能是冰层下的地下流水冲刷侵蚀形成而不是雨水在地表流动形成，也可能是火星曾比现在更温暖、更湿润。本图由月球和行星研究所布赖恩·费斯勒（Brian Fessler）提供。

远古时代的火星，拥有的水量一定远远超过等量于 450 英尺深的全球海洋，后者是依据目前火星大气和地表的水与气的储存量估计的。火星上大部分的水，无论是通过某种不影响 D/H 值的机制流失太空的，还是留在火星上的，都曾经储存在地表之下。这种情况使得有可能实现火星的殖民化或地球化，只要我们能够找到并获取这些隐藏的水源。

2016 年，科学家利用火星侦察轨道器进行穿透地面的雷达探声，在西部乌托邦平原（Utopia Planitia）（火星北半球的一个大平原，位于火星最大的也是太阳系最大的一个冲击盆地的内部）发现了一个冰原，厚达几百英尺，覆盖面积大于美国新墨西哥州，并发现它的保水量胜过苏必利尔湖[9]。毫无疑问，火星上的水还没有为我们全部发现。极盖内的水冰含量已有测量，非极冰原的水冰含量至少也有一个已经测量过，这些测量为“目前火星地表或其附近有多少水”这个问题提供了初步答案。至于火星曾经拥有的水是否都保留下来了这个问题，我们还需要有更多的数据才能回答。

关于火星上水的历史，NASA 的 MAVEN（Mars Atmospheric and Volatile Evolution，即火星大气和挥发物演化）号在 2015 年提供了一份重要的答卷。MAVEN 发射于 2013 年，2014 年抵达火星，此后一直在测量火星大气原子流失到太空的速度。某些原子受到太阳风粒子的碰撞，被撞到大气层最稀薄的高层并进入太空。太阳风由带电荷的氢原子核和氦原子核组成，它们以约每秒 250 英里的速度流出太阳。太阳风粒子不仅从太阳向外运动，它们还拽住太阳的磁力线拉伸到太阳系中。这一行为也将太阳磁场和电场的影响扩展到行星。地球的磁场在远高于地球大气层顶的地方形成一道屏障，抵挡住太阳风粒子，保护上层大气免受太阳风的侵蚀。然而，火星没有磁场。其结果是，火星大气的上层暴露在太阳风下，任其轰击。另外，火星上层大气中的某些原子吸收日光，结果也使它们获得足够的能量而失去其中的一个电子。失去电子的原子现在成为带电粒子，即离子。离子会对磁场产生响应且给予反作用，而中性粒子对磁场的存在则无动于衷。火星大气中的离子一旦遇到太阳磁场，它们就会被猛烈地向外拉，从而离开火星。

一秒又一秒，一天又一天，一年又一年，随着时间缓慢地流逝，最后这两个过程（首先是电离，接着是与太阳风的相互作用）共同导致火星以每秒几百克的速度流失它的大气。“就像收银台每天失窃几元

图 7.3　火星上的拉维谷（Ravi Vallis），位于 1°S、42°W 处 200 英里长的一段泄流水道。这条水道发端于图的左侧，但看不到有支流，表明侵蚀该水道的水来自巨大压力下流出的地下水。快速的水流破坏、冲塌并冲刷火星的表面。本图由月球和行星研究所布赖恩·费斯勒提供。

硬币一样，随着时间的推移，损失会变得很大，”科罗拉多大学博尔德分校的 MAVEN 团队首席研究员布鲁斯·贾科斯基（Bruce Jakosky）说道：“我们已经看到，在太阳风暴期间火星大气受到的冲击显著增加（高达 10 倍），因此我们认为，太阳在年轻的时候要活跃得多，所以数十亿年前的损失率也要高得多。”[10] 还有，火星沿椭圆运动，所以火星在离太阳最近时大气的损失比它离太阳最远时也要高 10 倍之多[11]。

MAVEN 研究团队还确定了火星大气随时间流失到太空去的气体数量，方法是测量火星大气不同高度处氩的两种同位素的相对丰度[12]。类似于氘及正常的氢，比起较轻的氩同位素（氩 36，即 ^{36}Ar），火星的重力更利于留住较重的氩同位素（氩 38，即 ^{38}Ar）。测量结果表明，火星初始储存的氩已有 66% 流失至太空。MAVEN 研究团队利用氩流失量的测量估计出“火星的大气层累计流失的 CO_2 可能多达 0.5 巴，甚至更多”。一个“巴”的压强等于地球表面的大气压力。今日火星表面的大气压约为 1/160 巴，所以 MAVEN 的测量结果强有力地证明，火星大气中绝大部分气体（如氩、氮分子、二氧化碳等）已经逸入太空。

MAVEN 的测量结果强烈表明，火星的原始大气大部分已经丢失了（并在继续丢失）。鉴此，我们要问的是，怎样才能更好地理解火星一生中丢失了多少原始储存的水呢？美国 NASA 的火星奥德赛号（Mars Odyssey）航天器载有一台能作这种测量的探测设备——中子能谱仪。该探测设备能测量火星地表三英尺内流出的中子流量，这些中子是受太空高能粒子即宇宙射线的碰撞而产生的。宇宙射线穿入火星地表层，并在近地表层内撞击出粒子。当宇宙射线与原子核碰撞时，会产生伽马射线和中子，其中一些中子回弹跳出火星大气层，从而被火星奥德赛号所发现。科学家可以根据中子的能量来识别火星地表下存在的是什么粒子。

奥德赛号的一项重大成果就是发现火星南北半球高纬地区（南北半球 55° 到近两极的区域）的次地表层含有极丰富的氢。由于氢是不会单独存在于火星地表附近的岩石里，因此存在氢最合理的推论是次地表层岩石中有丰富的水冰。也就是说，火星两极满含被称为永久冻土的脏冰，按体积计算它可能由约 50% 的岩石与多达 50% 的水冰混合组成[13]。赤道区也含有水，但按体积计算含量较低，只有 2%～10%[14]。NASA 凤凰号（Phoenix）着陆器于 2008 年在火星北极附近登陆，用机械手挖掘火星土壤并测量其组成。凤凰号的测量表明，奥德赛号的结果是正确的：北部高纬地区的土壤满含水冰。

根据 MAVEN、奥德赛号和凤凰号的测量，在过去的 40 亿年里，火星可能已经失去了相当于一个海洋的水。既然火星在其地表上或附近曾有过这么多的液态水，那它过去必定比现在温暖得多。火星侦察轨道器对南极盖地下约半英里处进行过雷达探测，发现地下储藏有大量分层结构的干冰即固态二氧化碳的证据。三层厚厚的干冰层（每层约 1 000 英尺厚）之间夹着薄冰层（每层 50～200 英尺厚）。锁入这些沉积层中的二氧化碳，其总量几乎与目前火星大气中二氧化碳总量相等。一旦释放出来，火星的大气压就将增加一倍，能使火星表面许多地方的液态水稳定下来。此外，大气更浓密的情况下，风也会变得更为强劲，就能将更多的尘埃带入大气层，可能导致火星沙尘暴的频次甚至强度的增加[15]。

温暖湿润的古代火星，会形成由黏土和赤铁矿一类矿物组成的沉积层，这一点现在已获得确认。1998 年，火星环球勘测者号在火星赤道附近第一次发现了赤铁矿[16]，这些赤铁矿层就是火星年轻时地表上或其附近曾有过大规模流水相互作用的证据。

火星曾拥有的这些水现在都去了哪里？一部分原始水是肯定丢失了，有可能丢失的数量还很大。但是，假如情况确实如此，大量的水也是在不影响 D/H 值的情况下丢失的。因此，更可能的情况是，这些水还在火星地面上或火星的内部。*

* 假如火星的原始水都丢失到外太空去了，那么火星曾有过的水（相当于 3 000 英尺深的原始全球性海洋）全部丢失将使火星今日的 D/H 值达到地球 D/H 值的 25～50 倍。而今日观测到火星上的 D/H 值只是地球的 8 倍。所以，火星大部分原始水是在不影响 D/H 值的情况下丢失的，也即不是向太空逃掉的。那么，现在它们在哪里？很可能还在火星地面上或者地下。——译者注

第八章

运河的建造者

水　道

其实，乔瓦尼·斯基亚帕雷利最初对火星是不感兴趣的，更不用说寻找火星人了。然而，就在完成火星研究时，斯基亚帕雷利重新绘制了一幅火星表面图，并萌发出新的想象，他发现了一个他认为宽达75英里水道组成的环球网系。

在对火星进行变革性的观察之前，斯基亚帕雷利就已经是一位非常优秀的天文学家，并赢得了世界声誉。1866年，斯基亚帕雷利计算出了斯威夫特-塔特尔彗星的轨道——这是两位美国天文学家刘易斯·斯威夫特（Lewis Swift）和霍勒斯·塔特尔（Horace Tuttle）四年前发现的一颗后来以他们名字命名的彗星。斯基亚帕雷利发现，该彗星的轨道与每年八月形成英仙座流星雨（因为它似乎来自英仙座方向）的流星体的轨道相似。斯基亚帕雷利将流星雨中的“流星”与彗星轨道联系起来，根据地球绕日运行中遇到的尘埃碎片的物理特性，他认为这些尘埃碎片就是彗星绕日运行时散落的碎屑。鉴于这一天体物理学的重大发现，1868 年法国科学院将当时最重要的国际天文学奖——拉朗德奖授予了斯基亚帕雷利。

斯基亚帕雷利可谓生逢其时，恰逢天时地利人和。在他二十出头的时候，在撒丁岛国王的庇护下，他得到了政府的支持，先后在德国柏林天文台和（位于圣彼得堡以外的）俄罗斯普尔科沃天文台（Pulkova Observatory）培训学习。之后，他被任命为米兰的一家小型天文台的助理天文学家。1862 年二十七岁时，因一位高级天文学家去世，他被任命为布雷拉天文台（Brera Observatory）台长。斯基亚帕雷利立即提出了一项雄心勃勃的现代化计划，其中包括配备一台最先进的望远镜的建议。最初的几年里，斯基亚帕雷利几乎没有取得任何进展，但是著名的拉朗德奖帮助他获得了政治赞助，有钱购买设备。就在 1868 年，让大臣们帮助年轻的斯基亚帕雷利开始其职业生涯的那位撒丁岛国王，被加冕为新的意大利王国（1861 年建立）的国王——维托里奥·埃马努埃莱二世（Vittorio Emanuele Ⅱ）。科学上的成功说明斯基亚帕雷利深具潜力，值得这个年轻国度将其作为优秀对象进行公共关系投资。因此，这位国王选择斯基亚帕雷利给予资助，按他的申请资助布雷拉天文台一台新的望远镜。六年后，斯基亚帕雷利的新望远镜——8.6 英寸的默茨折射望远镜（Merz refractor）宣告完成，它用当时能生产的最高质量的光学玻璃制成。斯基亚帕雷利开始用它进行天文观察，不过，他的大部分观察都是计划来研究双星的间距及其轨道的。

1877 年的夏天，为了检验这具新的望远镜，斯基亚帕雷利第一次对火星进行了观察。火星高悬于夜空之中，正在向冲的位置逼近。1877 年 9 月是 12 年来火星最接近地球的时候，因此，火星在望远镜里看上去相当大，几乎立即迷住了斯基亚帕雷利。斯基亚帕雷利发现，他可以轻而易举地识别出火星表面的各种特征，还能够分辨这些表面特征的各种色度和颜色。根据其他天文学家绘制的火星表面图和研究，他对这些特征的来龙去脉可说了若指掌。

到了9月，斯基亚帕雷利决定利用火星近距离的机会以及新望远镜高质量的优点，绘制比前人更细致得多的火星表面图。他甚至发明了一种技术，可以保证他获得的表面图能比前人的更为精确。他的计划是先在火星表面确定62个固定点，然后用测微器测量这些点与每个特征之间的角距离，当然，这些特征都是他希望在火星表面上准确定位的。以前最好的火星图当数理查德·普罗克特1867年所绘的，但是斯基亚帕雷利用作绘图起算点的大多数特征在该图上都没有名称，更不用提他不久就辨认出来的所有次要特征。所以，他马上引进自己的命名法，给几乎所有的火星表面特征命名（其中一些名称现在还在使用）。

斯基亚帕雷利的付出获得了回报——一份当时最准确的火星表面图，当然，这仅仅是指他观察到的这些特征是真实的话。斯基亚帕雷利不仅毫不犹豫地将火星上较暗的地方说成海洋，还把它们色调的差异解释为海洋“深度、透明度和化学成分”的差别，就像“盐度差别造成地球上海洋的颜色差异那样。水越咸，颜色就越深……火星也是这种情况……所有这些情况使我们认为火星的海洋与地球的海洋是相似的。”[1]

接着，他又谈到了“复杂的网状暗线条，这些暗线条将我们认为是海洋的暗斑连通起来”。他解释说，这些暗线条“具有颜色，其原因与海洋相同，它们只可能是些水道或者连通大海的海峡”。在1879年观察期间，以及1882年秋季和1882年初冬的几个月中，斯基亚帕雷利都被这些暗线条深深地吸引着。接着，就在1882年，火星突然发生了戏剧性的变化，而这一切恰好被斯基亚帕雷利几乎实时地观察到了。

“在这颗星球上，”斯基亚帕雷利写道，“陆地上纵横交错着许多暗线条，这些暗线条我称之为水道，虽然我们不知道它们是什么。其中有些水道许多观察者以前也有记录，最值得注意的是道斯 1864 年记录的。在最近三次冲期间，我特地研究了这些暗线条，找到的数目很可观——至少有 60 条。”至少 60 条！这些水道“在明亮的地区或大陆地区”形成“清晰的网络”，他写道，“它们的排列似乎是永恒的、不变的，据我判断，至少在我观察的四年半里是这样的。”

至此，斯基亚帕雷利成为越过火星学雷池的第一人。他报告说，他在 1879 年发现了一些他在 1877 年没有见到过的水道，并在 1882 年发现了更多的水道，而它们都是在 1879 年没有见到过的，不过，凡是前几年发现过的水道他总能找到。

按他的专业说法，火星的水道网系逐渐地增多，扩展到整个火星。最短的 75 英里长，最长的 3 000 英里，每条水道的“两端或终止于海洋，或终止于另一条水道，找不到一条中断在陆地的水道”。根据他的估计，水道很宽，典型的为 75 英里（2° 火星经度）。

接着，斯基亚帕雷利进一步强调说：“不仅如此，在某些季节，这些水道数目会翻番，更确切地说，增加一倍。”斯基亚帕雷利在 1877 年时尚未发现这种现象，即一条水道几乎能在一夜之间变成平行的两条。他还说这一现象只是在 1879 年出现过一次，当时他“发现尼罗河的成双现象（doubling）”。然而，1882 年，斯基亚帕雷利“意外惊喜地发现，奥龙特斯河、幼发拉底河、比逊河、恒河以及其他水道相继出现清晰且无可争议的成双现象”。斯基亚帕雷利认为他自己至少亲眼看到二十条水道的成双现象，其中十七条的成双出现在 30 天时间里。

“这些成双并非是与目镜倍率增加有关的光学效应，后者在观察双星时会发生，而且也不是一条运河沿长度方向分裂成两段。成双是这样的：原有的暗线条其走向或位置都没有任何变化，但在它的左侧或

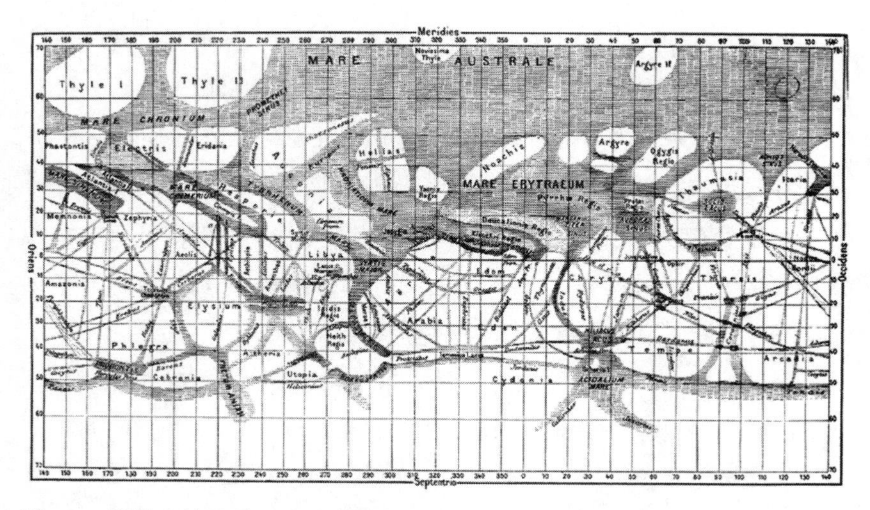

图 8.1　斯基亚帕雷利 1886 年绘制的火星图，可见到火星的水道结构，其中有许多双水道，所有水道似乎都通向一块大陆。本图取自弗拉马里翁的《行星火星》(1892)。

右侧可以看到出现另一条暗线条，它与第一条相等且平行，彼此相距 6°～12°，即 350 到 700 千米。”想象力丰富的斯基亚帕雷利决定给这个过程——水道沿长度方向成双的现象取名，他参考天空中的双子星座（Gemini）的名称，称之为孪化（gemination），这个词在拉丁文中即为“孪生”之意[2]。

斯基亚帕雷利的新结果被其他天文学家接受了，接受只是一种委婉的说法，实际上，他们抱有很大的疑虑。一些人认为斯基亚帕雷利的细线条只是火星表面浅暗色地区的边界而不是水道，还有些人认为水道是光学错觉，可能是斯基亚帕雷利的望远镜光学系统不良造成，甚至有人认为是他脑子有问题。然而，斯基亚帕雷利却依然自信满满，他认为在火星的新发现中，他不仅是领先于时代的天文学家，而且领先于他的同行。

在这片科学战场上，有几位天文学家站在了斯基亚帕雷利这一边，他们支持斯基亚帕雷利，声称他说的水道至少有一些已得到确认。爱尔兰人伯顿（C. E. Burton）1882 年在《都柏林皇家学会科学会刊》（*Scientific Transactions of the Royal Dublin Society*）上报告说，他已经确认了几条水道，是第一个确认斯基亚帕雷利水道的人，只是孪化现象他还无法证实[3]。伯顿在 1883 年 35 岁那年猝死于心脏病，在《天文纪要》（*Astronomical Register*）上发表的讣告中说："最近发现的火星水道知识主要来自斯基亚帕雷利和伯顿先生的观察。"[4]

短短几年内，对斯基亚帕雷利水道真实存在的其他支持出现在亨利·佩罗坦（Henri Perrotin）和路易·托隆（Louis Thollon）这一法国团队的研究中。1886 年，在尼斯天文台（Nice Observatory）工作的佩罗坦和托隆甚至有了惊人的突破——证实了火星水道的成双现象，这正是斯基亚帕雷利所迫切期望的。"那天［1886 年 4 月 5 日］夜晚快结束前，天气条件十分好，我们相继找到了几条水道，它们的特征几乎完全如同米兰天文台（Milan Observatory）台长描述的那样。这些水道斯基亚帕雷利描述过，与我们见到的情况一样，在这颗行星的赤道地区组成了一个线条网，这些线条似乎沿着大圆弧线走向。"[5] 佩罗坦和托隆甚至提到了天文台的一位访问学者特雷皮耶（M. Trépied），说是他第一个"注意到双水道 TU 由两条平行的暗线条组成"。在 1888 年的火星观察期间，佩罗坦说他不但看到了单水道，也看到了双水道。

另一位法国天文学家弗朗索瓦·特比（François Terby）给予了更多的支持，他似乎证实了斯基亚帕雷利的观察。"我们发现，"他在《火星的物理观察》（*Physical Observations of Mars*）一文中写道，"在 1888 年，我们在勒芬（Louvain）证实了下述水道的存在。"接着他列出了三十条水道的名称。特比解释说，有些水道他是如何多次地观察到的，而有些观察"困难重重，但无可置疑"。特比失望的是，能被他证实的成双现象只有一条水道，尽管如此，他确实"窥见其中一条水道成双，虽然条件极其糟糕”。最后特比得出结论：“经过亲眼所见，我们敢肯定，从今以后火面学 * 的进步将只掌握在那些摆脱疑虑桎梏者的手中，并将坚定不移地沿着米兰著名的天文学家的足迹前进：通过火星水道及其成双现象的研究，开创火星研究的新时代。”[6]

斯基亚帕雷利工作最重要的验证也许来自爱德华・查尔斯・皮克林（Edward Charles Pickering）的弟弟威廉・亨利・皮克林（William Henry Pickering）。爱德华是世界上最权威也最有影响力的一位天文学家，他在 1876 年被任命为哈佛大学天文台台长，并一直任职到 1920 年。年轻的威廉作为天文学家的职业生涯开局甚为成功，他曾在 19 世纪 80 年代对天文学做出过重要贡献，并获得了极大的尊重。1883 年他当选为美国人文与科学院院士，并于 1899 年发现了土卫九。然而，在职业生涯的后期，威廉走上了邪路，去考察（或思索）月球上的植被和巨型昆虫，还花了大量精力去寻找海王星以外的神秘星球——X 行星。

1887 年，得益于尤赖亚・博伊登（Uriah Boyden）家族的遗赠，爱德华・皮克林为哈佛天文台争得了一笔能建立永久性高地观测站的基金。利用博伊登基金，爱德华在秘鲁安第斯山脉海拔 8 100 英尺的阿雷基帕建造了一座天文台。他将建立博伊登观测站的任务派给了威廉。威廉向爱德华建议，哈佛天文台应该利用阿雷基帕这个位置对南天进行大规模照相巡天。阿雷基帕的巡天工作获得了数以千计的照片，并被运回了波士顿。虽然威廉没有参与后来的分析工作，但是巡天的结果彻底改变了 20 世纪的天文学，并为安妮・江普・坎农（Annie Jump Cannon）进行恒星光谱分类、亨丽埃塔・莱维特（Henrietta Leavitt）发现造父变星的周光关系以及赫罗图的创建奠定了基础，所有这些都是现代天体物理学的基石。威廉・皮克林在这项工作中的丰富想象和远

* 参见本书“附录 2：词汇表”中词条“areography（火面学）”。——译者注

见卓识值得高度赞许，但是他随后对火星的研究就不值得称颂了。

1890 年，威廉使用阿雷基帕 12 英寸博伊登望远镜拍摄了有史以来的第一批火星照片，这使他再次站到了 19 世纪末天文学的最前沿。在观察过程中，他“第一次看到了几年前刚被伟大的意大利观察家斯基亚帕雷利发现的所谓火星‘水道’”。[7] 1890 年，他在《恒星通报》（*Sidereal Messenger*）的一篇文章中报道说，这种水道他曾见到过许多，有些很容易看到，有些“看到也不费劲”，但是更多的“只能在大气适度宁静时”看到，这时他能“毫不困难地看到斯堤克斯水道（Styx）、埃尼恩海峡（Fretum Anian）和希布莱乌斯深谷（Hyblaeus），还能辨别出这同一地区的其他几条水道”。不过，他“还不能看到它们的成双现象”，他现在“高度钦佩能用 8 英寸望远镜第一个看到它们的天文学家的视力”。当然，他建议人人都能去看看，不过，他对这些火星特征是否真的与地球水道相似多多少少也有所怀疑，因为“在我看来最遗憾的是，水道这个名称已被系定于这颗行星上这些惟妙惟肖的特征，因为拿不出丝毫证据能支持它们里面有水的假设”[8]。

在火星 1892 年冲“成为历史”之后，威廉·皮克林在当年 12 月的《天文和天体物理》（*Astronomy and Astro-Physics*）上发表了一篇文章，总结了他在阿雷基帕的观察[9]。文中他特别提到了水道，清楚地指出“这颗行星上有许多所谓的水道，其中大多数斯基亚帕雷利教授都已绘制成图，有一些只有几英里宽。这次冲期间，没有看到令人惊讶的双水道。”皮克林还几次观察到“云”和“微小的黑点”。“为方便起见，”他写道，“我们称它们为湖。”他还声称能观察到两极附近的融雪。他对两极附近能观察到融雪表现出来的自信、探测到云的能力，以及将小黑点标注为“湖”的偏爱，似乎与他的希望——希望斯基亚帕雷利不要选择水道这一术语去描述火星上没有明显含水证据的长长的线条特征——所表现出来的聪明才华是相互矛盾的。

斯基亚帕雷利本人从不允许自己像别人那样将他在火星上发现的水道肆意延伸猜测。他写道："没有必要去假设它们是智慧生物的杰作。"[10] 其他人就没那么谨慎了，毕竟，地球上的运河是人造工程。所以，大到可以从 5 000 万英里距离外用望远镜看到的火星水道，毫无疑问必是巨大到几乎不可思议的庞然大物，一定是由极其聪明能干的工程师所设计的。

地球上，1681 年法国南运河竣工，这是人工建造的第一条与河流组合的运河，不久它便将大西洋与地中海连接起来。1825 年在纽约州北部，工人们完成了世界第八大奇迹，挖掘了一条（最初）4 英尺深、40 英尺宽的运河——伊利运河，将哈得孙河与伊利湖连接起来。三十多年后，即 1858 年，法国工程师费迪南·雷赛布（Ferdinand de Lesseps）领导的一个工程队开始建造苏伊士运河，并于 1868 年完成了这项难以置信的工程。苏伊士运河长不到 125 英里，宽不到半英里，这条运河在它完成时也许是人类历史上最伟大的工程成就，但比起火星上几十条数千英里长、数十英里宽并且相互连接的水道，就像儿童的把戏。然而，地球上一个环球运河系统人类工程师要忙几个世纪还修建不完。事实上，就是在发现火星水道的那个年代，即 19 世纪末，地球上最大的运河巴拿马运河正在修建之中。自 1855 年起，巴拿马铁路开始穿越巴拿马地峡运送乘客和货物。此后不久，又为修建一条运河的可能性开展了严肃的调查和探讨。1881 年一支法国工程队开始开凿这条运河，1904 年美国接管了这项工程并于 1914 年竣工完成。19 世纪末，运河一直萦绕在地球上最伟大的科学家和工程师的心中，所以当发现智慧外星人在我们邻近的星球上修建类似建筑时，某些科学家丝毫不感到惊奇。毫无疑问，从事改造行星地球的人会赞赏火星人的先进技术。

当然，天文学家并非与世隔绝。天文学家工作在科学的最前沿，他们非常了解技术先进的法国和美国工程师在建造运河中所付出的努力。在他们观察火星时，脑海里就浮现出运河。就在地中海对面的苏伊士运河开始施工的那一年，意大利天文学家塞奇第一次将“canale”（水道）这个词用于火星。尽管斯基亚帕雷利发现第一条水道是在 1877 年，但他注意到火星水道第一次出现更为先进的成双现象是在 1882 年，那已是法国人在巴拿马动工开凿一年后的事情了。

很清楚，运河是人类文明智慧的表现。对弗拉马里翁来说，火星上的环球运河网系就是火星上居住着远比我们先进的智慧文明的证据。作为天文学科普作家，弗拉马里翁在他的时代之前没有一个同路人，直到一个世纪后卡尔·萨根写了《宇宙》（*Cosmos*）一书之时才有了一个知音。1892 年 8 月，弗拉马里翁出版了他的《行星火星》（*La Planète Mars*）一书，书中概要总结了自望远镜发明以来几乎所有重要的火星观察——从 1636 年丰塔纳的第一次观察到 1890 年众多天文学家对水道的观察。除了在书中有一处详述以前每个重要的火星观察之外，弗拉马里翁用他自己丰富的想象力去解释人类对这颗红色星球的认识：

> 很可能，火星确实居住着与我们人类相似的物种。毫无疑问，他们的重量更轻，也更古老、更先进。但是，两个世界毕竟存在着重大的差异，迄今我们还没有足够的资料能够推测火星上的人种、动物、蔬菜和其他类型生命的可能形式。不过，火星上居住有比我们人类更优越的人种似乎是非常可能的。[11]

聪明的火星人

接下来的时代属于洛厄尔。洛厄尔是一位富有的波士顿人，那是新英格兰最著名的家族之一。洛厄尔于 1876 年毕业于哈佛大学，曾在

19 世纪最重要的美国天文学家本杰明 · 皮尔斯（Benjamin Pierce）指导下学习。毕业后整整 15 年，他抛弃了天文爱好，前往欧洲去经营家族的企业。接着他四处旅游，最后几年还去了朝鲜和日本。然而，到 19 世纪 90 年代初，他的爱好得以回归，全身心投入斯基亚帕雷利的运河*，决心当一名天文学家。十年后，他建立了自己的天文台，并力图说服世界各地的非专业读者，使他们相信是火星工程师修建了一个运河系统以挽救他们垂死的世界。

1892 年，鉴于与哈佛天文台台长爱德华 · 皮克林的友谊，洛厄尔获得了斯基亚帕雷利火星图的副本，并开始进行细致的研究。不久，洛厄尔得知斯基亚帕雷利本人因视力太差无法继续观察从而放弃了火星研究之后，他开始考虑如何继承斯基亚帕雷利的事业开创自己的火星观察之路。这时，作为 1893 年的圣诞礼物，他收到了弗拉马里翁的《行星火星》一书。几乎在一夜之间，洛厄尔决定他应当立即全心投入火星的研究。为此，他决定献出自己的才华，投入个人家产，去建立一个致力于此的天文台。

为了给自己的望远镜找一个大气质量最佳的位置，洛厄尔对几个可能地点（包括墨西哥和阿尔及利亚）进行了评估，最后洛厄尔把他最先进的克拉克父子公司（Alvan Clark & Sons）制造的 24 英寸折射望远镜安装在亚利桑那州弗拉格斯塔夫镇的火星丘上。他认为那里大气干燥宁静，能看到火星表面的细节，这在大气质量较差的地方是看不到的。大气质量这个天文概念是洛厄尔率先提出，这才有了后来建在夏威夷、加那利群岛和智利山顶的天文观测站，因为那里大气的“视宁度”比地球上别的地方更好。

---

* 显然，在斯基亚帕雷利的意大利原著被译为英译本时，就开始被误解为他在火星上发现了运河。究竟谁是第一个误解的并不清楚，也不重要。洛厄尔毫无疑问是运河说的最坚定派，所以从本节起 Canals 一词不再译为“水道”，而翻译为“运河”。——译者注

洛厄尔常对人说，极佳的视力对观察者在望远镜像上识别火星表面特征的能力至关重要，当然，他自己就有这样的视力。他认为，他和斯基亚帕雷利可以看到别人看不到的火星结构的原因很简单，只是因为别人的身体有缺陷而已。

洛厄尔天文台于1896年7月23日落成开业。第二年，望远镜本体被运往墨西哥并再次运回，很快便永久地坐落在火星丘。此后的20年里，直到1916年去世，洛厄尔都在组织员工们开展火星的系统观察和研究。

还在建造自己的天文台之前——当然也不可能获得火星的什么新数据了，洛厄尔就在1894年初登波士顿科学协会（Boston Scientific Society）的公共讲台发表演讲，明确宣布了自己的观点和目标。演讲文本随后于5月26日发表在《波士顿协会》（*Boston Commonwealth*）杂志上。洛厄尔把他在亚利桑那的计划解释为“对其他世界生命条件的调查……（为此）有充分的理由相信我们正处在明确解决此问题的前夕”。接着，在讨论斯基亚帕雷利发现的火星运河时，他告诉读者“火星上令人惊叹的蓝色网系暗示着，我们地球之外有一颗行星现在真的有人居住着”[12]。洛厄尔的观察计划旨在证实而不是去检测这种说法。

洛厄尔的首次火星观测是在1894年，用的是从哈佛天文台借来的12英寸折射望远镜以及匹兹堡阿勒格尼天文台借给他的18英寸折射望远镜。观测取得了巨大成功。第一个冬天，洛厄尔天文台的天文学家就观察到了183条运河，几乎囊括了斯基亚帕雷利最初识别的所有运河，至少还有一百条以前斯基亚帕雷利未见到过的。在这些运河中他们找到了8条成双（孪化）的运河[13]，183条中有一些运河已反复识别过多次，独立认出的次数都不下一百次。他们还观察到53个不同的小暗斑，就是威廉·皮克林在1892年首次看到并标记为“湖”的那些特征。

1896年，洛厄尔得到了莱奥·布伦纳（Leo Brenner）（塞尔维亚的一个恶棍斯皮里东·戈普切维奇使用的化名）强有力的支持。布伦纳在给英国天文协会（British Astronomical Association）的一份通讯报告中说，他见到了102条运河，“70条是斯基亚帕雷利的，12条是洛厄尔的，还有20条是新的”。布伦纳还看到了“两个洛厄尔说的湖”，甚至还发现了一个新的[14]。布伦纳是一名高中辍学生，一个骗子和恶棍。他不具有天文学家的资格证书，但很富有，他在克罗地亚西海岸外洛希尼岛卢辛皮科罗镇（现今的马里洛希尼镇）建造了默诺拉天文台（Manora Observatory）。几乎可以肯定，他说的观察到和发现的所有东西，包括荒谬的金星自转周期23小时57分36.277 28秒，都是他编造的。至少有好几年时间，他能够在专业期刊《天文台》、《英国天文协会会刊》（*Journal of the British Astronomical Association*）以及《天文通报（德）》上发表他的报告，凡是洛厄尔关于火星的所见和所言，他报告说全见到了[15]。

经过长达二十年的火星观察，洛厄尔对自己的假设心中早有定见，甚至在开始研究之前他已有了答案：火星上有先进智慧的文明。1894年至1895年间的冬天，他在《大众天文学》上发表了六篇系列文章，大张旗鼓地讲述这个故事。接着，他又撰写了四篇同一主题的系列文章，1895年夏末发表在《大西洋月刊》（*Atlantic Monthly*）上。同一年，他还就火星人假设发表了一系列公开演讲。最后，他在1895年末出版了他的第一本关于火星的书：《火星》。很清楚，洛厄尔想要说服公众接受他的观点，他期待得到全世界公众的热情支持，借此使专业天文学家认可他的想法。

最初，洛厄尔偶尔会得到普林斯顿大学天文学教授查尔斯·杨

（Charles Young）适度而非常谨慎的支持。杨是位备受尊敬的科学家，也是当时采用最广泛的天文学教科书的作者。在1896年10月的《波士顿先驱报》（*Boston Herald*）上，杨教授小心翼翼地详述了已知的火星情况，指出哪些是没有争议的，哪些是不确定程度各异的猜测（例如，火星大气中有多少水汽？火星表面温度是多少？火星表面上的暗线条是运河吗？）。关于运河假说，他既没有完全接受也没有完全否定。他也推测火星上的生命形态，却依然不置可否。最后，他睿智地辩解道，我们都应该“在接受富有想象力的观察者所作出的惊人结论和未经证实的发现为确切事实之时要小心谨慎。人们期盼什么，希望找到什么，这是显而易见的，尤其对于圆面上有如此小而精致标记的火星。”[16]

杨教授以职业礼貌对待洛厄尔，给他一点他向天文界极度追求的尊重。就在这个月，洛厄尔通过新闻媒体向公众告知，他对金星的观察已获得了堪称一绝的新结果。他报告说，金星的自转周期224.7天，与绕太阳的周期准确相同。因此，金星就像地球的月球，始终以同一面朝向太阳。洛厄尔还宣称，他已经发现“金星并不如人们所想象的被云所覆盖”。[17]凭借有关金星的这两个重要发现，洛厄尔的成就显然胜过天文界的许多学者。这还不算完，他还发表过金星图，表面有许多像辐条一样的暗线条，他认为这些都是金星表面永久性的特征。

尽管有了成功的公众形象，但洛厄尔仍不被人看好。他有财力聘请天文学家与他一起工作，但无法得到他们的尊重。也许是因为缺乏专业经验和资历的缘故，他很快就开始怀疑他聘来天文台协助他的许多天文学家对他不忠——无论是对他个人还是对他的火星观点都不忠。丹尼尔·德鲁（Daniel A. Drew）是洛厄尔在1894年第一次火星观察活动时聘请的，1897年6月走了。同年10月，与德鲁一起聘请的威尔伯·科格沙尔（Wilbur A. Cogshall）也离开了。1897年聘请的塞缪尔·布思罗伊德（Samuel Boothroyd）在 1898 年突然离职。托马斯·杰斐逊·杰克逊·西伊（Thomas Jefferson Jackson See）也是 1894 年火星观察活动时聘请的专业观察家，他那傲慢和自负的性格招致洛厄尔的同事对他充满无穷的敌意，并于 1898 年 7 月被解雇了。安德鲁·道格拉斯（Andrew E. Douglas）是在 1894 年初加入洛厄尔团队的，从事大气测量并协助确定洛厄尔望远镜的最佳位置，1901 年洛厄尔解雇了他，原因是“不值得信赖”。道格拉斯向洛厄尔的妹夫、负责天文台财务的威廉·帕特南（William L. Putnam）抱怨说，洛厄尔的“方法不科学，他所写的东西大部分对他只是有害无益”。他的劝告带有武断味道，显得十分生硬：“我担心他这样不可能变成一位科学家。”帕特

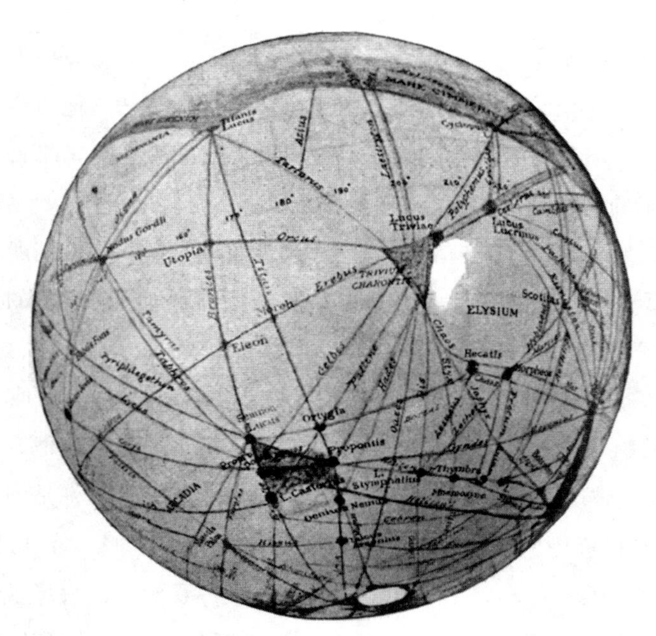

图 8.2　洛厄尔的火星图，展现出环球的运河系统。按照洛厄尔的说法，火星人用这些运河运水，从富水的极盖地区运往赤道地区，如埃律西昂（Elysium）附近的交汇区卡戎岔口（Trivium Charontis）。本图取自洛厄尔的《火星，生命的家园》（1908）。

南向洛厄尔出示这封信之后，道格拉斯得知自己被解雇了，这也是意料之中的[18]。

为了重建队伍，洛厄尔在1901年聘来了当时还是印第安纳大学研究生的维斯托·斯里弗，建议的不是别人而正是那位科格沙尔。斯里弗在洛厄尔在世时一直忠于洛厄尔，洛厄尔去世后继续忠于他的遗命，受聘于洛厄尔天文台度过他自己的全部职业生涯。洛厄尔还短期聘用了卡尔·奥托·兰普朗德（Carl Otto Lampland），后者在天文摄影特别是在行星观测领域的巨大进步上功成名就。几年后，即1906年，洛厄尔聘来了斯里弗的弟弟厄尔（Earl），厄尔也同样忠于洛厄尔和洛厄尔天文台，他在那里一直待到1964年[19]。自聘用厄尔起，洛厄尔长期聘用的专业人员越来越多。

在洛厄尔的不断推动鼓励下，斯里弗花了几年的时间研究火星大气水汽含量的测量设备和技术。1908年，斯里弗在火星观测时在“a”线*上探测到一个较强的特征，比他在月球“a”线上观测到的特征更强。洛厄尔大肆宣扬这一成就，认为这是火星上存在水的确凿证据，并间接证明了他关于火星的所有理论。正是洛厄尔对天文台工作的积极宣传，斯里弗的发现得以迅速地传播。

洛厄尔关于火星和火星生命的故事在他1906年出版著作《火星及其运河》（*Mars and Its Canals*）时达到了顶峰。书中提出了一些论据，支持生命因化学过程必定发生自然演化的观点。因此，火星以及宇宙其他地方存在生物是不可避免的。他进一步指出，要是有植物生命存在，那么更高形式的生命也是可能的。至于火星，因为它拥有生命化学起源所有必需的要素，所以这颗行星上必定会发生生物的进化[20]。

---

* 参见图5.1。——译者注

洛厄尔对运河也做了大量的测量工作，根据这些测量，他确定火星上有一股“暗浪”以每天 51 英里的速度从两极向赤道移动。他的结论是，暗浪的速度与人工抽水到运河的速度相当，它能使植被迅速蔓延茂盛。洛厄尔认为，支持这一理论最有力的一个论据与针对一个称为埃德雷克海（Mare Erythraeum）的大暗区所作的多年研究有关。他观察到，这个位于赤道以南约 24 度的暗区的颜色，随着火星冬季的到来，从青绿色变为巧克力棕色，随着火星春天的到来，埃德雷克海又变回了绿色[21]。

经过十多年的写作和演讲，以及安排天文台的员工从事火星的研究，洛厄尔终于达到了他所渴望的影响。他把天文学家之间关于火星运河的争论变成了一场关于火星人的国际公开辩论。“回顾 1907 年，你认为十二个月里最特别的事件是什么？”12 月底《华尔街日报》第一版刊登的一篇匿名作者文章问道，“当然，肯定不是金融恐慌，它还没有占据我们的头脑，将其他多数念想赶走。”不，“最特别的进展是今年天文观察提供的证据，证明有意识的智慧生命存在于行星火星上”。《华尔街日报》的文章如实地报告说，“这种证据的确是间接的”，但它足以“成为那个星球上存在智慧生命的间接证据”。至于这一发现的意义，“没有一个成就能比确定那个星球上存在生命的事实更令人叹为观止的了”。作者指出，所有的功劳都归功于洛厄尔[22]。

洛厄尔的战略在很大程度上奏效了。他要在 1908 年出版另一本关于火星的书，《火星，生命的家园》(*Mars as the Abode of Life*)。在撰写过程中，洛厄尔受到当时声望日盛的英国《自然》杂志编辑的邀请，发表一个有关火星的“权威声明”，并谈及洛厄尔天文台在 1907 年对火星的观测。洛厄尔描述了他的天文台最近的观测结果：火星南极冰盖的融化、太阳湖的“苏醒活动”、南北走向并会变色的运河，以及该行星的实时变化。“由此直接的推论就是，这颗行星现在是富有建设能力的智慧生命的居所，”他写道，更重要的是，“就此而论，我可以说，火星上居住有这种生命的理论绝不是我的先验假设，而是观察导致的结论，并为我此后的观察完全证实。至于其他的假设，与观察到的事实全都不相符。”[23]随后许多主要的报刊都出现了支持的文章，邀请他为《自然》撰写有关火星的文章就是对他的肯定，运河的问题和智慧火星人的争论似乎已经得到解决，智慧的赢家属于洛厄尔[24]。

事情的真相

火星环境对于洛厄尔的火星生命理论至关重要，然而令人惊讶的是，对火星环境的几次测量似乎都对他有利。洛厄尔认为，生命需要水，而今火星上显然已经找到了水。此外，火星上要是存在生命，火星就必须具有必要的大气。洛厄尔天文台的天文学家也在努力地测量火星大气层的厚度，他们测量到的火星表面大气压是地球表面大气压的 1/12。尽管很低，但他们认为这样的火星大气已足够允许生命的存在。洛厄尔认为，既然已知火星大气中有水汽存在，那么几乎可以肯定，地球大气中其他丰富的气体在火星大气中也应该是丰富的。此外，洛厄尔用火星引力强度作为间接证据来支持他的假设：火星引力有足够的强度阻止所有的气体向太空逃逸，除了最轻的氢气。因此，氧气和二氧化碳不可能逃入太空，它们必定留在火星上，其丰度应当类似于地球上的丰度。最后，在 1907 年 7 月，洛厄尔进行了一项复杂的计算[25]，考虑到火星云层覆盖率、反射率、空气和地面对热的吸收以及大气压，他得到火星表面的温度为 48℉（9℃）。计算的结果使他得出结论，火星表面的温度与地球上的表面温度是相似的，因此是适宜生命的。[洛厄尔计算火星表面温度的方法几乎立即受到了挑战。1907

年 12 月，英国物理学家约翰・坡印廷（John Poynting）公布了他的计算[26]，其中考虑到了一种他称为“温室效应”的影响。他的计算结果为−42℃～−26℃。显然，坡印廷的结果比洛厄尔更正确。]

现代天文学测量表明，所有这些关于火星的所谓真相都是错误的。19 世纪火星大气层中的水汽的测量也是不正确的，实际上，火星非常干燥。

此外，火星的大气层也比洛厄尔天文台的研究者想象的要薄得多，只有他们认为的 1/15 甚至更薄。1965 年 7 月，包括杰拉尔德・利维（Gerald S. Levy）——本书所呈献的学者——在内的水手 4 号（Mariner 4）雷达科学团队完成了一次巧妙的实验，当水手 4 号位于火星背后时接收它发来的电波信号，这时的电波信号要穿过火星大气层再到达地球[27]。他们指出，实验过程中，他们是怎样通过测量电波信号特征的变化测定火星的大气压力、密度和温度的。水手 4 号测定的结果是，火星表面的大气压力是地球表面大气压力的 4‰～7‰（最新的测量值为一个大气压的 6‰）。

水手 4 号科学团队还发现火星的表面温度在−103℃与−93℃之间，并随火星纬度和季节变化。最近测量表明，火星表面温度可低至约−153℃，最高可达（火星夏季的赤道附近）约 20℃。火星的平均表面温度约为−62℃，典型的表面温度比洛厄尔想象的低 100℃。

很重要的一点是，火星大气里没有氧气。火星大气几乎完全由二氧化碳（96%）组成，这使得火星与地球非常不同。

结论是：洛厄尔或洛厄尔天文台的天文学家测量的或计算的火星大气所有属性，实际上都是错误的。火星如同是极端类型的地球沙漠：极其干燥，昼夜的温度波动极其巨大。

洛厄尔辩解说，运河系统是人造的，其依据的理由就是这些运河很直、宽度均匀，走向就像车轮的辐条，而且中央位置处有暗斑，他认为它们就是直径约为 150 英里的沙漠绿洲[28]。洛厄尔竭力让大众和天文界皈依他关于火星有人居住的信仰，这种信仰确实招致反对者对他的抨击，他的学术对手们将敌意瞄准洛厄尔关于探测到火星运河的主张，因为火星运河系统一旦倾倒，洛厄尔的智慧火星人也必荡然无存。

众多对手中最有名的是利克天文台台长坎贝尔，在与洛厄尔的争论中他有能力取得别人的支持。1908 年，坎贝尔组织利克天文台员工前往威尔逊山，测量火星大气中的水汽含量，其结果是否定了先前火星上据说探测到水的测量。坎贝尔写信给四种不同的期刊，反驳洛厄尔关于洛厄尔天文台的位置优于利克天文台和其他主要天文台，能使他们的观察者比别的天文学家透过地球大气层看得更清楚的说词。在坎贝尔的鼓励下，乔治·埃勒里·海耳（George Ellery Hale），这位此前曾建造世界上最大的两台望远镜——威斯康星州叶凯士天文台（Yerkes Observatory）的 40 英寸折射望远镜和加利福尼亚州威尔逊山 60 英寸反射望远镜的天文学家，于 1909 年开始用 60 英寸望远镜研究火星。海耳向坎贝尔报告说："你听到后可能会感到惊讶，一点也看不到它们有运河的任何迹象！"[29]毋庸置疑，坎贝尔对此一点都不感到惊讶。

坎贝尔还鼓励爱德华·埃默森·巴纳德（Edward Emerson Barnard）用海耳的 60 英寸望远镜进行火星研究。巴纳德是那个时代最著名的天文学家之一、天文摄影的先驱，他发现了数十颗彗星以及离地球第二近的恒星，即今天称作巴纳德的恒星。巴纳德曾介入过火星海洋和运河的争论，那还是在他搬到叶凯士之前不久，即 1892 年和 1894 年用利克天文台的 36 英寸望远镜观测火星期间。当时，他在《英国皇家天文学会月刊》上发表了他的观点，说火星上的"海"与"洋"在他看来就像是些大峡谷及沙漠，与加利福尼亚的大部分地区相似："没有人认为这是些遥远的海与洋，恰恰相反。”他还很随意地提到“这些地区根本看不到近年来典型的火星图上画的那些锐直线条”[30]。

1905 年，巴纳德去洛厄尔天文台访问，检查洛厄尔雇佣的天文学家兰普朗德当年拍摄的原始火星照片。兰普朗德当年是以一名熟练的天体摄影师的身份来到洛厄尔天文台的。在那个年代，一般认为行星的天文摄影远比恒星或彗星的摄影难，甚至有许多人认为拍摄行星是不可能的。在洛厄尔的督促鼓励下，兰普朗德开发了许多新技术——为 24 英寸折射望远镜特别设计的低吸收玻璃、仅在大气条件不模糊成像时的观测、精心设计滤色镜以减少不同颜色的光不同聚焦造成的图像模糊、非常稳定地控制望远镜跟踪火星天空移动速度的“转移钟”（即补偿地球自转的时钟）。兰普朗德对观测所作的重大改进，使他在 1905 年当之无愧地赢得了皇家摄影学会奖章，还使他从 1905 年 5 月起拍摄到多达 700 张火星照片。洛厄尔告诉美国和欧洲各地的报纸，这些照片多么绝妙神奇。洛厄尔在《第一张火星运河照片》一文

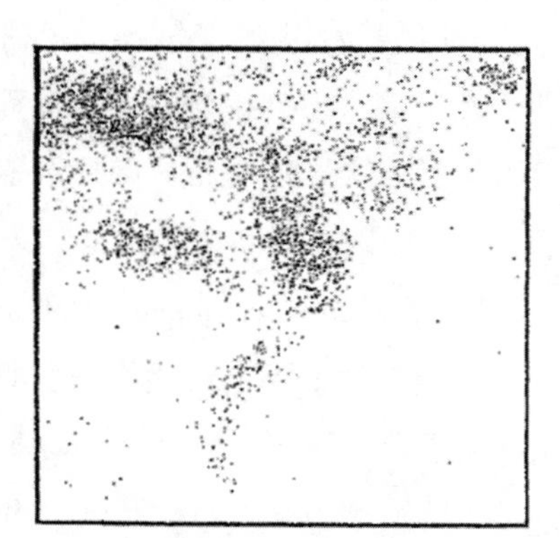

图 8.3　左图是火星表面局部地区图，1901 年海耳用当时世界上最大的、刚投入观测的洛杉矶威尔逊山天文台望远镜所获。右图是同一年洛厄尔在亚利桑那州洛厄尔天文台用手绘制的火星草图。比较两张图可清楚地发现，斯基亚帕雷利和洛厄尔认为的火星表面直线实际上是些宽而模糊、对光反射弱于其他表面的地区。本图取自 Antoniadi E M. Considerations on the Physical Appearance of the Planet Mars. Popular Astronomy, 1913, 21: 416-424.

中写道："这些照相底片，只要是拍得好的，都显示有运河。"这篇文章 1906 年 12 月发表在《伦敦皇家学会会刊》(*Proceedings of the Royal Society of London*) 上[31]。洛厄尔还写过许多关于这些照片的文章，发表在《大众天文学》《天文通报（德）》《比利时天文学会通报》(*Bulletin de la Société Belge d'Astronomie*)、《哈佛天文台通报》(*Harvard College Observatory Bulletin*)，以及他自己的《洛厄尔天文台通报》(*Lowell Observatory Bulletin*) 等期刊上。媒体将这些照片看作为火星运河辩论中划时代的转变加以刊登。洛厄尔自己在 1906 年出版的《火星及其运河》一书中向世界介绍了这些照片带来的发现。他断言，这本书中的照片向世界证实，火星是一个远比我们人类先进的火星人占主导地位的世界。在兰普朗德的照片中，"众所周知的火星特征有'大陆'、'海洋'、'运河'和'绿洲'，这颗星球奇特的地貌首次被单独印刷成黑白照"。这些照片甚至显示有"本季节的第一场降雪，刚成形的新极盖……在这众多的照片上，总共数到 38 条运河，其中有一条称为尼罗克拉斯（Nilokeras）的运河还是成双的。因此，运河的真相最终得以自我澄清。"[32] 伦敦《每日画报》(*Daily Graphic*) 的记者支持洛厄尔，报道说这些火星照片"将结束近几年来扰乱天体观察者生活、争议最激烈的辩论"[33]。赫斯特报业连锁集团雇佣的一位备受尊敬的科学作家，在亲自检查原始的照片印刷件后也同意了这一说法。"现在，至少有几条主要火星'运河'的存在，我们认为是可以接受的。"[34] 其他报纸与许多专业天文学家也附和了这种看法，尽管几乎没有人实际检查过照片，因为大众市场上的出版物自己没有能力印刷不失真的照片。1907 年火星冲期间，洛厄尔的员工在南美洲又获得一些照片，并于 12 月和次年 1 月发表在《世纪》(*Century*) 和《大都会》(*Cosmopolitan*) 杂志上[35]，它们更起了推波助澜的作用。

另一方面，巴纳德在检查了原始照片后得出结论："不像他们说的那样，没有运河。"在坎贝尔的催促下，巴纳德在1910年末开展了火星观察活动，根据自己的观察再次否定了运河的证据[36]。

洛厄尔的另一个对手是19世纪最杰出数学家之一的西蒙·纽科姆（Simon Newcomb），美国国家科学院院士和英国皇家学会会员，曾担任美国数学会会长和美国天文学会第一任主席。他还有一份长长的获奖名单，其中有英国皇家天文学会金奖、英国皇家学会科普利奖、法国荣誉军团骑士勋章等。在智力的角逐中，宁与纽科姆志同道合也勿与其为敌。然而，在关于洛厄尔和洛厄尔运河的争辩中他站在了反方。早在1897年，纽科姆就表明了自己的立场，他写道[37]：

> 虽然天文学家个个都对珀西瓦尔·洛厄尔先生充沛的精力和满腔的热忱抱有最崇高的敬意……但是他们不能忽视一个事实：试图穿过如同我们大气层这样扰动的介质去描述一个5 000万到1亿英里以外的天体的特征时，即使是最有能力和最有经验的观察者也是很容易出错的……斯基亚帕雷利取名为运河的那些特征标记确实存在，几乎没人会质疑。但是，该质疑的或许是，这些特征标记是否就是在斯基亚帕雷利图上看到的、并在洛厄尔先生精美的书籍中描绘的那些精细明锐的线条。

纽科姆坚持不懈地、公开地质疑洛厄尔观察到火星表面细微特征的能力，因为洛厄尔声称他的观察能力的全部根据只是他自称极佳的弗拉格斯塔夫镇观测位置以及自诩卓绝的视力。纽科姆对人眼作了一系列试验，测试人眼对着约100英尺远处较亮的背景识别黑线的能力。经测试后，纽科姆得出结论，洛厄尔的测量是不可能的。尽管如此，纽科姆承认，虽然"这些结果或许减弱了完整的运河系统的真实性，但并没有否定它的可能性”[38]。

洛厄尔的新发现全面陷入危机。没有一位天文学能看到金星表面的标记，直到今天，还没有哪位天文学家声称用地球上的望远镜看到过金星的表面。事实上，我们现在知道，金星覆盖着一层极厚的大气层，所以洛厄尔根本不可能看到金星表面上任何永久性的标记。至于金星的自转周期，也没有哪位天文学家能够确认洛厄尔的测量结果，据我们现在所知，他的结果也是错的。金星自转确实很慢，每 243 天旋转一周，但它的转动方向与洛厄尔测量的是相反的。自从 1896 年 12 月出版金星图后，洛厄尔在他看作为专业同事的圈子里把自己弄成了众怨之的。他们不认可洛厄尔，认为他没受过专业训练，也没有资历，在专业上不配与他们平起平坐，他对金星的研究也只是使他为天文学家所不齿。

洛厄尔早期的一位支持者，欧仁・米夏埃尔・安东尼亚迪（Eugène Michael Antoniadi），转而成为最直言不讳的一个反对者。安东尼亚迪是一位天文学家，出生在君士坦丁堡（现为伊斯坦布尔），他的职业生涯于 1893 年始于法国——与巴黎墨东天文台的弗拉马里翁合作从事研究。他认为，他在那里独自观察到 40 条以上的火星运河。在担任英国天文协会（British Astronomical Association）火星组的负责人后，他对火星的看法开始逐渐转变。以新的领导身份，安东尼亚迪收集协会会员对火星的许多观察，并依据这些观察发表火星观察年度报告。在他的第一份报告中，他仍然是个运河假说以及弗拉马里翁与洛厄尔火星生命主张的热情追随者。他在 1896—1897 年度的报告中指出，“火星组的所有成员毫无例外地都看到了运河”。他还报告说，暗区“非常可能是一些长着稀疏草木植被的土地”，而不是协会的另一名成员所说的“红色植被”。他继续说道：“暗区很可能象征着植被和水。已经观察到植被随季节的变化。水的色调一般不会变化，这是水的主要特征。”

然而，怀疑在安东尼亚迪心中开始滋生，他宣称，英国天文协会的一个观察者认为“线条特征的成双现象肯定是视力不完美的眼睛形成的副像”是正确的。事实上，安东尼亚迪已开始进行实验，在实验中他十分满意地证明，在视力不佳的情况下单线会模糊成双线。他现在把这些现象称作“人造成双”，很可能是“聚焦误差”所致。所以，即使这些真的是单条的运河，成双也不是真实的。[39]

安东尼亚迪自认为可看到46条运河，但另外两名天文学家能看到的运河比他还多。安东尼亚迪还说，看到运河并不容易。他说，要不是他从斯基亚帕雷利的工作中已经知道它们的存在，大部分都会被他遗漏。因此，安东尼亚迪十分谨慎，并且在他的年度报告中略掉了一个叫罗伯茨（C. Roberts）的观察，他用的只是一具6.5英寸的望远镜，在他的火星图上居然记录到多达134条运河。在1898—1899年度的火星观察活动之后，安东尼亚迪在1901年发表了另一份报告，在报告中他写道：“尽管许多科学界人士生性好疑，但每个反对者都带着自己的一大堆证据，都说证实了斯基亚帕雷利发现的明显是火星表面上开凿出来的线条特征。”[40]

但是，安东尼亚迪心中的疑虑越来越强。他注意到“蒙德和莱恩两位先生的宝贵实验，他们指出‘运河形状的幻象’至少是某些眼睛的生理现象”。他进一步指出，“观察者看到的‘运河’有一半是暗半影的边界”。[41]因此，他开始怀疑人眼和大脑有把模糊的影像虚幻为结构的本领。此外，当洛厄尔的观测小组开始报告在水星和金星以及木星的一些大卫星上也看到这种线条特征时，安东尼亚迪进一步琢磨，所有的行星上的这种线条全部都是光学幻象呢，还是日光反射比率不同的地区（用行星天文学的术语来说，即具有不同反照率的地区）分界的真实特征。安东尼亚迪在1898—1899年度报告中至少对某些运河有了一个新的解释：“我们现在确信，有相当数量的所谓‘运河’与反照率不同的相邻地区之间的边界是相吻合的。这一事实十分重要。”换句话说，某些被认定为运河的特征只是火星表面两块不同颜色地区之间的边界，颜色的不同只是日光反射比率不同而已。在他看来，运河的证据在逐渐变弱。安东尼亚迪还报道称：“运河在交汇处变宽形成的‘湖泊’不一定是真实的，可能是影像重叠。”[42]

到了 1902 年，安东尼亚迪已不再是火星运河假说的狂热支持者了，尽管这时他还没成为反对者，但也不再与弗拉马里翁合作了。他在 1903 年火星冲活动期间写的报告标志着他的重大转变，在那个报告里他发表了两张火星图，一张有运河，一张没有运河。

接下来，他花了约五年的时间去学习建筑设计，暂时脱离了这场火星大辩论。但是在 1909 年，当法国墨东天文台台长建议他使用欧洲最大的折射望远镜“Grand Lunette”（巨大的望远镜之意，直径 33 英寸）进行火星研究时，他欣然接受了。

据说，1909 年 9 月 20 日那天夜晚，对于任何一个用地球望远镜观测火星的近代人来说，即使不是历史上最好的一个夜晚也是最好夜晚之一。那天夜晚，巴黎上空的温度明显出现逆温，整整七个小时，折射望远镜上空的空气清澈宁静，安东尼亚迪获得了有史以来天文学家拍摄这颗红色星球最好的照片，在轨道望远镜和行星际航天器出现之前还没有一幅能够胜过它们。那么，安东尼亚迪究竟看到了什么呢？没有运河，甚至也没有任何直线条，在洛厄尔和斯基亚帕雷利充满想象的火星图上看得到的什么都没有。他报告说：“这个星球上布满了大量难以置信的连绵不断的细微特征，一切都是天然的、合乎逻辑的，不规则的和纵横交错的，完全没有构成令人注目的几何形状。”[43]当安东尼亚迪提交《1909 年第六次中期报告，关于所谓“运河”的进一步说明》时，他已成为坚定的反运河活动的带头人。安东尼亚迪在提交一个观察到几对双运河的观察者报告时，毫不含糊地断言：“现在到了该说这种证据毫无价值的时候了，这种不靠谱的数据往往是用劣质望远镜取得的，它对解决火星运河问题百无一用。”他继续谈论道：“不过，这一现象或许受到运河信徒的欢迎，其实除了将非常复杂和不规则的结构展示为虚假的几何形状外，它们毫无任何意义。”至于斯基亚帕雷利的运河，“最重要的事实是，在宁静的大气条件下，几乎所有的斯基亚帕雷利‘运河’看起来要么断裂成一堆复杂而不规则的阴影，要么变成这些阴影的锯齿状边缘”。安东尼亚迪的总结用大胆的结论狠狠地贬斥了火星的运河假说：“当然，它们到底是真的火星运河，还是火星堤坝，或火星道路，我们也没有发言权。这些东西在这颗行星上是否存在，我们不可能知道，对它们的任何说法必定会被视为毫无根据的猜测。运河这一词与火星毫不相干，跟月球上的海毫无二致。”

这篇总结报告的附录里有乔治・海耳用“世界上最强大的”威尔逊山 60 英寸望远镜完成的观测报告。海耳报告说：“没有观察到任何窄线或几何构造的痕迹。几条较大的斯基亚帕雷利‘运河’被看到了，但它们既不狭窄也不平直。”安东尼亚迪最后说道：“希望上述报告能消除掉人们对这颗行星上这些标记真实性的最后疑虑。小折射望远镜获得的脆弱证词，在大型望远镜尚未取得决定性证据之前便已荡然无存，普林斯顿、利克、叶凯士、威尔逊山和墨东等天文台的望远镜已一劳永逸地解决了这个问题。”[44]

安东尼亚迪把他自己的结论直接告诉了洛厄尔的普通读者，终结火星运河的工作就此完成。1913 年，他在《大众天文学》一书中告诉读者：“冗长的篇幅用来回顾新运河的发现。但是，未来的天文学家将会嘲笑这些奇谈怪论，而运河的谬误，在阻止研究进展整整 1/3 个世纪之后，注定要沦为过去的神话。”[45]安东尼亚迪是正确的，他有先见之明。在洛厄尔一生的大部分时间里，他的工作确实阻碍了行星学的科学进步。更糟糕的是，在20世纪上半叶的大部分时间里，洛厄尔的工作也给行星学带来了坏名声。行星学作为一门重要的科学学科在人造卫星发射和星际宇宙飞船发明后才获得重生。

下一次火星观测位置很好的年份是1924年。那一年，加州大学天文学家罗伯特·特朗普勒（Robert Trumpler）通过利克天文台（Lick Observatory）的当时属世界第四大的36英寸折射望远镜*，“用照相和直接目视观测方法仔细地研究了火星表面”。他获得了大约1 700张火星照片，一共看到“多于三十条的运河”，虽然“所谓的运河并不像人们有时描述的那样是十分精细锐利的线条，即使在最佳的大气条件下，运河似乎也有点模糊，最窄的运河宽度也不小于25英里”。带着一丝怀疑的特朗普勒得出结论：“在运河这个术语下，似乎包罗了各种各样的特征标记，有时它们的性质非常不同。”[46]特朗普勒意指这些特征的天然性，但他还是受洛厄尔的传统和用词之限而困惑于绿洲和运河的讨论。特朗普勒后来的职业生涯异常杰出，20世纪有一项最重要的天文发现就出自他之手。1930年，他证明了恒星之间的星际空间存在微小的颗粒尘埃，它们吸收遥远的星光，使恒星看起来比其实际距离要更远。然而，他对火星的研究并非是他最好的时光，并为洛厄尔的火星运河假说输入了最后一口苟延残息之气。

出于种种考虑和目的，安东尼亚迪于1931年出版了《行星火星》一书，揭开了洛厄尔的运河和智慧火星人的神秘面纱。他用了整整一章来介绍“运河的幻象”，把火星生命——至少是珀西瓦尔·洛厄尔想象的火星生命形式——扔进了垃圾堆。

---

* 最大的折射望远镜是威斯康星州叶凯士天文台1895年完成的40英寸望远镜，较之更大的是威尔逊60英寸反射望远镜（完成于1908年）和100英寸反射望远镜（完成于1917年）。

第九章

叶绿素、地衣和藻类

叶　绿　素

尽管洛厄尔关于火星上有运河和生命的观点在西方天文学家中逐渐失宠，但他的影响却向东方的俄罗斯继续延伸，影响了俄罗斯天文学家加夫里尔·阿德里亚诺维奇·季霍夫（Gavriil Adrianovich Tikhov）的工作。季霍夫决定根据火星的光的颜色去寻找叶绿素存在的证据，以此证明火星上植被的存在。季霍夫于 1875 年出生于明斯克，先在莫斯科大学学习，然后在巴黎的索邦大学继续深造。作为一位天文学家，他在普尔科沃天文台工作了将近 40 年。第一次世界大战中，他是一名领航员，并在那场战争中幸免于难。接着，他又经受了俄国革命和随后苏俄内战的煎熬，并且再次得以幸存，此后他再也没有离开过天文工作[1]。

早在 1909 年季霍夫就开始寻找叶绿素。他知道，地球上含叶绿素植物的反射光呈绿色，因此，很可能他用自制的滤色片去寻找火星表面上绿色斑块的蛛丝马迹。地球上大多数植物看起来确实都是绿色的，其原因也确实就是叶绿素。叶绿素分子（植物中有两种不同的叶绿素，叶绿素 a 和叶绿素 b）能促进光合作用。它们吸收阳光，将太阳能传递给电子，并迅速启动将水和二氧化碳转化为糖和氧的过程。叶绿素分子的功能是吸收太阳光中的能量，这是它擅长的本领。叶绿素 a 和 b 吸收了 50%～90% 蓝紫色的光，以及 50%～60% 的红色光子。但是，它们对黄绿色光的吸收相当糟糕，因此成为黄绿色光良好的反射体。

季霍夫早期寻找火星上叶绿素的观测中，没能找到任何绿色反射光的证据。但是火星上确实有暗斑，只是它们看起来一点也不绿！不过，季霍夫毫不气馁，虽然已有的证据表明他最初的假设似乎是错误的，但显然没有影响到他，他计划好 1918 年和 1920 年下一次火星冲期间继续在火星上寻找叶绿素。为了这个目的，他还设计并制造了一台简单的光谱仪，即使是第一次世界大战和苏俄内战也阻止不了他的决心。尽管这些年间普尔科沃天文台周边发生了许多次战斗，他还是按计划观测火星，不过他还是没能在火星光谱中找到叶绿素的证据。20 余年后，在 1941 年 9 月开始的列宁格勒（前圣彼得堡）围困期间，普尔科沃天文台为战火所摧毁。战后，季霍夫移居哈萨克斯坦，在阿拉木图天文台（Alma-Ata Observatory）重新开始他的天文工作。

常言道，缺乏证据不是证据缺乏。在他看来，在这种情况下没有确切探测到火星叶绿素并不证明火星的某个地方不存在植物生命。想象与信念胜过观测证据，季霍夫充满自信，认为自己的测量只是证明了火星上的植物生命必定不同于地球上的植物生命，而且相信自己的望远镜已有证据表明，叶绿素对火星上植被的生长必定无益或者无需。火星生命明显缺乏叶绿素的观测证据丝毫没有使他感到气馁，他依然在阿拉木图研究地球植被的颜色，以作为更好理解火星颜色的工具。这种逻辑推理方法使季霍夫创立了一门他称之为天体植物学的研究学科：通过植物反射光的研究，特别是研究地球上类似火星极端环境——高海拔或极低温环境中生长的植物的反射光，寻找可能没有叶绿素绿色特征的植物光谱。令人惊讶的是，他发现某些植物在非常低的温度下，叶绿素的反射光颜色并不总是绿色的。另外，某些植物在低温下生长时，会出现绿色以外的颜色。

火星上存在植被的结论是否可靠，在很大程度上取决于火星表面温度是否有利于植物生命。对此，19 世纪的天文学家只能进行猜测，即使是洛厄尔和坡印廷，他们在 1907 年计算的温度也是既不准确，又不确定。

在 20 世纪 20 年代初，威廉·韦伯·柯布伦茨（William Weber Coblentz）这位在华盛顿特区国家标准局工作一辈子的物理学家，决定去测量火星的温度。他与洛厄尔天文台的兰普朗德合作，进行了一系列精心策划的观测，测量火星波长从 8 至 15 微米的中红外光的强度。根据这些测量结果，还根据火星反射率和地球大气对测量结果影响的假设，柯布伦茨得到了火星不同季节、不同表面地区的温度，他用亮区或暗区来表征。他发现，亮区比暗区更冷，温度低至冰点（0℃），而暗区的温度为 10～16℃。然后，假定地球上与亮区有关的是炎热的沙漠，据此他得出的结论是，火星上亮而冷与暗而热的双模式地貌“与地球上裸露沙漠地区表面炙热的情况正好相反”。[2] 可惜，柯布伦茨的逻辑背离现实，很容易发现结论是相反的——火星在这方面与地球是很相似的：地球上最亮的地区是寒冷的极冠，最热的地区是远离极冠的大陆地区，而火星也恰好是这种情况。

根据这些温度的测量，并设定火星的其他已知条件——其中最主要是设定火星比地球相对干燥，柯布伦茨得出了更多有关火星植被的重要结论。“观察到火星局部地区温度较高，”他写道，“最好的解释是植被的存在，它们的长相像草丛或厚草甸，如南美草原上的蒲苇或生长在西伯利亚干冻原上的苔藓和地衣。”柯布伦茨可谓如愿以偿，可能这就是他想要的答案，不过，他确实也有部分是正确的：火星上的最高温度是能允许植被生长的。火星的大部分地区在大部分时间里白昼的温度接近−16℃，夜间下降至−90℃。但是，火星赤道在夏季正午时的温度可高达20℃。当然，柯布伦茨完全没有证据证明火星上真的生长着蒲苇、苔藓或地衣，更别提火星植被对火星温度的影响了。

在20世纪20年代和30年代，美国天文学家斯里弗和特朗普勒以及加拿大天文学家彼得·米尔曼（Peter Millman）先后独立地走上了季霍夫的道路。几乎可以肯定的是，他们是在完全不了解季霍夫工作的情况下观测火星的，季霍夫与西方天文学家基本上是不相往来的。

斯里弗在1908年对火星的研究充其量只有边际价值，尽管洛厄尔在谈到火星大气中水的确切证据时曾大肆吹捧过它们。

斯里弗在20世纪20年代对火星作了什么样的研究呢？当然，那时的洛厄尔天文台观察火星的历史已十分悠久，所以斯里弗及其兄弟厄尔是继续按照原有观测计划按部就班地进行。对地球望远镜的观测而言，火星大约每两年有一次极佳的机会，因此毫不奇怪，斯里弗兄弟对火星研究报告的出版也遵循同样的周期，每个观测周期至少发表4篇论文，1922年的火星观测发表了4篇，1924年发表了5篇，1927年又发表了4篇。

1905年至1907年期间，斯里弗在洛厄尔的催促下开始搜寻叶绿素的证据，但没有成功。二十年后，天文摄影技术有了改进，出现了多种新的增敏材料——可以改进绿光和黄光灵敏度的频哪绿，用于红光的频哪氰醇，还有用于红外的二氰菊酯A和新敏化色素，它们全用在斯里弗的观测中。拍摄前他先在暗房洗槽里修改商用照相底板上的乳胶。这些新的化学材料据说能“显著突出火星的红色”，尤其是与月球相比。斯里弗注意到，叶绿素的反射光谱在“眼睛敏感区之外的深红区”很明亮。所以，他决定去寻找叶绿素的“深红色”特征，因为证明了火星上存在叶绿素就等于证明了火星上存在生命，这样也就继承了洛厄尔的衣钵。当然，他的实验结果是否定的，火星上不存在叶绿素，尽管他叙述这些结果时相当谨慎。“火星暗区的光谱，”他在1924年《太平洋天文学会会刊》(*Astronomical Society of the Pacific*)上发表的一篇论文中报告说，“到目前为止还看不出有典型的叶绿素反射光谱的确切证据。”[3]第二年，他忙于洛厄尔天文台的日常管理、搜寻洛厄尔的X行星、研究金星和巨行星的大气，还要拍摄暗弥漫星云（其中有一些属于银河系，其余属于遥远星系）的光谱，几乎不再观测火星，再也没有发表过这项特别研究计划的任何新数据。他是否只是对火星失去了兴趣，还是不愿选择会使自己落入尴尬困窘的研究，甚至还是不愿再继承他所主持的天文台冠名者的衣钵，我们不得而知。

到1924年，特朗普勒的声誉已初露头角，这在很大程度上是因为1922年9月21日日全食期间他在澳大利亚对爱因斯坦相对论的观测验证。亚瑟·爱丁顿爵士（Sir Arthur Eddington）曾在1919年5月29日的日食探险期间拍摄到太阳引力弯曲星光的照片，它使爱因斯坦名扬四海。不过，爱丁顿的结果处于测量取舍的边缘。相比之下，特朗普勒在日轮边缘测量到星光的偏转才是爱因斯坦相对论第一次可靠的验证。

几年后，特朗普勒发现银河系内的所有空间都充满了星际尘埃形成的雾霾，这一发现使得他的名字载入20世纪30年代以来编著的每一本天文学教科书。这种雾霾不仅使远处的恒星变暗，而且还具有蓝光比红光变弱得更厉害的效应，这使得遥远的恒星看上去比它们本来的颜色更红。鉴于他对天文学的这一重要贡献，特朗普勒于1932年当选为美国国家科学院院士。

特朗普勒在 1927 年的《科学新闻快讯》(*Science News-Letter*) 中叙述了他对火星的研究，虽然他对火星表面看到的线条网络是人造的说法进行了驳斥，但他确实发现“这种网络与火星上延展的蓝绿色暗区有着密切的关系”。他写道，这种关系“表明存在这样一种可能，即它们能被看到都是由于植被的原因，而这些网络线条代表的是最肥沃的地带”[4]。

特朗普勒的工作对别人的观点没有造成什么影响，除了普林斯顿的一位天文学教授亨利・诺里斯・罗素 (Henry Norris Russell)，即创立现在称为赫罗图 * 这一概念的那位天文学家。他关于赫罗图所作的研究对整个天文学之重要，任何褒奖都实至名归。1926 年，罗素受《科学新闻快讯》所嘱回复一位作家谈谈最近火星观测的请求。他指出，火星具有我们熟知的生命所必需的全部条件。他还说，火星上大片的绿色区域随着火星的季节循环而改变颜色，这说明火星上可能存在着植被生命[5]。

15 年后，火星再次处于最佳的观测位置，在此期间，米尔曼接受了寻找火星叶绿素的挑战。米尔曼的职业生涯就是从火星开始的，他的第一篇专业论文研究的就是火星，论文依据的观测是他在日本神户的加拿大学院时做的，当时他还是一名高中生。米尔曼在多伦多大学完成学业，又在哈佛大学学习了四年，此后成为一名流星研究专家。

米尔曼在 1939 年之前就已经义无反顾地走上了研究火星植被和寻找火星叶绿素的职业生涯之路。他曾研究过双星，并在天蝎座中发现

---

* 赫罗图 (Hertzsprung-Russell diagram)，恒星光谱型与光度的关系图，该图对恒星演化研究具有重要意义，由丹麦天文学家赫兹伯隆 (Ejnar Hertzsprung) 和美国天文学家罗素分别于 1911 年和 1913 年独立创制。——译者注

了一颗造父变星。造父变星在天文学家看来可以说是最重要的一类恒星。20 世纪最初的十年，在哈佛天文台工作的亨丽埃塔 · 莱维特已经发现了造父变星，这种变星的亮度作周期循环，从亮到暗再到亮，而且循环的方式非常稳定可靠。最亮的造父变星要一百多天完成一次循环，而最暗的造父变星完成一次亮度变化循环只需要一天。一旦理解了造父变星的行为并给予定量化，天文学家发现可以测量任何一颗造父变星的光变周期，然后利用光变周期包含的信息来测定造父变星及其所在星团的距离。哈勃在 1925 年利用造父变星证明了银河系不是宇宙中唯一的星系。然后，他在 1929 年和 1931 年再次利用它们发现了宇宙的膨胀。20 世纪 30 年代末，造父变星仍然位列天文学家最重要的研究天体之列，事实上，进入 21 世纪以来它们依旧同样十分重要。造父变星是 20 世纪 30 年代的一项重要发现，它表明米尔曼高超的观测技能，因为发现这种天体需要数月甚至数年非常仔细的测量。米尔曼还发表过大量论文，讲解如何拍摄，如何进行陨星、火球和流星的光谱观测。除此之外，他还写文章分析流星的光谱以及研究流星撞击地球的频率。那时，他还发表过许多专业论文，例如火星上的绿斑，其中最出名的是《火星上有植被吗》那篇论文，该文 1939 年发表在《天空》(*The Sky*) 杂志上，该杂志只出版了几年，后被并入期刊《天空和望远镜》(*Sky and Telescope*)。

米尔曼在这一领域的研究代表了在火星生命问题上最理性、最明智的科学工作，他将小心谨慎带入这一领域，值得我们高度尊重。他在论文中写道："关于这个星球，已经讲了太多的废话……以致很容易忘记火星仍是一个严肃的科学调查对象。"他提醒他的读者，火星有植被的假设是因为天文学家认为有许多简单而令人信服的理由。

众所周知，火星有极盖，随火星季节的更替扩大和缩小。南极盖的缩小，可能是因为它所蕴含的水冰融化了，"一股暗浪从极地向赤道

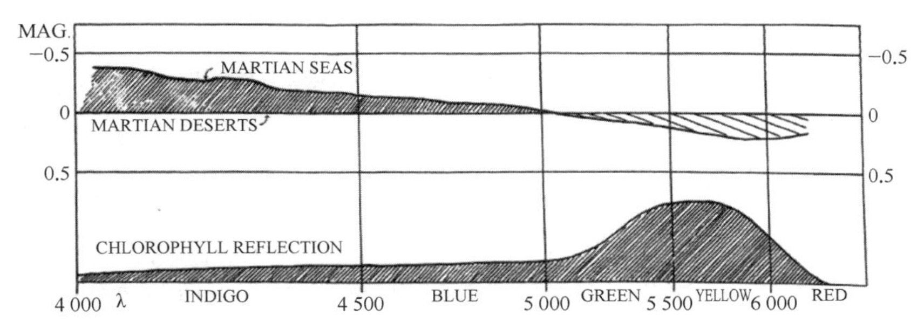

图 9.1 火星反射光强度与波长或颜色的关系，光强度单位为星等，波长单位为埃（1 埃 $=10^{-10}$ 米）。上图显示火星上海（上线）与沙漠（下线）的反射光强度。显然，海比沙漠要亮得多，颜色更青更蓝，而沙漠要更绿更黄。下图显示叶绿素的反射光强度，其中绿色和黄色光的反射特别强，而其他颜色光的反射要弱得多。从该图明显可见，火星海和沙漠对光的反射光谱特征都与叶绿素的不同。本图取自米尔曼的《天空》(1939 年)。[图中文字：MAG.（星等）；MARTIAN SEAS（火星海）；MARTIAN DESERTS（火星沙漠）；CHLOROPHYLL REFLECTION（叶绿素反射）；INDIGO（青）；BLUE（蓝）；GREEN（绿）；YELLOW（黄）。]

推进，在冬季因褪色而变得不显眼的海洋现在从离极点最近处开始变得更暗、更绿……一种自然流行的解释是，海洋实际上是受极地融雪滋养的植被，它们类似于地球上的植被要经历季节性的循环。海洋的淡绿色被认为是这一假设的附加证据。”[6] 他随后指出，应该对这个假设进行检验，接着他开始设计检验方法。他的方法很明智，合乎逻辑，也不带任何偏见。

在《天空》的这篇文章里，他为读者解释了叶子为什么是绿色的，那是因为叶绿素强烈反射“黄绿光和黄光”，而对波长较短（紫、蓝、青色）或更长（红色）光的反射较弱。他还说，叶绿素还是非常好的红外反射体。因此，人们可以在火星反射光中搜寻类似叶绿素的反射光来探测叶绿素的信号，叶绿素反射光的特征是：可见光谱中有很强的绿光，其余颜色的光都较弱，而红光之外还有很强的红外光。这种方法与十年前斯里弗采用的方法非常类似，而现在成为米尔曼设计观测方案的基础。

米尔曼设计了一个观测方案，用坐落在多伦多附近的戴维·邓拉普天文台（David Dunlap Observatory）的74英寸望远镜（1935年开光）进行观测。首先，他在火星上挑出两个相邻的深色区——大瑟提斯和第勒尼安海*，拍摄它们的照片。接着，他在附近找了一块浅色区也拍了照片。按照他要检验的假设，大瑟提斯和第勒尼安海的深色是覆盖着植被的缘故，而后面那块浅色区应该亮一些，因为它没有植被。假如火星植被含有叶绿素，比较这两类地区反射光的颜色应该看出明显的反差。米尔曼在测量中发现，尽管这两块深色的海“眼睛看上去显示出淡绿色”，但事实上它们的“紫光、蓝光和青光也相当强，而黄光、橙光和红光较弱……从而否定了有绿色染色剂作用的叶绿素的存在”。假如存在叶绿素，黄绿光和黄光会比其他颜色的光更强。

为了进行自洽检验，米尔曼用生长在地球上真实的加拿大绿树叶进行同样的实验，结果完全符合他对含叶绿素的物质的预期。相较于其他颜色，加拿大树叶对黄绿光和黄光的反射非常地强。

根据自己的测量结果，米尔曼得出了一个合理的结论。他写道，他的结果是“没有获得任何能证明火星表面植被存在或不存在的确切证据。结果似乎表明，浅绿色海洋不能作为支持植被假说的证据，因为这种绿色似乎与我们地球树叶反射的绿色不一样。”他再一次显得过于理性地继续写道：“也许，我们会有点冒昧地认为，火星上任何与地球生物稍有细微相似的东西终究都会在相同于地球的有机体系下

---

* 按现代命名法，火星上的陨石坑、山脉、山谷和所有其他表面特征的名称必须得到国际天文学联合会行星系统命名工作组的批准。国际天文学联合会于1958年首次批准了126个火星表面特征的名称（包括大瑟提斯高原和第勒尼安海），1967年又批准了3个，1973年批准了273个，1976年至1979年间批准了528个，火星表面特征名称的批准工作一直持续至今。具体参阅：https://planetarynames.wr.usgs. gov/Page/MARS/target。

发生进化。”米尔曼后来再也没有继续这项计划，并从此告别了火星的研究。

地　　衣

20世纪40年代前夕，我们人类与会走路会说话的火星人共享我们太阳系的想法已逐渐淡化，但是，人们依然坚持认为火星上可能居住着某种生命。第二次世界大战期间，科学家和工程师们在某些对天文学可能产生巨大冲击的研究领域取得了很大的技术进步，早晚会有一位年轻聪明的天文学家利用这些新颖设备找到研究火星的新方法。

20世纪天文学巨星之一的赫拉德·柯伊伯（Gerard P. Kuiper），就是这位年轻聪明的天文学家。20世纪40年代末和50年代，柯伊伯曾在威斯康星州威廉姆斯湾的芝加哥大学叶凯士天文台工作，又在得克萨斯州西部戴维斯堡附近隶属得克萨斯大学奥斯汀分校的麦克唐纳天文台（McDonald Observatory）工作。1947年，柯伊伯将当时最新的一种器件用到了麦克唐纳天文台82英寸望远镜的新探测器系统上，这种器件就是硫化铅光电导管，是近十年为军事目的所开发的。该器件配备的设备是一具非常灵敏的红外光谱仪，它在红外波段上的灵敏度比上一代光谱仪高出千倍。新的探测系统使柯伊伯有了新的工具去研究行星，并创立了现代红外天文学。

柯伊伯在1944年的一篇论文中报告说，他在土星最大的卫星泰坦（即土卫六）的大气中发现了甲烷气体（柯伊伯当时说甲烷是土卫六大气中的主要成分，而现在我们知道氮气要更丰富得多）。当时柯伊伯已休假离开了芝加哥大学和叶凯士天文台，并在位于马萨诸塞州剑桥的辐射实验室参加“战时研究”。1948年，柯伊伯又发现了天王星的第五颗卫星——天卫五。1951 年，他利用某些彗星轨道的已知参数，预言外太阳系中远在海王星之外存在一个天体盘，这个天体盘直到 20 世纪 90 年代才被观测发现，现在被称为柯伊伯带 *。美国 NASA 柯伊伯机载天文台 KAO（Kuiper Airborne Observatory）就是用他的名字命名的，为纪念 1973 年去世的柯伊伯，是他在 20 世纪 60 年代开创了机载红外天文学。KAO 是一架 C-141 军用运输机，货舱内安装有一架红外望远镜。KAO 从 1975 年开始工作，一直到 1995 年，它的飞行高度达 45 000 英尺，飞行在地球大气层 99% 的水汽之上。在 KAO 机上飞行并工作的天文学家须接受高空生存训练——如果小型控制仓里气压骤降，他们在窒息前只有 15 秒的时间安全地戴上氧气面罩。

1948 年，柯伊伯用麦克唐纳天文台的 82 英寸望远镜（1938 年完成，当时是世界上第二大望远镜）获得了有史以来第一张火星的彩色照片，这项成就如此地令人激动，《生命》（*Life*）杂志在六月份刊登了这张具有特殊意义的照片。刊登这张照片的文章的标题却很普通，不过非常符合当时的主流天文学——“最新的照片，研究表明行星上生命仅限于简单的植被”。文章报道说：“绿色斑块是植被，不过是最低等的地衣，它们靠吸取空气中的水分生存。”柯伊伯告诉《生命》杂志的读者，“低矮的地衣代表了这颗红色星球上最终能存活的生命”。[7]

也许有人会想，柯伊伯的照片揭示出火星上有生命是件令人不可思议的事情。其实，令人惊奇的并不是柯伊伯发现了火星上有生命这一消息。火星上有生命的理念只是个旧闻，人们早就有预期并假想过，甚至可以说是知道的，只不过不清楚详情而已。不，令人惊讶的消息

* 1949 年，爱尔兰人肯尼思·埃塞克斯·埃奇沃思（Kenneth Essex Edgeworth）也做过类似的预测，认为在太阳系的海王星以外一带可能存在一个稳定的彗星与小行星库。

是柯伊伯认为他已经证明了火星上的生命只限于地衣。没有绿色小人，没有树木森林，甚至没有藻类或苔藓，只有无根无茎无叶的地衣。

低矮而原始的地衣实际上是以共生关系生存在一起的两种不同的有机体。大多数地衣由长细胞真菌组成，端对端连接成细长的管状菌丝。与普通植物细胞不同，许多真菌细胞含有多个细胞核。与普通植物细胞不同的还有真菌的细胞壁很结实，因为它们内部有几丁质——碳水化合物聚合物分子，从而获得结构的支撑。在真菌细胞之间还生活着地衣的另一种活的有机体，即光合生物，通常这是一种被称为绿藻的藻类，但有时是另一种称为蓝菌（通常称为蓝绿藻，尽管它们不是植物）的古老细菌。

在 1947 年末开始并延续到 1948 年初的火星冲观测活动期间，柯伊伯成功地证明火星的大气中含有少量的二氧化碳，并证明二氧化碳是火星大气中的主要气体。然而，准确测定有多少二氧化碳比起证明它是火星大气中最重要的气体要困难得多。柯伊伯计算了火星大气中二氧化碳的数量，得到的结果有点太低，不过，他也由此导出一个正确的结论：比起地球的大气层，火星的大气层非常地薄。

1948 年 3 月，《时代》（*Time*）杂志发表了柯伊伯发现的报告。正如该报告中指出的，洛厄尔“相信火星上的生命比地球上的更古老、更发达……（按照洛厄尔的观点）甚至有可能人类的祖先还是鱼类或爬行动物阶段时，火星人已达到科学文明的阶段，现在火星人也许已经进化到某种超科学阶段”。[8] 但是，到了 1948 年洛厄尔关于火星和火星人的观点已经过时，而且柯伊伯自己也发现火星上存在丰富的二氧化碳，这些情况表明火星并不像洛厄尔所想的那样对生命十分友善。柯伊伯在《时代》上刊登的另一篇新研究的文章中指出：“去年秋天，他发现大气中含有少量的二氧化碳，这是植物（基本生物）所必需的。没有二氧化碳，植物就无法生存，但过多的二氧化碳则说明火星上没有可以耗尽它们的植物。”

柯伊伯的解释遗漏的是，火星大气中除了二氧化碳外就几乎没有别的气体了。火星大气中确实只含有少量的二氧化碳，但是它也几乎不含其他任何气体。柯伊伯对这种情况也有所怀疑，尽管证明火星大气层很薄的确切证据是在20年以后发现的。不管怎样，柯伊伯确实说过火星的气候类似于“海拔50 000英尺处的地球……这或许能维持地衣的生长，因为这类植物像海绵一样吸取空气中的水汽。雨对它们的生存而言并不是必需的。”[9]柯伊伯的火星是一个寒冷、干燥、几乎没有空气的地方。对于任何一个企盼天文学家找到火星生物的人来说，柯伊伯的消息都是令人沮丧的。

柯伊伯的计算基本上是正确的，此后，他的研究转向了火星的极盖。他认为，固态二氧化碳（干冰）不太可能存在于火星表面温度相对暖和（相对干冰而言）以及他所测量到的那种大气压的地方。当然，固态二氧化碳难以存在仅仅是他的一种猜测，他那具新的红外光谱仪可以用来检验他的设想，于是他开始付之行动。“火星极盖的观测表明，极盖的光谱与水池的光谱很像。”他总结道。经过反复的观测和实验室测试，获得了二氧化碳雪的光谱，在与地球雪霜的光谱进行比较后，柯伊伯给出了答案：“结论是火星的极盖不是由二氧化碳组成的，几乎可以肯定它由低温下的冰霜（水）组成。”《时代》杂志再一次公开赞誉柯伊伯的才华：“上周，柯伊伯将他的光谱仪对准了五月的火星快速缩减并闪闪发光的冰盖，原来它是‘处于固态的水’。”

实际上，柯伊伯只是正确地解决了极盖的部分问题，其他部分则是错误的。我们现在知道，火星极盖有个永久性的水冰极盖，它的上面覆盖着季节性（冬季）的二氧化碳冰盖[10]。尽管火星极盖之谜让行星科学界和多个火星航天器又花了半个世纪才得以正确地解决，但是柯伊伯发现存在水冰证据的观测无疑是正确的。

不管怎样，柯伊伯已经正确地解决了火星大气问题，正确地解决了极盖的部分问题。现在他开始着手下一个迫切需要解决的问题，即“火星上的绿色区域的性质，它们通常被认为是植被，因为观察到它们有季节变化”。柯伊伯设计了一个在波长 0.6、0.8、1.0、1.6 微米上的观测实验，专门观测火星的绿色区域及其周边的所谓沙漠区域。

人眼只对可见光谱中的光敏感，从短波端的紫光（波长约 0.4 微米）到长波端的红光（波长约 0.67 微米）。另外，柯伊伯知道，叶绿素非常有效地反射绿光（波长接近 0.51 微米）和黄光（波长接近 0.57 微米），即波长短于 0.6 微米的光，并吸收其他颜色的可见光。绿色植物也非常强烈地反射 0.8 微米附近至 1.0 微米附近区间的红外光，这是人眼不敏感的光谱区。柯伊伯假设，如果他能够测量火星绿色区域和火星沙漠区域之间的颜色对比，他就有可能解决是什么造成火星绿色的问题。假如火星上存在类似地球上含叶绿素的植物，火星反射光中波长 0.8、1.0 微米的百分比将显著强于波长 0.6、1.6 微米的，但是假如不存在叶绿素，这四个不同波段的反射光的百分比将会差不多。

柯伊伯发现，两种区域在这四个波段上的对比没有什么变化，这一结果排除了叶绿素是火星绿色的原因。通过这一极为简洁的实验，柯伊伯已经将类似地球上的“种子植物”排除在火星上的主要植物之外。正如柯伊伯在《时代》杂志中所再次解释的，“它们不是草木类植被”。他总结说，“这并不奇怪，从极端严酷的火星气候来看，特别是在寒冷的夜晚……种子植物和蕨类植物都是含有大量水分的维管植物。毫无疑问，这些植物会在火星气候中冰冻凝固。”

如果火星上的不是种子植物，那可能存在什么样的植被生命呢？《时代》是这样向读者解释柯伊伯的观点的：“它们可能类似麦克唐纳天文台附近长在干岩石上低矮的地衣。地衣不需要液态形式的水，火星类似地衣的植物或许可从冰盖不经融化而挥发的水汽中获得足够的水分。”柯伊伯在 1948 年出版的著作《地球和行星的大气》“行星大气及其起源”一章中写道：“地球上最顽强的植物生命是地衣，即共生的真菌和藻类。”此外，他向读者清楚地指出，地衣的反射光谱与他在火星上看到的光谱很像，也就是说，在 0.6、0.8、1.0 和 1.6 微米上地衣颜色的对比度与火星的相同。“在 0.5 到 1.7 微米之间，这些地衣的光谱与火星绿色地区的光谱很相似。”[11] 他虽然没有直接说他在火星上发现了地衣光谱，但是柯伊伯话中的含义肯定是非常接近于这种想法的。事实上，柯伊伯给出了一个计算结果，证明“假如火星大气中所有的水汽都提供给绿色地区（他估计约占火星面积的 1/3），那么得到的水能铺成 0.02 毫米厚。所以那里的‘植被’活体部分的高度几乎不会超过这个数字的十倍，即 0.2 毫米。这好像也太矮了点，**跟一层地衣厚度差不多** *。”柯伊伯继续摆出支持地衣的论据，指出火星上的绿色地区很久以前就应该被火星沙尘暴带来的黄色沙尘所覆盖，除非它们有能力重新长成绿色。他还指出，完全缺氧不能杀死地球上的地衣，因此我们十分自信地衣能在没有氧气的火星上存活。此外，地衣“几乎不产生氧气，即使释放出来的一点点氧气也会逐渐逃离火星”。因此，观测者在火星大气里没有检测到氧气的事实与火星上存在地衣生命是一致的。“因此与光谱测试不产生矛盾”，他写道。归根结底，柯伊伯总结的论据都是有利于火星地衣的，只是在大多数论据中都隐含着一定程度的谨慎：“最后的结论可能还应等待。”这种谨慎至少是明智的，要是他能言行不二就完美了。

柯伊伯后来在《天体物理学》上发表的科学论文中显得十分谨慎，

---

* 在柯伊伯的原文中就被强调。

仅仅暗示火星光谱与地衣的光谱相符，而没有说他发现了火星地衣。然而，在与《时代》记者对话时，他恐怕就显得欠谨慎了，以致后来他自己也觉察到有点倒退到地衣说去了。

1955年，柯伊伯在《太平洋天文学会会刊》中写道，他并不认为火星有运河，他关于地衣的全部研究而不是关于火星上存在某类植物生命的见解，也许被人错误地引用了。“我曾经在1948年、1950年和1954年用82英寸望远镜及660倍和900倍放大率的目镜研究过火星，观测条件常常都极好。但是我从来没有见过一条狭长的运河，也没有看到过‘模糊的运河’网。我个人深信，导致这一概念的客观证据被误解了，并被错误地绘在了图上。”[12]在否定了运河的存在后，他又检查了植被存在的证据。1955年他得出结论，尽管运河不存在，但植被的证据可能还是有的，虽然证据有点模棱两可，不过还是很可能的。事实上，他的发现提供了有利于生物假设的证据。用他自己的话说，“某些作者描述过暗区的季节性变化和长期变化……这些变化经常被认为是暗区覆盖有植被的强烈信号。当然，这些要作为证据尚不够充分，还不能立即排除无机物的解释，尽管现有的这类解释看起来还不太可能。1947年麦克唐纳天文台在火星大气内发现二氧化碳，另外，极盖的红外光谱也表明它是水冰，而不是二氧化碳的干冰，这使火星上存在某些原始植被的先验概率大为增加。”

柯伊伯信奉“原始”植被生命是火星上暗区颜色变化最可能的一种解释，而不是天气效应或地质现象*之类的解释。鉴此，他谈到了他早些时候有关地衣的说法。“考虑到另外一些理由，对于各种深浅的暗标记及其复杂的季节变化和长期变化来说，植物生命的假设似乎仍是

---

* 即火星地质学。

最令人满意的解释。不过，我应该纠正以为我认为假想的植被就是地衣的印象。实际上，我说的是：‘特别是与地衣的比较，必须看作是一种探索与尝试，假如火星上会进化出类似地球上的物种，那才会令人惊讶万分。’”的确是这样，在他1948年出版的《地球及行星大气》一书的“行星大气及其起源”一章结尾处的自我引用中确实出现有这些一模一样的话。

到20世纪50年代中期，许多观测者30年来在不同大陆上的观测都没有在火星上找到任何叶绿素的证据。随着洛厄尔运河几乎被忘得干干净净，支撑火星生命证据的科学支柱现在唯独剩下柯伊伯的“原始植被”。柯伊伯本人在他的专著中则变得更加谨慎，他告诫他的同事，他的火星地衣说仅仅是解释火星上暗标记季节变化和长期变化的一种假设，他愈发避免向《时代》杂志记者发表更大胆的声明。

在1957年3月出版的《天体物理学报》上发表的文章中，柯伊伯的观点又往后退了一点，那是因为他注意到“1954年和1956年火星冲期间（分别对应火星南半球的早春和晚春）没有观测到丰富鲜艳的色彩，表明除植被假设外还需要考虑暗标记的无机解释……海是熔岩地的假设似乎是最好的无机解释，这跟月海还有水星上的海有点像。一般说来，统一的假设会更有吸引力……显然，在沙子填满熔岩隙缝的同时，熔岩的玻璃质表面也会被吹掉。因此，熔岩地在沙尘暴之后具有‘再生能力’，这可援引为支持植被假设的论据。”

柯伊伯变得越发谨慎，但仍未完全放弃火星植物生命的观点。他在文末最后说：“作为一种有效的假设，可以设想海这种熔岩地可能部分覆盖了某些非常顽强的植被。”[13]从火星地衣说退缩的柯伊伯已经考虑得面面俱到了。

主流思潮已与这种信念——夜空中闪烁浅红色的近邻行星火星是

一个充满生命的星球——渐行渐远。正当火星生命说奄奄一息之际，比尔·辛顿（Bill Sinton）* 登场了。

藻　类

洛厄尔研究方向的错误造成一个恶劣的后果，那就是行星天文学在 20 世纪上半叶不能成为时髦流行的学科。相反，大多数天文学家热衷的却是研究恒星和星系（并在恒星物理和宇宙学方面取得了巨大的成功）。一个人若决心在孤寂冷落的领域追求事业就必须有点儿笨拙，还得有点儿勇气。辛顿曾在第二次世界大战期间与第二十六步兵师作过战，可能是得益于战时艰难的经历，他决定跟随柯伊伯去开创红外天文学领域，将其用于太阳系天体的研究。在约翰斯·霍普金斯大学完成博士毕业论文的研究中，他测量了金星和其他行星的红外光谱和温度。接着，他把注意力转向了月球和火星。

测量遥远天体红外光的探测器本身也发出大量的红外光（即“背景信号”），这是辛顿必须克服的最大障碍之一。所有的物体都会发光，这种发射主要取决于它们的温度（即众所周知的“黑体辐射”）。数百万度温度的物体发射的光主要在 X 射线波段，像太阳一样温度为几千度的物体发射的光大多数是可见光，至于处于室温的物体（几百 K），如大楼、望远镜、天文学家和天文探测器，则是良好的红外发射体。当温度低于约 100 K 时，物体主要发射的是微波或无线电波，而几乎不发射红外、可见、紫外及 X 射线光子。

辛顿知道，他可以通过降低探测器的温度来减小令人讨厌的红外背景信号强度。原则上，当探测器足够冷时，探测器发出的红外光强度可

* 即威廉·辛顿（William M. Sinton），人们常称呼他比尔。——译者注

接近忽略不计的水平。由此，有可能检测到月球或火星的红外信号。在哈佛天文台的 61 英寸望远镜（落成于 1934 年）上，辛顿用了一台他自己制造的设备，用液氮冷却到接近零下 300℉（准确值为−287℉，或约 96 K，或约−177℃），对于当年的天文探测器系统来说，这属于非常低的温度。在如此低的温度下，有可能进行火星的红外研究。

辛顿决定在 3.4 微米附近的红外波长上研究火星，目的是寻找植被的踪迹。这得拜谢柯伊伯，众所周知，柯伊伯曾指出，"已经有重要证据指证火星上存在植被"[14]。利用柯伊伯开拓的红外天文学技术，辛顿继续收集重要的光谱证据。

在 3～4 微米波长上，火星自身发射的光远远少于它反射的太阳红外光。不过，火星表面的物质可能会影响日光的反射光谱。特别是 1948 年一个化学家团队发表的实验室研究表明，每两个碳原子就有一个与一个氢原子共享一个电子，例如有机分子 * 里就会遇到这种情况，这样组成的原子对 3.46 微米波长上的光有特别良好的吸收和发射特性。如果这个有机分子非常轻，例如仅由一个碳原子和四个氢原子组成的甲烷分子（CH_4），那么这种有机分子有效吸收和发射光的波段会转移到更短的 3.3 微米上。通常，较大和较重的有机分子，如地球上生物材料中的有机分子，会将光谱特征移到 3.4～3.5 微米上。辛顿设计了一个研究火星并寻找这种光谱特征的实验，其中假设火星上的植物生命具有与地球上的植物生命相同的特征。

设想一个在 3.1、3.2、3.3、3.4、3.5 和 3.6 微米波长上有大致相同光流量的入射光源（例如太阳光），它在这些波长上发射的光波被树叶、苔藓、草或地衣之类的表面反射。因为有机物质有许多 CH 键，所

---

* 有机分子必须包含有一个或多个碳原子，而且必须有碳—氢（C—H）键。

以 3.4～3.5 微米上的光被有效地吸收，而其他波长上的光则被有效地反射。如果绘制一幅反射光强度（y 轴值）对光波波长（x 轴值）的函数图，我们将看到 3.1、3.2、3.3 和 3.4 微米上的光强度是个常数，在 3.4 到 3.5 微米上的光强度下降，而从 3.5 微米开始到 3.6 微米光强度重新开始增加。在很窄的波长范围内出现光强度的下降表明此处有一个吸收带，类似一个半世纪前首次发现的夫琅禾费带。辛顿获得了地球生物物质的红外光谱，目的是要检验生物——包括铃兰叶、枫叶、两种地衣以及苔藓在内——的反射光是否存在这种吸收带。所有这些生物材料确实在 3.4～3.5 微米范围内都表现出某种吸收特征。然后，他收集火星的红外光谱，并将它们与他的试验光谱进行比较。

结果怎样呢？他在 1956 年末获得的火星光谱中发现 3.46 微米这个“有机波段处出现凹陷”。1957 年他在《天体物理学报》上发表的一篇论文中写道，这种凹陷并不能证明地衣的存在，但的确表明“存在有机分子”。[15]

辛顿的观点是正确的，这个波长上确实存在一个吸收带，这证明马萨诸塞州哈佛大学的望远镜和火星表面之间的光路上存在着某种擅长吸收 3.46 微米光的物质。他认为不能由此得出这种物质就是有机物，这样的说法是站不住脚的，吸收 3.46 微米波段上的光的物质可以在火星的大气中，但也可以在地球大气中。不过，辛顿很快得出结论，他对这种吸收物质的知识有了很多了解——其实他实际所知道的没有这么多。他声称“这个重要波长上的凹陷因此是植被的附加证据，再考虑到另一个强有力的证据——季节性变化，火星上极有可能存在植物生命”。与柯伊伯不同，辛顿在专业写作中没有那么多顾忌，他即刻不假思索地断定他已发现了火星植被存在的明显证据。

两年后，火星再次回到适宜地球上观测的空中位置，而辛顿也重返火星的研究工作。1958 年，逐渐进步的技术也为辛顿进行设备改进创造了条件。此外，他前一次成功探测到火星生命的传闻也发挥了作用，使他在哈佛天文台 61 英寸望远镜的观测计划转移到当时地球上最大的望远镜——加利福尼亚州南部帕洛玛山上那台 1948 年落成的 200 英寸海耳望远镜上。他在这台 200 英寸望远镜上获得了两周的使用权可实施这项观测计划，观测被安排在天文学家称之为“亮夜”的时间段。所谓亮夜，就是月亮满月前后这段时间夜空几乎全为月光照明的那些夜晚。

这种情况在天文领域非常典型。用本地“小”望远镜上完成的初步发现作为影响力，以争取得到更大望远镜上的观测时间。在相同的观测时间内，大望远镜可以比小望远镜聚集目标天体更多的光，从而获得更高的效率和更可靠的科学结果。另外，更大更新的望远镜多半放在天气条件更好的山上，而且配备的现代化设备通常比又小又老的望远镜更多。因此，比尔·辛顿希望用这具世界上最大的望远镜实施研究火星的观测计划，并最终证明火星上植物生命的存在。

辛顿的目标是希望在 1958 年消除人们对吸收带真实性的怀疑，那是他在 1956 年的观测中发现并宣布过的。其实在他自己心里，这一目标已经是不折不扣地达到了：“这个吸收带的真实性和分布情况已经确定。”他的新发现于 1959 年发表在著名的科学期刊《科学》上，极大地扩大了他的影响，既让他名扬四海，也使他的研究工作赢得了名声[16]。

按照辛顿的说法，火星光谱，特别是对准火星暗斑拍摄的光谱，最强的吸收带出现在 3.43 和 3.56 微米处，并在 3.67 微米处出现第三个吸收特征（这三个特征波长后来被修改为 3.45、3.58 和 3.69 微米[17]）。“3.5 微米附近的吸收带……最有可能是有机分子产生的，”他写道，它们“在相对较短的时间跨度内在局部区域产生，毫无疑问，植被的生长似乎是出现有机分子最合逻辑的解释”。

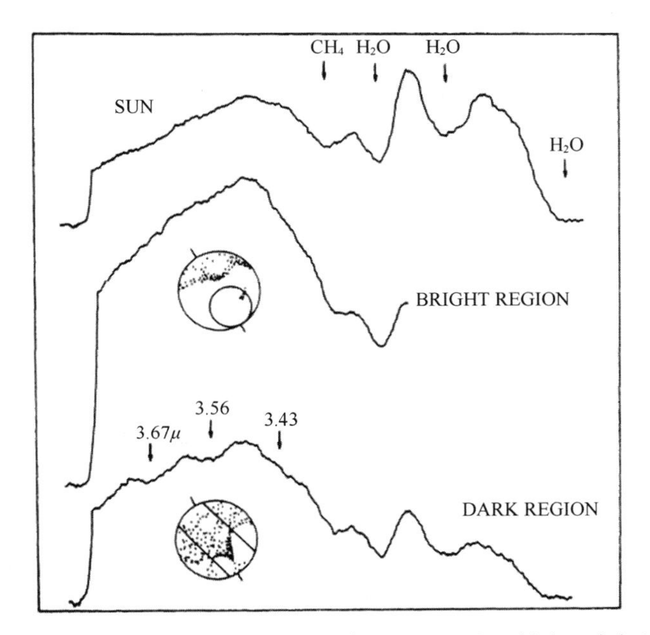

图 9.2 太阳（上）、火星亮区（中）和暗区（下）的反射光强度与波长的关系，长波（约 4 微米）在左，短波（约 3 微米）在右。火星暗区的反射光强度在 3.67、3.56 和 3.43 微米处明显出现凹陷，对比火星亮区及直射太阳光的反射光，这些波长上明显没出现凹陷。辛顿认为这是火星有植被的证据。本图取自辛顿 1959 年发表于《洛厄尔天文台公报》的文章。[图中文字：SUN（太阳）；BRIGHT REGION（火星亮区）；DARK REGION（火星暗区）。]

波长最长的那个吸收带让辛顿感到一丝困惑，因为“它在任何地球植物中都没有出现过”。然而，事情也很巧，辛顿正好对蜈蚣衣属地衣 * 和刚毛藻作过实验室光谱测试。除了在约 3.43 和 3.56 微米处有很深的吸收带之外，蜈蚣衣属地衣和刚毛藻在 3.7 微米附近都显示出较浅的吸收特征。

辛顿得出结论，火星光谱与刚毛藻的光谱相似，表明火星上观测到的光谱是“植物中的碳水化合物分子产生的。一个氧原子与该分子

* 原文为 lichen *physica* 乃蜈蚣衣属地衣 lichen *physcia* 之误。——译者注

的某个碳原子相链接会使链接在同一碳原子上的氢原子的共振线移到更长的波长上。因此，该证据不仅指证了有机分子，还指证了碳水化合物。”辛顿认为，这种光谱特征不仅证明火星上存在生命，而且还向我们暗示，要求火星植物具有很大的食物储存能力。

辛顿干净利落地完成了一个全垒打。他不仅仅发现了火星生命的证据，还找到了能揭示火星上存在某种生命的光谱特征，这不是柯伊伯的地衣，而是火星藻类，非常类似于能产生和储存碳水化合物的地球藻类。不久，其他科学家将火星上 3.4～3.7 微米的光谱特征称为辛顿带，而《科学》杂志则扮演了城市广场的角色，成了赞同和反对辛顿带是火星生命证据的辩论场所。

值得注意的是，1958 年的一天下午，辛顿用一块铝片（铝被认为是近乎完美的反射体）反射日光获得了太阳的光谱。辛顿之所以这样做，可能是他认为可用铝的反射光谱来修正火星光谱中太阳或地球大气产生的光谱效应，只是这些光谱可能还达不到修正的目的。虽然月球在天空的高度与火星差不多，辛顿没有去观测（夜间）月球光谱作为比较光谱，这也许是因为根据 1956 年的观测结果，他认为用（反射的）太阳光谱作校准源胜过月球光谱。实际上，用月球光谱修正地球大气效应可能会更好，假如他用的是这种方法，他可能会更早发现自己的错误，而不会到后来才发现。

红外光谱学领域的权威、康涅狄格州斯坦福研究实验室的诺曼·科尔萨普（Norman Colthup）在 1961 年致《科学》的一封信中写道，他同意辛顿的观点，3.43 微米处看到的吸收带几乎可以肯定是“类似于地球植物中的碳水化合物和蛋白质有机物”中的碳-氢键产生的[18]。科尔萨普接着说，产生 3.56 和 3.67 微米两个光谱特征的唯一可能来源必须是称为“有机醛的分子（但不是甲醛）”，因为有机醛是除了 3.43 微米吸收带以外“在 3.67 微米附近也拥有强吸收带的几种物质之一”。

醛是含有元素基 CHO 的化合物，其中一个碳原子与一个氧原子共享两个电子并与一个氢原子共享第三个电子。因为碳原子有四个可供共享的电子，所以 CHO 基中的碳原子仍有一个电子键可以与另一个原子共享。如何共享第四个电子决定了这种化合物实际的化学物种（例如是甲醛、乙醛还是丙醛）。乙醛属于醛族。正如科尔萨普指出的，乙醛在非常靠近 3.58 和 3.68 微米的波长上是一种很有效的吸收剂，他认为这使其与火星光谱特征很般配。

科尔萨普确认乙醛这一特殊醛族是最可能的辛顿带源，认为这种物质能在火星上存在是由于火星上几乎无氧的缘故，因为这种特殊分子优先在贫氧的环境下形成。至此若是有人认为科尔萨普说的还不算太过分的话，那么接下来他说的就太离谱了："如果允许我猜测一下的话，乙醛可能是某些无氧代谢过程的最终产物。"他指出发酵就是这样一种过程，在发酵过程中碳水化合物转化为乙醛，最后再转化为乙醇。"与传统氧化过程相比，这一过程供给生物体的能量要少得多……但是，地球上的某些生物体在缺氧情况下可利用发酵作为能源，火星上发生的可能就是这种过程。"[19]

意见不一，是竞争激烈的科学思想界常见的现象，科尔萨普和辛顿的观点也并非人人赞同。加州大学伯克利分校空间科学实验室的唐纳德·雷（Donald G. Rea）就在 1962 年发起责难。一次雷在重点回顾天文学家对行星大气进行过的研究时指出，经他计算表明，在火星表面的大气温度和大气压力下，水汽压力应该迫使乙醛分子进入气相，从而进入火星大气[20]。事实上，"这种化学物质的高挥发性将确保它在大气中的高浓度……因此在整个火星圆面上都应该观测到而不只是局限于某些区域。"然而，辛顿只在火星暗区的反射光中看到这些所谓的吸收带。因为火星亮区的反射光没有明显的吸收带，所以雷认为科尔萨普的结论是错误的。雷知道，辛顿的错误结论很容易受他的实验室工作的影响。就像叼着一根骨头的狗，他不打算放手。

一年后，雷和他在伯克利化学系的两位同事西奥多·贝尔斯基（Theodore Belsky）和梅尔文·卡尔文（Melvin Calvin）发表了大量的实验室光谱，揭示出辛顿工作中的其他问题[21]。其中有些问题是属于仪器的，例如，火星的光被望远镜聚焦到辛顿的探测器上时，光束首先必须穿过树脂玻璃窗口再进入安装有红外探测器的密封制冷罐。雷和他的同事断言，光波波长在通过树脂玻璃时会发生变化。他们声称，使用树脂玻璃窗口造成的结果是，实验者可能无法知道火星这一光谱吸收特征在入射前的准确波长。

还有些问题与吸收带识别得正确与否有关，它们是刚毛藻还是辛顿测试过的其他生物材料（包括地衣和百合花）产生的。伯克利的化学家们指出，辛顿只凭一个光谱特征就认定刚毛藻，这充其量只能看作是个边际结论，火星光谱缺少刚毛藻的其他光谱特征。他们问道，如果火星光谱有刚毛藻的一个光谱特征，难道它们就不该有刚毛藻别的光谱特征了吗？他们的答案当然认为“该有”。那样的话，证明是刚毛藻的证据也许就不会像辛顿说的那么肯定了。雷、贝尔斯基和卡尔文 1963 年主要是提出问题，他们没有给出肯定的答案。然而，这些问题已成为辛顿及其支持者麻烦开始的信号。

另一支伯克利化学家团队，詹姆斯·舍克（James Shirk）、威廉·哈兹尔廷（William Haseltine）和乔治·皮门特尔（George Pimentel），同样不相信辛顿吸收带是火星上存在藻类或活泼的发酵过程的证据，所以他们去寻找其他可能的解释。1965 年 1 月，他们找到了一种解释，那就是水。事实上，他们找到的解释的关键在于火星大气层中存在两种水：重水和半重水。

水有三种同位素（H_2O、HDO 和 D_2O），它们对重力的反应是不同的，吸收和发射光的波长也略有不同。舍克和他的同事们发现，HDO

和 D_2O 吸收的光波波长比乙醛更接近于辛顿带的波长。换句话说，“报告中的吸收有可能是火星大气中的 HDO 或 D_2O 所为。”[22] 他们的解释还提出了另外一些很有趣但需要回答的问题，例如，为什么火星暗区显示的水汽含量比亮区更高？

1965 年 3 月，火星上的藻类和发酵剂终于在科罗拉多州丹佛市遭遇了滑铁卢。利用丹佛大学获得的太阳观测资料，以及辛顿在 20 世纪 50 年代末最初用海耳望远镜观测火星时对帕洛玛山上空地球大气的水汽总量的测量，雷和布赖恩·奥利里（Brian T. O’Leary）团队与辛顿本人一起得出结论：“3.58 和 3.69 微米特征的强度与光路中的地球水汽含量似乎相关。由此一个重要的推论是，没有证据证明这些光谱特征属于火星。”[23] 再一次强调这个不起眼的低调结论：没有这些光谱特征属于火星的证据。3.58 和 3.69 微米上的辛顿吸收带是来自地球的！它们完全与地球大气中的水汽含量有关，与火星大气毫无关系。辛顿探测到的是地球上的水特别是重水，而不是火星上的生命。

那么，3.45 微米上的那第三个辛顿吸收带是怎么回事呢？事后想来，作为一个公正的裁判，或许会去检查辛顿 1959 年论文中发表的原始光谱，去寻找 3.45 微米上那个无法解释的光谱特征，结果很可能是一无所获。因为根本不存在这样的特征，因此，也就没有必要去解释这种不存在的吸收带，辛顿测量到的全都是噪声。

值得赞许的是，辛顿也是这篇推翻他自己十年工作的论文的共同作者之一。如此高姿态地公开承认自己的重大科学错误实属罕见，可谓勇敢。此后，辛顿在漫长而平和的科研生涯中度过他杰出的一生。他协助夏威夷大学在夏威夷莫纳克亚火山（Mauna Kea）峰顶建立了天文台，研究了木卫一上的火山，并对月球、天王星和海王星的大气进行了大量的红外研究。

十年来，《科学》杂志一直担当着辛顿吸收带辩论正反双方的传播媒体。1964 年 11 月 NASA 发射了水手 4 号太空船，1965 年 7 月 15 日返回了有史以来第一次抵近火星拍摄的照片，从此，这场辩论宣告结束，行星学的新时代宣告开始。在水手 4 号掠飞期间，共拍摄了 21 张火星照片。在照片的一周年之际，为了纪念这一历史性事件，在 1966 年 7 月 15 日发行的《科学》杂志上，该杂志要求恩斯特·尤利乌斯·奥皮克（Ernst Julius Öpik）谈谈火星。奥皮克出生在爱沙尼亚，于俄罗斯受的教育，他的职业生涯结束于北爱尔兰的阿马天文台（Armagh Observatory），是《爱尔兰天文学报》（*Irish Astronomical Journal*）杂志的主编。他于 1960 年入选美国国家科学院，并于 1975 年获得英国皇家天文学会颁发的金奖。奥皮克是 20 世纪天体物理学和行星天文学的权威，他有足够的资格向《科学》杂志解释天文学家对火星生命所了解的情况。

奥皮克在一篇 12 页的文章《火星表面》[24]里总结了我们人类当时对火星的认知。“3.6 微米附近的红外吸收带的故事颇具启发性，”他写道，指出了问题出在观测不足。“这些吸收带最先被认为是复杂碳氢化合物 CH 键的特征，说明存在某种有机物。接着又发现它们与重水、半重水的吸收带符合得更好，又使人们以为火星上有丰富的氘，将此归因于较轻的氢率先向太空逃逸或其他一些机制的结果。最后，事实证明，这些吸收带属于地球大气中的重水，根本与火星无关。”阐述是那么清晰、简洁、准确。

他继续写道，火星表面有不同颜色的区域。大约 70%（陆地）的表面呈现为橙色、黄色或红色。剩下的区域（海）颜色较暗，“有时被描述为浅绿或浅蓝，然而”相比其他区域“它们只不过红色较少而已”。最后，奥皮克揭开了神秘的面纱，承认火星看上去从来不是绿色的，只是有时候看起来有点不那么红而已。还有，正如几百年来众所周知的，火星的色调和颜色一直是随季节变化的。

所有这一切我们该怎么去理解呢？他问道。尽管各种证据相互矛盾，尽管水手 4 号拍摄的粗颗粒照片显示出火星的荒芜，尽管辛顿吸收带作为火星生命证据已告破灭，尽管他承认火星从未呈现过绿色只是有时不那么红罢了，但是跟以前许多天文学家一样，奥皮克发现自己也背负天文学家们长期以来对火星生命学说的钟爱之压而受困其中。奥皮克的回答是："在这种背景下，火星表面标记得以幸存并持久永恒似乎表明它们有某种再生的特性……在移动沙尘上合适的地方生长着植被，可作为一种解释……只是植被能在极度寒冷和干燥的火星气候下得以生存似乎令人难以置信。当然，严酷的环境也许有利于下述情况：夜间温度如此之低，以致可能会积霜（这在土壤和冻硬的植物上很常见）；早晨，积霜在晨曦中受热并融化为液态水滴，或可为植被所用……但是，火星海的植被假说又是多么可疑，然而又很难找到能说明所有事实的替代解释。"

没有叶绿素的证据，没有地衣或原始植被的证据，没有藻类产生的 CH 吸收带，也没有"绿色"的区域，但是火星生命的观点仍然顽强地固守着。到了 1965 年，火星不可思议的寒冷、缺氧、几乎没有水，这些情况全已广为人知。由于火星大气层很薄而且没有臭氧层，因此火星表面暴露在致命强度的太阳紫外辐射下，而且还受到太阳以及外部宇宙射线的致命轰击。所有这么多理由全都明确否决火星表面存在植被的可能性，然而尽管如此，奥皮克还是不愿认输。在火星上寻找生命的愿望已根深蒂固于 20 世纪中叶人类的心灵之中，以致奥皮克根本不愿放弃这种可能性。

一年后的 1967 年，20 世纪末的两位权威行星学家詹姆斯・波拉克（James Pollack）和卡尔・萨根终于将这一问题列入他们的研究日程。萨根因研究火星和金星的大气以及 1966 年出版的推理著作《宇宙中的智慧生命》（*Intelligent Life in the Universe*）已闻名遐迩，只是还没有参与海盗号任务以及在美国国家公共电视台讲解"宇宙"电视系列节目而闻名世界。几十年来，波拉克几乎在 NASA 的每个行星航天任务中——包括水手 9 号（飞往火星）、海盗 1 号和 2 号（全飞往火星）、旅行者 1 号和 2 号（飞往木星、土星、天王星和海王星）、金星先驱者号、火星观测者号，以及伽利略号（飞往木星）——都发挥有重要的作用，后来他成为土星环物理、巨行星形成以及地球早期大气演化的学者。

NASA 的深空网络天线架设在加利福尼亚州戈尔德斯顿（Goldstone）跟踪站，由喷气推进实验室负责管理，波拉克和萨根用于研究和认识火星表面的火星雷达图就是用该网络天线获得的。戈尔德斯顿网络天线中的一面天线被用来向火星发射无线电波，经火星表面反射的电波信号再用相同的巨型天线接收并加以测量。波拉克和萨根发现，火星暗区的高度比亮区高。此外，比起颜色没有长期变化的暗区，颜色有长期变化的暗区坡度和高度要小。因此，他们认为“长期的颜色变化是因为沙尘在亮区与邻近坡度平缓的暗区之间进进出出的结果”。至于暗区的所谓再生特性，即闪电之后暗区颜色变深的本领，“是风将沉积在斜坡高地上的小沙尘粒吹走的结果”。[25]

换句话说，火星天气系统驱动风沙在火星地面上移动。沙尘优先沉积在低洼的“沙漠”中。沙尘的反射率很高，因此，沙漠看上去就相当亮。当细小的沙尘被吹到较低平的斜坡上并将它们盖住时，这些地区就变亮，看上去像沙漠。当风将这些低斜坡上的小沙尘吹掉时，这些斜坡迅速变暗。这些斜坡变暗的行为被解释（并被误解）为火星春季植物生命的快速再生。

萨根和波拉克后来提出了一个火星风吹沙尘粒的定量模型，用以支持他们最初纯粹是文字叙述的假设[26]。“风吹沙尘粒模型的成功当然不是否定火星上的生命”，但是这个模型的成功，却最终宣告另一个假说——火星上的颜色变化是春季极盖处融水促使火星植被茂盛并形成传播绿色的波浪——的终结。没有什么树木，没有什么苔藓，也没有什么地衣，更没有什么藻类，有的只是风沙。

第十章

火星平原上的海盗号

1976 年 7 月 20 日，海盗 1 号降落在火星的克律塞平原（Chryse Planitia）。六周后，即 9 月 3 日，海盗 2 号降落在乌托邦平原（Utopia Planitia）*。这两个航天器分别于 1975 年 8 月和 9 月从美国卡纳维拉尔角（Cape Canaveral）发射，它们不仅都成功地到达了火星，而且两个着陆器也都安全地降落在火星表面。海盗 2 号着陆器载有相同的一套科学仪器，它降落在火星上比克律塞平原更北约 25° 的地方，和克律塞平原的经度约差半个火星。自此，在火星表面两个不同的位置上第一次有了人类操纵的科学实验。

在海盗 1 号和海盗 2 号着陆火星之前，人类对火星的认知极为有限。虽然我们不再受困于洛厄尔的火星智慧生物说，什么建造运河，将水从富水的两极输送到干旱的赤道等说法，但是火星仍是颗神秘的星球。行星科学家知道火星的大气层很薄，而且大部分都是二氧化碳。

---

* 克律塞平原和乌托邦平原均是 1973 年 IAU 批准的火星地名，历史上也是这么称呼的，如 20 世纪初希腊天文学家安东尼亚迪的火星图上就是这么称呼的。

天文学家关于火星的知识，首先来自柯依伯的望远镜观测研究，后来又从火星航天器的详细数据中得以丰富和修正。还有，根据火星的成像巡视，我们知道了火星表面的构造——遍布陨石坑的平原，数量不多的巨型火山，以及大量狭长的裂缝特征，貌似古老的干涸河床和蜿蜒漫长的冲刷水道。在那个年代，还认为极盖主要是由干冰（固态二氧化碳）所组成的，尽管行星科学家已经知道，在火星的夏季极盖处的干冰将升华进入大气层而留下水冰。

然而，大多数情况下，问题总是多于解答，尤其对于火星。火星表面有没有一层厚厚柔软的尘土？着陆器登陆时会翻倒吗？它们会被埋入这种粉状的尘土里吗？大多数地质学家都期望找一块较硬的地面，他们打赌，要不然会出现着陆失败的悲惨场景，但是航天任务设计者却对火星地面情况一无所知，确切的答案只有海盗1号着陆器降落到地面后才会知道。总算一切如愿，火星表面的尘土并不那么厚也没有细成粉状，更让NASA人人宽慰的是，着陆器也没有翻倒。

先别提火星上氮的含量是否足够维持生命，首先得问它的大气中含有氮吗？毕竟对地球上的生命而言，氮是至关重要的。DNA的基本成分是氨基酸和核苷酸碱基，而氮则是这两种成分的主要元素。虽然在20世纪50年代，天文学家还认为火星大气中氮的含量超过95%，但这只是早期的观点，现在早已被实际测量结果所推翻。水手9号没能在火星大气中探测到氮，因此，海盗号之前的行星科学家认为火星大气中氮丰度不会超过百分之几。海盗号证实，火星低层大气中确实也存在有氮，其丰度约为2.7%[1]。这是有史以来火星上最重要的天体生物学发现之一。（2013年，好奇号火星车研究团队曾错误地测量到1.89%的氮丰度值[2]，这个数值后来由好奇号团队作了“重新评估”，修正后的氮丰度测量值为2.79%[3]，与海盗号着陆器的测量值非常接近。）

众所周知，火星上有席卷整个行星的强沙尘暴，这些风暴引起的强飓风会吹翻成功着陆的着陆器吗（就像电影《火星人》里的情况）？沙尘暴将大量的尘土卷入火星大气，会遮住我们的视线，一旦刮起沙尘暴我们会好几个月都看不到火星的表面。虽然如此，回答却是否定的：因为火星的大气层太薄，所以缺乏掀翻着陆器的动量。

会有“宏生物（macrobes）”存在吗？“宏生物”这个词是卡尔·萨根用来描述肉眼可见的假想生命体的一个术语。如果火星上存在宏生物，那么它们会出现在海盗号着陆点拍摄到的照片上吗？萨根没有神经错乱，他只是对所有不能完全否定的可能性持开放的态度而已。“事实上，”他说，“没有理由将从蚂蚁到北极熊各种大小的火星生物完全排除在外，甚至有理由可以解释为什么大生物或许比小生物更适应火星。”[4]萨根似乎正在向洛厄尔靠近，实际上很可能的是，他认为火星宏生物的可能性不是很高。不过，在海盗号着陆器踏上火星之前，任何人都不能够绝对肯定地说火星上没有宏生物。萨根坚持认为，必须进行寻找宏生物的实验，相机必须带上火星，检查宏观火星人的环境。这场争辩萨根赢了，所以，两艘海盗号的着陆器上都安装有寻找火星人的全景相机。这两台相同的相机也适用于基础性的地质研究。

海盗 1 号和 2 号着陆后，两艘航天器都几乎立即将火星表面的图像送回给地球上焦急渴望的人们，没有宏生物通过海盗号的眼睛盯着萨根瞧。现在，对火星生命的探索集中于海盗号搜寻微观生命证据的生物学实验。这些实验在着陆火星后的第八个火星日（记为 Sol 8）开始，三天后，怪事出现了。

1976 年 7 月 31 日，即 Sol 11，NASA 艾姆斯研究中心生命科学主任兼 NASA 海盗号航天计划生物研究小组负责人哈罗德·克莱因（Harold Klein）向全世界发表了讲话。这次新闻发布会早在几年前就已设定，那时 NASA 为海盗号挑选了这些研究员以及被统一称作“生物学实验”的研究课题。克莱因和研究团队的其他成员一直在寻找火星生命的证据，这次新闻发布会给予这些生物研究团队成员第一次宣告实验结果的机会。他们已在火星上找到生命了吗？

克莱因的讲话从容而乐观。海盗号进行了两个生物学实验，其中一个是气体交换实验，实验已经得出“至少有初步证据证明有很活跃的表面物质”。这些用词是刻意挑选来暗示听众和记者 NASA 可能在火星上已找到了生命，只是说得委婉含蓄而已。第二个实验是标记释放实验，实验产生了一种看起来“非常像生物信号”的反应。用词甚为激进、很不谨慎，不过，克莱因很快退缩了。他警告说，这两个结果“都必须非常谨慎地对待”。克莱因胸有成竹地继续说道：“我们相信表面上有什么东西，某些化学的或物理的实体，它们赋予表面物质极大的活力，更确切地说，在某些方面好像——我要强调的是好像——生物的活性。”[5]

克莱因开始与媒体和外界讨论正在火星表面进行的生物学实验，那些实验正是他和他的同事用来寻找火星生命迹象的。他认为他的这些话说得极其谨慎、小心和理性，他已非常清楚地表明，这次与公众的早期对话谈及的有关生物团队的发现只是初步的——不过事后看来，我们觉得他说得荒唐草率，也过早了。但是，克莱因像大多数与记者交流的科学家一样，他没受过训练，这些对话也不同于专业同事之间的科学辩论，他几乎立即失去了对对话和消息的控制。实际上，对话

图 10.1　1976 年 7 月 20 日海盗号着陆器在火星表面着陆，这是着陆后拍摄的第一张火星全景图，看不到有宏观火星生物。本图由 NASA 提供。

一开始就不受他的控制。《纽约时报》8 月 1 日的头版头条新闻打出的标题为“科学家说数据第一次暗示火星上可能有生命”[6]。接下来，这家报纸问道，海盗号的实验是否有可能证明火星上的生命是不存在的。

一位记者问道，其中一个实验有氧气产生，是不是可看作火星上有光合作用的证据。提这个问题的记者要么事先没有时间和精力去了解一下他提问的那个实验的详细情况，要么不知道光合作用是怎么回事。也许这位记者在上初中科学课时睡着了。是的，光合作用过程中植物吸入二氧化碳呼出氧气，但它们这么做是需要太阳能作为该过程的动力的。在火星上，产生氧气的气体交换实验是在海盗 1 号着陆器内绝对黑暗的条件下进行的。因此，这一问题最简单的回答就是“不”。该实验无法检验任何类似光合作用的反应。

另一位记者问克莱因氧气会不会是动物产生的。这位记者上生物课时一定翘课了，动物，地球上所有的动物——至少这位记者和该任务的科学家都熟悉的动物，都是吸入氧气呼出二氧化碳的。

新闻媒体在科学上向来都是些井底之蛙。科学团队或者 NASA 在向新闻媒体倾灌几乎未经评审过的原始数据之前，本可以甚至本应该好好地先给他们上上启蒙课。可是，这次航天任务的部分科学实验报告立即推出令人兴奋的新结果——当着热心关切这次航天任务的公众之面把这些结果说成是“科学的”，有点夸张了，因为它们几乎没有、甚至根本没有通过任何形式的科学评审。此时，科学团队应该已经感觉到，新闻发布会进行得很不顺利，发布会向广大公众报道的科学新闻很可能不会按科学家们期望的那样去写。当然，假如他们能够坚持那天早些时候举行的内部会议上他们自己发表的观点，就永远不会发布含有“非常像生物信号”之类词语的消息了。

“海盗号实验强烈暗示火星上有生命”，这是《纽约时报》在一周后即 8 月 8 日发布的另一则头版头条新闻的大标题[7]。到目前为止，媒体控制了如何向公众解释和报道海盗号科学结果的话语权。海盗号的科学家现在已很难使公众相信有强烈的实验证据反对火星生命的存在，这种证据可不是模棱两可的。《纽约时报》8 月 14 日的一篇文章报道说，土壤样本结果表明“未检测到可能由微生物产生的复合含碳分子”，因此“尚无结论”[8]。8 月 21 日，《纽约时报》的一则新闻已落到第 18 版面上，标题为“实验没有排除火星上有生物过程的可能”[9]。

海盗 2 号着陆器实验是由同样的科学家团队采用完全相同的一套仪器进行的，不像海盗 1 号着陆器实验的初步结果，它的实验结果没有受到公众的关注。尽管海盗 2 号的着陆只在六周以后，但是这一次生物研究团队的负责人和科学团队成员要明智得多，而且操纵实验和对付媒体方面更有经验。科学团队大多成员都回到了自己的实验室，沉浸于每天返回的数据之中，一心着力于怎样最好地理解送回的大批科学数据。没有了一大群好奇的记者每天的窥探，科学团队能有条不紊地仔细处理他们的数据，设计新的实验方案以便对新的假设进行实时检验。

几年后，在学术界同事、NASA 和媒体三方期望获得卓越科学成果的巨大压力下，海盗号三个独立生物学实验的科学家们不停地检验、再检验，校准、再校准，争论、再争论。最后，与第一次新闻发布会上可能发现火星生命证据的兴奋形成鲜明对比，几乎所有人都得出，综合结果“表明这两个着陆点现在都没有生物存在”[10]。不过，还有一位成员至今仍坚持相信，并继续为之辩解，认为他的实验确实检测到火星生物活动的征兆。

气体交换实验是 NASA 艾姆斯研究中心的万斯·大山（Vance Oyama）领导的团队设计的。实验之初，着陆器伸出一只机械臂，从火星地面上抓起一把土壤，放进着陆器的内腔室（为另一艘海盗号着陆器的实验提供火星土壤样品的也是这同一只机械臂）。火星土壤置于内腔室内完全黑暗的环境之中，与日光、火星外部环境以及海盗号着陆器内所有其他器械完全密封隔离。

第一步在不加水的情况下对密封室里的土壤进行测试，然后将土壤间接地暴露在水环境下。将水注入土壤下方的盘子中，使水和土壤不直接接触，让水从水盘内挥发，从下面渗透并润湿上面的土壤。在气体交换实验的最后阶段，将含有 19 种不同氨基酸的混合“鸡汤”加入水盘。富含化学物的水分将营养输送给上面的土壤。假如土壤含有任何生物，它们就会生长、呼吸和繁殖。若此，它们会呼出二氧化碳、一氧化碳、甲烷、氢、氮、氧、一氧化二氮和硫化氢，数量达到可检测的程度。令人惊讶的是，大山实验的第一份土壤样品在第一次注入营养剂后仅仅 2.5 小时，土壤便开始释放出大量的氧。实验开始时，氧含量突然呈爆发式增长，然后再慢慢回到正常水平。氧的爆发式增长是火星土壤中存在生物的证据吗?

吉尔伯特·莱文（Gilbert Levin）的标记释放实验与大山的气体交换实验有一些相似之处。莱文在马里兰州洛克维尔生物公司工作，他曾发明一种检测污水中微生物的仪器，经他改进后用在了火星上。设备的原理是检测微生物代谢活动释放出来的碳。在火星上，莱文的设备类似大山的微型机械设备，也将营养剂注入火星土壤，不同的是，莱文的营养剂是合成的氨基酸和碳水化合物，这些营养剂含的都是放射性碳-14 原子，而不是稳定的碳-12 原子。莱文实验中的探测器是一个盖革计数器，用来检测碳-14 原子的放射性辐射，因为当营养剂被生物体吃掉或代谢后会排出有放射性的二氧化碳。

与大山的实验一样，莱文的实验也是立即就有反应。盖革计数器的背景计数为每分钟 500 次。也就是说，每分钟 500 次的计数是土壤中没有任何生物活动情况下盖革计数器的信号水平。令人震惊的是，实验开始 9 小时后，盖格计数器的计数达到每分钟 4 500 次。一天后，计数速率已攀升至每分钟约 10 000 次，然后计数才趋于平稳。难道是生物物质吸入了莱文的营养剂排放出具有放射性的二氧化碳吗？

正是因为这些早期测量的结果，才有了 7 月 31 日举办的新闻发布会，会上克莱因提到大山的气体交换实验探测到氧以及莱文的标记释放实验探测到二氧化碳，这很像是生物信号。其实，假如科学团队再多等几天，甚至多留意一下他们自己在第一天所持的疑虑，他们或许永远不会作这样的声明。几天后，他们很快就发现非生物化学反应也可以产生观测到的情况。气体交换实验和标记释放实验“证实了火星表面存在许多非常活泼的氧化物”[11]，这些氧化物是让水与土壤相接触时产生氧气的一类分子，或者让含有有机物的水与土壤接触时产生二氧化碳气体的一类分子。这两个实验都不需要生物的活性便可产生测量到的信号。

第三个实验是热解释放实验，它的某些早期结果也令人猜想实验的产物有可能源自生物。这个实验是加州理工学院的遗传学家、生物学教授诺曼·霍罗威茨（Norman Horowitz）设计的，在他认为模拟火星的真实条件下进行测试，也就是说，他的实验是在不加任何水的情况下进行的。他说，火星很干燥，火星生命如果存在的话，也必须在没有水的情况下存活，因此他的实验也设计在没有水的情况下进行。相反的是，他要测量生活在火星土壤中的假想生物是否从空气中吸取一氧化碳或二氧化碳（实验时将火星空气注入实验装置），以及是否生成含碳物质。霍罗威茨提供了有放射性标记的一氧化碳分子和二氧化碳分子，以追踪火星生物对这些分子的吸收情况。

如果火星生物存在，并给它们足够多的时间——120 小时是它们变得活跃并代谢 CO 和 CO_2 的机会之窗。然后将腔内的土壤加热到 635℃，加热的目的是让土壤有更多的挥发性气体排到空气中，从而可以检测到它们。霍罗威茨的仪器用来测量加热后释放出来的 CO 和 CO_2

的放射性同位素发射的辐射。这些气体可用来判断火星生命体摄入并代谢碳的数量。

热分解释放实验确实产出富碳分子，即有机物。然而，霍罗威茨和他的团队最后发现，含碳物质即使加热到极高温度也不会分解，因此不可能是生物的产物。相反，他们得出的结论是这些含碳物质是火星土壤中天然丰富的富铁物质的化学反应产生的。

就在克莱因向全世界宣布“至少有初步证据证明存在很活泼的表面物质”“看起来非常像生物信号”的第一次新闻发布会举行前一小时的一次会议上，科学团队已经在讨论其他可能的解释[12]。其中一种解释是火星表面有许多氧化物矿，它们是氧化物、过氧化物和超氧化物等的混合物。所有这些氧化物在合适的环境条件下会发生释放氧原子的化学反应。因此，这可能是大山实验中检测到大量氧气的原因。大山和他的学术界同事最后达成一个压倒性的共识，气体交换实验中测量到的自释放的氧及其初始积累都与过氧化氢一类物质的化学反应有关，这个最初的直觉在此后多年的实验室实验中获得了强有力的支持。假如当初他们按自己的科学直觉行事，那么头条新闻可能就不会那么令人激动，但也绝不会误导公众了。

有机化合物吗

海盗号着陆器还带有一台测量仪器，虽然没有被正式列入生物学实验计划，但与生物学实验密切相关，那就是小型的气相色谱质谱联用仪 GCMS（gas chromatograph with a mass spectrometer），它是麻省理工学院的克劳斯·比曼（Klaus Biemann）为首的研究团队所研制的，其用途为探测和识别火星表面附近的有机物（含碳化合物）。该实验需要对微量的土壤样品予以加热，让其挥发。土壤被逐渐加热，先加热到 50℃，然后是 200℃、350℃和 500℃。再将氢气喷入 GCMS，土壤挥发的气体将被氢气流夹带着进入内腔室，在那里测量气体发射的光以及气体中粒子的质量。

比曼和他的科学小组的报告说得很明确，“在两个着陆点都未曾发现有机化合物”。没有萘（$C_{10}H_8$，樟脑丸的主要成分），没有苯（C_6H_6，煤和石油加工的衍生物），没有丙酮（C_3H_6O，地球上天然存在的物质，在动物脂肪代谢分解过程中形成），没有甲苯（C_7H_8，1837 年首先从水晶兰蒸馏得到并用作溶剂，例如油漆稀释剂）。实验表明，火星土壤中的物质全都不能有效地合成有机分子。此外，由于含碳的陨石尘在穿越大气下落时应该受到持续不断的过滤，所以 GCMS 实验表明，火星土壤（或者紫外线和宇宙射线与火星土壤的相互作用）能有效地摧毁如下雨般降落在火星表面的有机分子。实验结果是毋庸置疑的：这些实验没有发现有机化合物，这就“排除了两个着陆点附近的表面物质中存在含碳物质的可能性，不论它们是现已灭绝了的生物过程所遗留的，还是非生物过程遗留的”[13]。

GCMS 实验对于理解和解释海盗号生物学实验的结果至关重要。假如 GCMS 实验先于海盗号被航天器输送到火星的话，将永远不会有海盗号生物学实验，更不用说仪器的设计、制造和发送到火星了。据克莱因、霍罗威茨和比曼在 1992 年所述，“在两个相距非常遥远的地点都没有发现有机化合物，表明目前没有发生生物的或非生物的合成有机化合物的过程……甚至在海盗号任务期间就已逐渐清楚，如果 GCMS 的结果是正确的（有理由相信这一点），这三个生物学实验基本上已失去了原有的目的。由于火星表面物质中没有可检测的有机化合物迹象，那么也不可能在两个着陆点找到尚存的生命。”

他们还写道：“海盗号的结果证明两个着陆点——克律塞平原和乌托邦平原都不存在生命。虽然两个地点处于火星相对的两侧，纬度相差 25°，但是发现它们的表面化学十分相似。这种相似性反映了该行星全球因素的影响，诸如造成如今火星环境的极端干燥、低气压、短波紫外线流量和全球范围的沙尘暴等因素。事实上，也正是这些因素造成了火星表面处处没有生命。”[14]完全在理。

两艘海盗号着陆器都没有发现火星生命的迹象，这是科学界压倒性的结论。然而，对于这样一个结论并非是全无异议的。事实上，海盗号团队的一位高层领导吉尔伯特·莱文近 40 年来一直在阐述他的观点。“在相距将近 4 000 英里的两个着陆点，标记释放实验送回了活微生物的证据。起初 NASA 和大多数太空科学家都不太相信，”他写道，“虽然如此，从那以后这项里程碑计划的结果始终引起人们的激动和争议。”2015 年，莱文在他的个人网站上以第三人称回顾自己及其研究工作时对他自己的科学观点作了总结：“1997 年，是研究火星标记释放实验结果的第 21 年，是科学家获得火星环境条件新信息的一年，是在地球极端环境条件下发现生命的一年，在这一年，莱文博士发表了他的观点，他认为标记释放实验确实在这颗红色星球上发现了活的微生物。”[15]

莱文和 1976 年他在生物公司的同事帕特里夏·斯特拉特（Patricia Straat）始终认为，标记释放实验表明海盗号研究的土壤样品里存在微生物。他们在 1979 年的《科学》杂志上写道，“尽管有各种相反的假设，但是火星上观测到生物活动仍是个很可能的事实。”[16]十年后，莱文和斯特拉特（那时在美国国立卫生研究院工作）写道：

> 自从海盗号完成第一个标记释放生物学实验并在火星上获得出乎意外的肯定结果以来，已过去了十年，但是，在没有找到有机物（原文如此）的情况下，这种结果被认为是不可信的。其后果是，为了不用生命的存在来解释标记释放实验的数据，不得不

> 付出更多的代价。最推崇的一种理论认为是过氧化氢起了化学剂的作用，它与某种营养物发生类似生物的反应。这个理论经检验基本上已经肯定不适合火星。实际上火星上没有存在这种物质的证据，即使有这种物质形成，那也在它能影响实验之前早就被环境破坏殆尽。我们仔细检验了所有非生物学理论，发现没有一个在科学上是可行的。我们还对GCMS检测有机物的灵敏度进行了验证，发现有机物在密度非常低的情况下有可能会被遗漏。现在我们的观点是，现有的标记释放实验数据，结合考虑之前没有用到的其他信息（包括海盗号着陆器拍摄的可能存在火星地衣的照片和光谱数据），证明下述结论是正确的：标记释放实验实际上确实探测到了火星上的生命，现在看来这个结论成立的可能性比被否定的可能性更大[17]。

尽管莱文对海盗号数据的解释是极端异常的个例，但他的观点在2010年却得到了墨西哥国立自治大学拉斐尔·纳瓦罗-冈萨雷斯（Rafael Navarro-Gonzalez）和加利福尼亚州NASA艾姆斯研究中心克里斯·麦凯（Chris McKay）的一项实验的间接支持。他们从又高（13 000英尺或4 000米）又干燥的智利阿塔卡马沙漠采集来少量的土壤进行实验。将过氯酸盐（负离子ClO^-）——一种只含氯和氧的非常活泼的氧化物——加入土壤，然后对样品加热，他们检测到两种化合物——氯甲烷（CH_3Cl）和二氯甲烷（CH_2Cl_2），它们是在过氯酸盐与土壤中的其他物质反应并消耗时形成的[18]。这两种新形成的化合物都有过氯酸盐中没有的碳原子和氢原子，其中的氯原子显然来自过氯酸盐，但是碳是从哪里来的呢？碳原子必须来自存在于土壤的含碳分子。也就是说，氯甲烷和二氯甲烷的形成是阿塔卡马沙漠土壤中有机物质存在的间接证据。这里我们得格外谨慎。根据定义，几乎所有的（但不是全部）含碳分子都是有机分子。（有机分子必须含有碳原子，但不是所有含碳原子的分子都是有机分子。为了成为有机分子，含碳化合物中的碳原子必须与氢原子键结。例如，碳化硅、碳化钨和一氧化碳就属于非有机含碳分子。）但有机分子不一定是生命存在的证据，因为有机分子可在碳原子和氢原子都有的环境中存在。此外，碳也可以来自大气中的二氧化碳或一氧化碳，被吸附在阿塔卡马沙漠土壤的矿物质上。

与火星和海盗号生物学实验的联系如下：1976 年，海盗 1 号检测到的氯甲烷含量为 15 ppb*，海盗 2 号检测到的二氯甲烷含量为 2 ppb 到 40 ppb，而纳瓦罗-冈萨雷斯和麦凯在阿塔卡马沙漠土壤的实验所发现的也是这两种化学物质。因此，海盗号团队将检测到氯甲烷和二氯甲烷归因于地球的污染。

为了减少地球上气体在发射前渗入探测器内腔室和管道，行星科学家作了很大的努力，但他们还是不能完全排除地球大气分子偷渡到火星。海盗号科学家的说法是，两艘海盗号着陆器带着这两种化合物一起离开了地球。然而，纳瓦罗-冈萨雷斯和麦凯现在却认为，他们的阿塔卡马沙漠土壤实验证明情况不是这么回事。

2008 年 5 月 25 日，NASA 凤凰号航天器降落在火星的最北部，此后，莱文又多了一种可能支持他的实验。凤凰号在那里只工作了大约五个月，最后没有经受住火星的冬天。凤凰号用机械臂刮取到一些冰土壤，并带入航天器进行测试。凤凰号的一项发现是，火星土壤中的溶解盐中有过氯酸盐，含量为 0.4% 至 0.6%[19]。从天体生物学的角度来看，联系到阿塔卡马沙漠实验，这一发现极为重要。把这几件事合

* ppb（parts per billion），即十亿分之一，浓度计量单位。大气中 1 000 ppb 甲烷含量表明每十亿个大气分子中有 1 000 个甲烷分子。——译者注

到一起，纳瓦罗－冈萨雷斯和麦凯认为，海盗号探测到氯甲烷和二氯甲烷可能纯粹是火星化学的结果。它们探测到的氯甲烷和二氯甲烷，很可能是火星上的过氯酸盐与火星土壤中的有机分子发生反应所产生。纳瓦罗－冈萨雷斯和麦凯认为，之前 GCMS 实验得出的结论或许是错误的。按照海盗号实验结果的这种解释，海盗号土壤样本必定已含有某种有机物。如果是这样，他们认为，莱文的标记释放生物学实验的结果或许是火星上存在生命的证据。虽然火星土壤中有机分子的存在并不能证明火星上存在生命或曾存在生命，但麦凯至少将有机分子与生物学联系了起来："很有可能，这些有机分子中有一些实际上是生物的标志物。"他写道[20]。

第十一章

烫手山芋

1984年的最后几天，得克萨斯州休斯敦约翰逊空间中心（Johnson Space Center）南极陨石实验室负责人罗伯塔·斯科尔（Roberta Score）正在南极洲寻找陨石。1978年那年，她从加州大学洛杉矶分校地质专业毕业，同年她受聘于NASA，协助陨石实验室的建立和运行。还是在20世纪60年代末和70年代初，阿波罗宇航员在月面上收集到840磅的岩石和土壤，从那时起NASA学会了精心收藏和储存这些样品的方法。现在，为了支持美国国家科学基金会的南极陨石搜寻计划ANSMET（Antarctic Search for Meteorites），给他们的月岩收藏品添砖加瓦，该实验室正在收集更多的地外岩石：在南极洲的蓝冰上收集数千年或数百万年前坠落的原始陨石，这些陨石被降雪所掩埋并在冰层中保存了下来，最后因冰川运动和风的吹刮暴露了出来。

斯科尔来到了遥远寒冷的南极，一起来的还有“1984—1985”陨石搜寻队的其他成员约翰·舒特（John Schutt）、卡尔·汤普森（Carl Thompson）、斯科特·桑福德（Scott Sandford）、鲍勃·沃克（Bob Walker）和凯瑟琳·金-弗雷泽（Catherine King-Frazier）。他们住在帐

图 11.1　1984 年 12 月初的一个大风天，正在穿越艾伦山主冰原（Allan Hills Main Ice Field）的凯瑟琳·金－弗雷泽。凯瑟琳是南极洲陨石搜寻队 1984—1985 年队员。该研究任务得到美国国家科学基金资助。陨石 ALH 84001 是该队成员罗伯塔·斯科尔在当月晚些时候在离此 50～60 千米的艾伦丘冰原最西端找到的。本图由罗伯塔·斯科尔提供。（彩色版本见书前插页）

篷里，乘坐雪地摩托在危险的地形中穿越。行驶时必须小心翼翼，避免跌落冰缝或者冻伤手指鼻子。斯科尔很快就意识到，在南极搜寻陨石是项极限运动，绝非儿戏，但对科学界来说，这些陨石的获得纯属意外之喜，完全值得为之冒险。

12 月 27 日，斯科尔幸运地找到了一块 $4\frac{1}{4}$磅重绿灰色的奇怪岩石，她想得不错，这是块陨石。当她从南极的冰层上捡起这块山芋状的岩石时，可以毫不夸张地说，全球都为之震动，由此而产生的冲击波，能量逐步积累直到十几年后爆发，涌现出大量的思想。这迟到的爆发产生的涟漪，搅动了天文学、生物学、地质学、地球物理学和行星科学等这些沉寂的学科，它们因此而戏剧性地得到重塑。

图 11.2　火星陨石 ALH 84001，摄于约翰逊空间中心实验室。为了比较大小，陨石旁放了一块边长 1 厘米的黑色小方块（右下）。陨石的部分表面覆有黑色熔融壳，而内部呈灰绿色。图片由 NASA 约翰逊空间中心提供。（彩色版本见书前插页）

南极的那天清晨，尽管刚刚过去的夜晚太阳一直挂在空中，但依然寒气刺骨。斯科尔十分小心，绝不裸手触摸陨石，生怕会玷污它。在搜寻队其他队员的帮助下，她将这块看起来不寻常、表面黑色的岩石放进 NASA 提供的“清洁袋”里，再用胶带将袋子封住。几个月后回到了休斯敦，她的首要任务就是给她和她的队友在南极收集的每块陨石进行编号。斯科尔首先挑选出她最喜欢的陨石，就是那块绿色的陨石，因为陨石通常不是绿色的——尽管她惊讶地发现，在实验室的灯光下，这块陨石看起来却基本上是灰色的。她作了标记，将它编为 001 号。斯科尔的绿色岩石不是 1984—1985 年南极陨石狩猎季节中第一块被发现的陨石，但它恰好成为她回到休斯敦开始日常工作时所标记的第一块陨石。在编号过程中，她给这块陨石起了一个名字，十年后它将与罗塞塔石碑争夺地球上最著名岩石的称号。斯科尔的岩石是 1984 年在南极的艾伦山（Allan Hills）一带找到的，它就是现在众所周知的 ALH 84001。作为赋予她的荣誉，这块数千年前从天而降的岩石的发现地达尔文山脉陨石山地区，现在已更名为斯科尔脊（Score Ridge）[1]。

ALH 84001 被送入 NASA 约翰逊空间中心南极陨石藏室，一名技术人员小心翼翼地从它上面切下一片半克重的岩石，然后运送到位于华盛顿哥伦比亚特区的史密森自然历史博物馆，别的陨石也是这么做的，没有区别。史密森自然历史博物馆里的一位陨石专家对这一小片 ALH 84001 进行快速检查，然后按已知陨石家族谱对其母陨石进行分类。南极洲收集到的每一块陨石都进行过这样的初步检查，随后的报告发表在《南极陨石通讯》(*Antarctic Meteorite Newsletter*）上，让世界各地的陨石专家能够决定新报告的陨石是否值得在他们的实验室作进一步的研究。

因为斯科尔将 ALH 84001 陨石编为 001 号，而且绿色的陨石极其罕见，所以它是作为一块高优先级的陨石运抵休斯敦的。因而，当这一小片 ALH 84001 送到史密森自然历史博物馆格伦·麦克弗森（Glenn MacPherson）的实验室时，也属于他的高优先级样品。然而，检查 ALH 84001 的负责人麦克弗森很快就认定，这块陨石也不怎么特别有趣。不过，他发现了一件极为重要的情况倒是真的，有一天这个情况会使 ALH 84001 轰动世界，那就是：他正确地认定，从起源来说，这是块火成岩或火山岩。

几乎与所有的小岩石块一样，ALH 84001 是从一块古老岩石上崩裂下来的，这块古老的岩石必定形成于能使岩石物质熔化的高温环境，而 ALH 84001 则是这块较大的“母”岩石上的一块碎片。岩浆（行星或月球或小行星表层之下熔融或半熔融的物质）和熔岩（喷射到地表上的岩浆）只能存在于太阳系中最大的小行星或比它们更大的天体上。只有大天体才能从放射性矿物质——如铝、钾、钍和铀的某些同位素衰变中产生足够的热量，囚禁在矿物内部的热量只要有足够长的时间，就能使内部达到触发天体表面火山活动或内部深处岩浆活动的温度。

火成岩在其大母体内深处缓慢地冷却形成陨石，这种陨石称为古铜无球粒陨石。ALH 84001 就是这样一块古铜无球粒陨石，就在这样的环境下诞生。

1984 年的时候，普遍认为所有的古铜无球粒陨石主要来源于灶神星。灶神星是一颗非常大的小行星（直径约 525 千米），其大小仅次于小行星带中的谷神星。由于灶神星很大，所以行星科学家相信，太阳系史早期在灶神星形成后不久，那些放射性物质被深深地埋入它的内部，那些不稳定的同位素中可能主要是铝–26，它的衰变释放出来的热量融化了灶神星的内部。其结果，还原铁——与氧化学隔绝的铁元素——得以下沉，穿过岩浆，到达灶神星中心，形成富铁贫氧核心。此外，铁在被重力往下拉入灶神星的软内核时，其他亲铁元素也一同被带入。与此同时，较轻的岩石元素（亲石性元素）向灶神星的表面上升。玄武岩熔岩上升然后固化形成灶神星的地幔和外壳，它们被认为是 ALH 84001 这类火成岩陨石的发源地。

当然，太阳系中比灶神星大的天体，例如我们的月球，甚至是水星、金星和火星这几颗类地行星，也是内部融化的天体，对流将较轻的岩浆带上来，造成天体表面发生火山活动。因此，它们也可能是玄武岩陨石的发源地，尽管其中有些天体不太可能是陨石潜在的发源地。

太阳系中的一个大天体要产出一块陨石，必须要发生几件事。首先，必须有一个尺度很大的小行星撞击大天体（卫星或行星）的表面，撞击出来的碎片有些还必须完整无损地高速抛离大天体的表面。如果这个大天体——如果行星有大气层的话，从表面撞击出来的碎片还必须能钻出行星的大气层，到达大气层之上时还需有足够高的速度（称为“逃逸速度”）能逃脱行星的引力。

金星拥有很厚的大气层，它的逃逸速度（10.4 千米 / 秒）几乎与地球的（11.2 千米 / 秒）一样大。

任何陨石要从金星表面溅出、以大于逃逸速度的速度冲出金星浓密的大气层并到达地球的可能性几乎为零。实际上，据我们所知，我们的收藏品中没有来自金星的陨石。

水星没有大气层，其逃逸速度（4.3 千米 / 秒）比金星小得多，尽管水星缺乏实质性的大气，要使一块陨石从水星到达地球也必须抵御太阳的引力以便远离太阳向外运动，从水星的轨道转移到地球的轨道。从太阳附近到达地球须上升 5 700 万英里才行，这是对能量的严峻挑战。和金星一样，我们的收藏品里也没有来自水星的陨石。（2012 年在摩洛哥南部发现一块 45 亿年前的陨石 NWA 7325，可能来自水星，但这种说法一直受到质疑[2]。）因此，行星学术界于 1984 年认为，无论是水星还是金星，都不会成为火成岩陨石的可能发源地。

另一方面，月球（逃逸速度仅为 2.4 千米 / 秒）和火星（逃逸速度 5.0 千米 / 秒）被认为是很可信的陨石源，因为它们逃逸速度较低、大气缺乏（月球）或很稀薄（火星），以及位于地球附近。然而，在 20 世纪 80 年代初之前，我们的收藏品里实际上也没有来自这两个天体的陨石，这表明另有原因。

1982 年 1 月 18 日，陨石的这项记录被华盛顿州斯波坎市的约翰·舒特打破。舒特是 1981 年至 1982 年美国南极陨石搜寻队的负责人（三年后他担任斯科尔团队的负责人），他们找到一块重 31 克的岩石（现在被称为 ALH 81005），很像月岩石。到 1983 年，几个独立工作的陨石学家团队证实，这个标本就是一块月陨石，毫无疑义。

最后，行星学术界终于证实，陨石可以逃脱月球的引力控制，并经历地球之旅而幸存下来。然而，ALH 84001 不同于 ALH 81005，与月岩石没有任何相似之处，并且地球上真实陨石的形状似乎证明陨石既不可能也无法完成从火星到地球的旅程。到 1984 年为止，灶神星仍是所有古铜无球粒陨石最可能的发源地。

另一方面，灶神星还有个非常重要的优势。天文学家观测到，从灶神星表面反射的太阳光谱与已知火山起源的陨石的反射光谱非常相似，后者乃陨石专家在实验室实验研究的结果。相比之下，其他类型陨石的反射光谱与灶神星光谱不同。此外，其他小行星的反射光谱与古铜无球粒陨石光谱或灶神星光谱都不一样。灶神星和这类陨石简直是天造地设的一双，别的陨石没有一个与灶神星符合得很好，而别的小行星也没有一个与这类陨石符合得很好。所有这些实验结果都强烈表明，灶神星可能是所有火成岩陨石的发源地，这是个没有争议的结果。准确地说，这是行星学术界关于如何看待我们收藏中的陨石的部分共识。

ALH 84001 上切下的小碎片被送到史密森自然历史博物馆，对麦克弗森来说这并不是一件特别困难的挑战。他很容易就断定 ALH 84001 应归类于古铜无球粒陨石。作为古铜无球粒陨石，ALH 84001 并不特别，只不过是在近 1 000 块被认为来自灶神星的陨石中多增加了一块而已 *。

ALH 84001，一直没有人对它感到新奇、对它进行研究，直到 1988 年情况发生了变化。那一年，洛克希德工程公司的一位地球化学家戴维・米特尔菲尔特（David Mittlefehldt）开始对被认为是来自灶神星的陨石进行研究。米特尔菲尔特使用了一种叫作电子探针的仪器，用一束电子轰击被研究的微小样品。这是一种非损伤性探测技术，能激发样品中的元素发射 X 射线，然后根据 X 射线的能量来判断所研究材料中的元素。

到 1990 年，米特尔菲尔特已经非常确定，ALH 84001 在探测过

* 陨石学会确定了 383 块陨石为古铜无球粒陨石（主要由斜方辉石组成的玄武岩陨石）。此外，还确定了来自灶神星的 279 块陨石为钙长辉长陨石（主要由易变辉石组成的玄武岩陨石）和 329 块古铜钙长无球粒陨石（古铜无球粒陨石和钙长辉长陨石混合物）。

程中产生的 X 射线与其他来自灶神星的陨石碎片产生的 X 射线有不相同的特征。很清楚，ALH 84001 与其他所有的已知古铜无球粒陨石有着某种根本的不同，这种差别显而易见，只是他当时并不理解。米特尔菲尔特对各种假说进行了长达三年的思考，寻找这种不同的合理解释，最后，他找到了部分答案。他不得不向 ALH 84001 是灶神星碎片的假设发起挑战，并将其抛弃。别的古铜无球粒陨石都来自灶神星，确实没错，但 ALH 84001 则不是。当然，认识到 ALH 84001 并非来自灶神星并没有解开谜团，只不过换了个新的假设：太阳系中别的什么天体——要大到足以产生岩浆并使内部物质慢慢冷却的天体——能是 ALH 84001 的诞生地?

ALH 84001 的 X 射线光谱相当于一组指纹，能把岩石的原子成分告诉米特尔菲尔特。在这种情况下，他需要其他陨石学家已发表过的研究工作，了解其他不寻常陨石的 X 射线指纹的测量情况。他发现，ALH 84001 的指纹确实只与其他极个别几块陨石的原子指纹相符，这些陨石并不是来自灶神星的古铜无球粒陨石。关于陨石指纹的匹配出现了一件特别不寻常的事情，那就是所有 X 射线特征与 ALH 84001 相符的陨石都是来自火星的岩石。谜团揭开了：ALH 84001 并非来自灶神星，而是来自火星[3]。奇怪的是，它与其他已知的火星陨石又不相同。

1993 年，芝加哥大学备受尊敬的陨石学家罗伯特・克莱顿（Robert N. Clayton）通过分析岩石内部氧同位素，证实了这块陨石的确起源于火星[4]。克莱顿于 1973 年发现氧的三种稳定同位素（氧–16、氧–17 和氧–18）的比例在宇宙化学中具有重要的意义。也就是说，它们可用来识别岩石样本在太阳系里起源的地点，甚至可用来识别太阳和太阳系形成之前产生氧同位素的不同事件。克莱顿于 1980 年被选为加拿大皇家学会会员，1981 年被选为英国伦敦皇家学会会员，1996 年被选为美国国家科学院院士。根据陨石中氧同位素的比例，ALH 84001 的火星起源得到了克莱顿的证实，就好比罗马天主教信徒得到了教皇的祝福。

什么是氧同位素？氧原子的原子核里始终有 8 个带正电的质子，而且原子核中通常还有 8 个不带电的中子。这种原子就是氧–16（^{16}O）。但稳定的氧原子也可以有 9 个中子（^{17}O）或 10 个中子（^{18}O），它们与 8 个质子共居于原子核内。地球上 ^{16}O 原子（99.76%）、^{17}O 原子（0.039%）和 ^{18}O 原子（0.201%）的相对百分比，称为 SMOW 丰度，即所谓标准平均大洋水（Standard Mean Ocean Water）丰度，这个量现在已精确知道。注意，这些原子的相对丰度是会变化的，这称为分馏，这种情况很容易理解，因为发生了一些与质量有关的过程，如蒸发（由于重力效应，较重的同位素受到更大的向下拉力，因此在剩下的液态水中它们要更为丰富些）或化学键合（较重的同位素比较轻的同位素有更强的束缚）等。从地球上任意环境下取得的水样，可测得其丰度与 SMOW 丰度的偏离值，SMOW 丰度与原始 SMOW 值直接有关，后者取决于形成地球的原始物质的同位素丰度。将这些不同水样的偏离值绘到一张 ^{18}O 的偏离值对 ^{17}O 的偏离值的图上，各处的地球水样点在图上构成一条所谓的地球分馏线。地球和月球的分馏线是相同的，它告诉我们这两个星球形成于相同的原始物质。但是，太阳系的其他天体，无论是火星、木星还是不同类型的陨石，都有自己独特的氧同位素分馏线。同位素的差异告诉我们，每颗行星都形成于有独特同位素比的物质。一旦知道并理解同位素比，它们就成为陨石和行星的起源特征。实际上它们是识别岩石母行星（或母卫星、母小行星）的指纹。

1985 年，即 ALH 84001 被当作又一颗古铜无球粒陨石陷入困境的一年之后，还没有一个行星科学家能识别出有其他行星来源的陨石。正在此时，明尼苏达大学的罗伯特 · 佩平（Robert Pepin）发表了一项惊人的研究成果，他发现 1976 年海盗号着陆器最初测量[5]到的火星大气中稀有气体的相对含量与囚禁在 EETA 79001 陨石气泡中相同气体的相对含量有一一对应关系[6]。EETA 79001 与 ALH 84001 一样也是一块南极陨石，它是 1979 年在象冰碛区（Elephant Moraine region）发现的。佩平发现，EETA 79001 内的气穴中含有的氙−132、氪−84、氩−36、氩−40、氖−20、分子氮和二氧化碳的相对含量与海盗号在火星大气中发现的气体惊人一致，实际上完全一致。毫无疑问，EETA 79001 是一块火星陨石。

这块在南极洲躺了几千年、静静等候南极陨石搜寻队收集和编号的陨石是如何被敲下离开火星的？又是怎样穿越太阳系并最后降落在地球的南极洲的？这些问题值得问一问，但对 ALH 84001 来说，关键的信息并不是 EETA 79001 是如何离开火星并飞往地球的。这不是关键，关键的事情是 EETA 79001 被敲离火星时，它将火星大气的一些气体囚入陨石内的气穴中，并保护了这些气穴数百万年，最后成功地完成了火星到地球的旅行。EETA 79001 最新的一个用途，就是帮我们识别其他陨石，它提供了一套测试陨石是否来自火星的操作规范：检测某块特殊陨石气穴中的气体，然后与火星大气进行比较，并检查比较结果。

对于 ALH 84001 陨石，这块斯科尔的岩石的确有许多微小气穴，内有囚禁的气体，囚入这些气穴中的气体原子与火星大气气体有相同的同位素特征。一切都清楚了。现在已知与 ALH 84001 情况类似的还有几块明确知道是火星起源的陨石，因为它们里面的微小气穴里也有被囚禁的火星气体。因此，ALH 84001 的火星起源已经确凿无疑，再也没有争议。

然而，即使在火星陨石这个小小的家族中，ALH 84001 也是鹤立鸡群。火星陨石已知的数量很少，包括辉玻无球陨石（Shergottites）、辉橄无球陨石（Nakhlites）和纯橄无球陨石（Chassignites）（这三种陨石统称为 SNC 陨石）。辉玻无球陨石以印度东北的赦咯黄镇

（Shergotty，现名 Sherghati）命名，1865 年一块该陨石落在此地。已经发现的辉玻无球陨石有 100 多块，分别从南极洲、美国加利福尼亚、利比亚、阿尔及利亚、突尼斯、马里、毛里塔尼亚、尼日利亚和阿曼等地收集而来。最大的刚超过 8.5 千克，最小的只有 4.2 克。辉橄无球陨石以埃及亚历山大市东南约 40 千米处一个种植烟草的叫纳克拉（Nakhla）的村庄命名，陨石于 1911 年 6 月 28 日落在这个村庄，这块辉橄无球陨石由 40 块独立碎片组成。最初发现它的是一位农民，他报告说看到天空中有烟雾痕迹并有爆炸，说他目睹到一只狗被落下的岩石碎片砸死。虽然埃及调查部门在后来的采访中得出结论，认为狗的故事很可能是虚构的，但纳克拉狗仍然被认为是被陨石击中并杀死的极少数生物之一。*

已知的辉橄无球陨石共有 18 块，包括 1931 年在美国印第安纳州发现的拉斐特陨石（Lafayette meteorite），1958 年在巴西发现的瓦拉达里斯陨石（Governador Valadares meteorite）。在过去的 20 年里，在南极洲、摩洛哥和毛里塔尼亚还发现了少量辉橄无球陨石，最大的 13.71 千克，最小的只有 7.2 克。纯橄无球陨石以法国东北部一个叫沙西尼（Chassigny）的小村庄命名，陨石碎片坠落于 1815 年。后来又发现的只有两块纯橄无球陨石，都是在非洲西北部发现的。

所有的 SNC 陨石都是约在 13 亿年前形成于火星表面的熔融池。与之形成鲜明对比的是，ALH 84001 是 41 亿年前形成于火星的内部[7]，几乎与火星一样古老。几乎是在火星刚冷却到可以使火星或太阳系中任何其他行星上形成岩石的温度之时，ALH 84001 就形成了。突然间，作为太阳系中已知来自行星的最古老的岩石（像这种碳质球粒陨石已

---

* 据报道，因陨石造成死亡的事件（并非全都有证据）有：1825 年印度的一个人，1836 年巴西的牲畜，1860 年美国俄亥俄州的一匹马，1907 年中国的一家子（没有证据），1911 年埃及纳克拉的一条狗，1929 年南斯拉夫参加婚礼的一名男子，以及 1908 年西伯利亚通古斯大爆炸中的数百只驯鹿和其他生物。

知还有几块，而且年龄更老些，但都不是产自行星）、又是来自火星的岩石，ALH 84001 变得炙手可热，世界各地的陨石专家都期望得到一小片以对它进行研究。

火 星 化 石

1996 年 8 月 7 日，ALH 84001 成为世界上最有趣也是最有争议的一块岩石。那天，休斯敦约翰逊空间中心备受尊敬的几位科学家戴维·麦凯（David McKay）、埃弗里特·吉布森（Everett Gibson，Jr）和凯茜·托马斯-克普尔塔（Kathie Thomas-Keprta），以及化学兼物理学教授理查德·扎雷（Richard Zare）——他是斯坦福大学一位杰出的激光化学家以及美国国家科学院院士，他们代表 9 名论文共同作者出席了在华盛顿哥伦比亚特区举行、NASA 赞助的新闻发布会，宣布他们刚刚在《科学》上发表的一篇论文。NASA 认为这篇文章的内容值得让团队成员在 NASA 主办的新闻发布会上向全世界宣示。在那篇论文中他们断言，已经在 ALH 84001 火星化石内部发现了古代火星上存在生命的强烈证据[8]。“尽管形成的可能是无机物，”他们写道，“但是由生物过程形成的碳酸盐球可以解释包括多环芳烃（PAHs）* 在内的许多观测特征。因此，多环芳烃、碳酸盐球及其相关的次生矿物相和结构可能是古代火星生物群的遗骸化石。”

与运河、叶绿素、地衣或辛顿吸收带的观察证据不同，那些证据无论对错，还都只是火星生命的间接证据，而麦凯团队在新闻发布会上以及在发表的研究论文中展示的却是他们声称的古代火星生命形式化石的图片！——图片！如果这个发现是真的，可以毫不夸张地说，

* 本章后面将会介绍多环芳烃的定义并予以讨论。

那绝对是最惊人的世纪发现。

假若麦凯、吉布森、托马斯-克普尔塔和扎雷报告的证据被证明是正确的，那么问题就来了：火星上的生命是如何产生的？地球和火星上的生命可能是各自独立出现的，也可能首先出现在火星上然后通过小行星与火星的碰撞转移到地球上。那次碰撞有可能将一颗载有生命的陨石抛到环绕太阳的轨道上，数百万年后落到了地球上！

麦凯及其团队报道的发现非常重要，经 NASA 精心策划和协调，克林顿总统特别为此发表了讲话。在 NASA 新闻发布会开始之前，克林顿在白宫的南草坪上告诉全世界[9]：

> 这项发现是怎么来的，值得我们好好地回顾。40 多亿年前，作为火星原始地壳的一部分，这块岩石形成了。数十亿年后，它从火星表面上崩裂，开始了长达 1 600 万年穿越太空并最终来到地球的旅程。在 13 000 年前的一场流星雨中它落到了地面。1984 年，一位美国科学家在美国政府的一项寻找南极洲流星的年度任务中捡到了它，并带回来进行了研究。很巧，它是那一年捡到的第一块岩石，这就是 ALH 84001。今天，ALH 84001 向我们讲述了横跨数十亿年和横越数百万英里的故事，讲述出生命的可能性。如果这一发现得到确认，可以肯定它将成为有史以来科学对宇宙最令人震悚的认知。可以想象，其影响之深远，令人敬畏。

克林顿总统的演说有些错误：南极洲的美国科学家正在寻找的是陨石，而不是流星。ALH 84001 是 1984 年收集任务中编为第一号的陨石，但不是第一块搜寻到的岩石。但他极为出色地向全美观众转达了对这一发现的敬畏、惊奇及其重要性。

麦凯的发现催生出 NASA 的天体生物研究所。该研究所自麦凯新闻发布会以来历经数十年的发展，大大推动了积极搜寻地球上极端形式生命（现称为极端微生物）的工作，并在大众和科学界引发了一场关于生命是什么的激烈辩论。这一发现还激发出大众和美国国会对NASA数十年的支持。其结果是，二十多年来几乎每隔几年NASA就有一个甚至多个飞往火星的航天探测任务。这些航天任务包括已完成使命的两个火星车（1996—1997年的火星探路者号，2003—2011年的火星勇气号），以及仍在工作的两个火星车（2003年至今的火星机遇号，2011年至今的好奇号火星科学实验室），还有计划于2020年发射的另一个火星车*。NASA还向火星发送了两个着陆器，其中火星极地号着陆器（1999年）宣告失败，而火星凤凰号着陆器（2007—2008年）取得了巨大成功。第三个是洞察号火星着陆器（利用地震、大地测量和热传输对火星内部进行勘探），将于2018年春季发射，并于11月份着陆火星**。最后，自1990年以来，NASA已经在火星轨道上安置了5个航天器，而第6个轨道航天器（火星气候轨道器，1998—1999年）在抵达火星时丢失。5个成功的航天器中任务已完成的有2个——火星观察者号（1992—1993年）和火星环球勘测者号（1996—2006年），以及三个仍在活跃工作的火星奥德赛号（2001年至今）、火星勘测轨道器（2005年至今），以及MAVEN（2013年至今）***。此外，多个科学家和工程师团队正在筹划采样返回任务，以及计划在不久的将来派遣人类探测这颗红色的星球。

值得赞许的是，麦凯、吉布森、托马斯-克普尔塔、扎雷及其同事

---

* 毅力号火星车于2020年升空，2021年在火星安全着陆。——译者注

** 于2018年11月26日成功着陆。——译者注

*** 火星轨道上还活跃着另外三个航天器：火星快车号轨道器（2003年至今），由欧洲空间局独家进行；欧洲空间局和俄罗斯联邦航天局联合研制的火星微量气体轨道器TGO（ExoMars Trace Gas Orbiter），在2016年进入环绕火星的轨道；印度空间研究组织发射的火星轨道器MOM（Mars Orbiter Mission，也称为火星飞船），于2014年抵达火星。欧洲空间局的火星快车号曾将英国制造的猎犬2号着陆器送往火星，因着陆失败，没有到达火星表面。2016年TGO的斯基亚帕雷利号着陆器也未能安全降落。

和共同作者霍贾特拉·瓦利（Hojatolla Vali）、克里斯托弗·罗马内克（Christopher Romanek）、西蒙·克莱门特（Simon Clemett）、泽维尔·奇利尔（Xavier Chillier）和克劳德·梅克林（Claude Maechling）在发表科学成果时遵守了既定的协议，在向媒体宣布结果之前，他们已将研究论文提交给《科学》杂志。每份提交的稿件《科学》编辑都会交给其他专家进行审核，即进行同行评审。《科学》杂志的出版门槛很高，不比任何期刊低，提交给《科学》的论文大约只有 10% 能通过评审并给予发表，麦凯等人的论文则在那个门槛之上。《科学》杂志上刊登的文章并不保证发表的结果一定是正确的，但它确实保证了少数公正的专家对科学观点的严格审核，确实大大提高了发表结果的可信度（和知名度）。

实际上，《科学》杂志喜欢发表能引起人们广泛兴趣的论文，而不仅仅局限于与研究项目相关的特定领域的科学家圈子。高知名度通常意味着最前沿的科学，然而最前沿完成的学术研究其结果常常是错误的。在《科学》杂志上发表的论文自然会得到新闻稿、报刊头条新闻、电视报道以及其他形式的宣传。火星上可能存在古老生命化石的证据是个几乎难以想象的重大新闻，当然会举行新闻发布，并使作者的声誉和名气快速传遍全球。

在麦凯团队新闻发布会之后的十年里，几乎所有研究 ALH 84001 的科学家都抱着开放的心态，去评判麦凯团队所述的火星陨石里包含有古代火星生物活动证据的正确与否。但是在更大的科学圈子里，麦凯团队的主张立刻遭到强劲而正当的质疑。质疑的战线迅速蔓延，科学家纷纷选边站队。

早在 30 年前，从奥盖尔陨石开始，陨石学术界一直沿着陨石内含有地外生命的研究之路。实际上，事情的前幕始于 19 世纪，1864 年 5 月 14 日法国奥盖尔（Orgueil）的上空出现了一场流星雨。仅仅 17 天之后就有人声称，经过分析，该陨石含有某种类似于腐殖酸的化学残

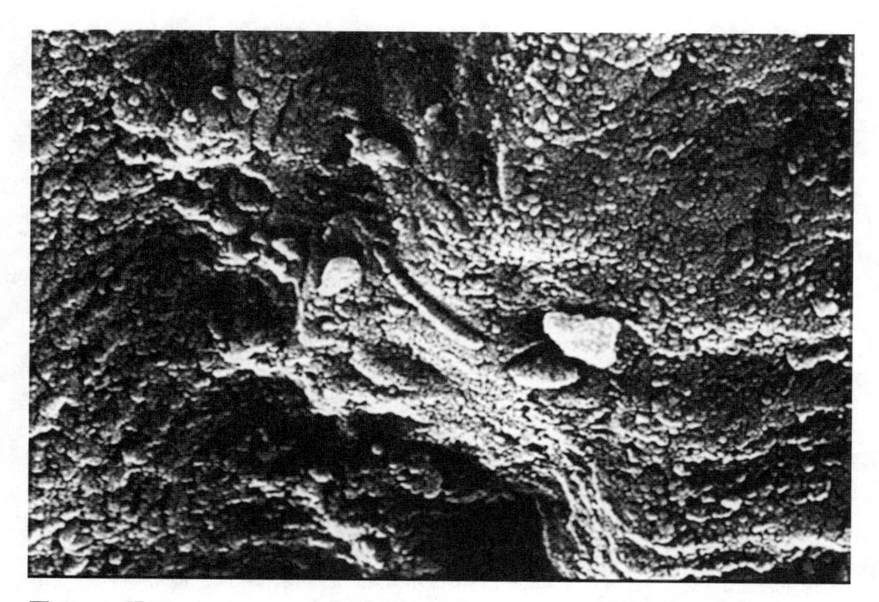

图 11.3　陨石 ALH 84001 内部的高分辨率图，用电子扫描显微镜获得。图像中心有一根比人发直径百分之一还细的管状结构，位于陨石内的一个碳酸盐球中。对样本进行原始研究的科学团队认为，这种管状结构是一种类似细菌的生命的化石。本图由美国 NASA 约翰逊空间中心 / 斯坦福大学提供。

留物，这种物质是有机物腐烂的产物。发此声的作者认为，奥盖尔陨石中存在腐殖酸意味着该陨石的母体内部或表面必定存在有生物。

30 年前，芝加哥大学恩里科·费米研究所的爱德华·安德斯（Edward Anders）复述了这个故事。他说，奥盖尔陨石落下的时间正好是路易·巴斯德（Louis Pasteur）1864 年 4 月 7 日在巴黎索邦大学发表著名演讲“论自然发生说”的一个月以后。巴斯德严厉驳斥了自然发生的学说。“不，”巴斯德大声说道，“现实中不存在这种情况：微生物能在没有细菌、没有与其相似的父母情况下出现于这个世界。对此不以为然的那些人被他们自己拙劣的实验所欺骗，错误百出，他们既不知道怎样去发觉也不知道如何去避免错误。”[10] 安德斯认为，巴斯德的报告“可以想见，可能会激发性情中人跟科学家玩弄小小的恶作剧”。这个恶作剧的始作俑者也许对达尔文几年前在他的《物种起源》中提出的进化论据不感兴趣，甚至企图煽起反达尔文主义的情绪。“不知为何，”安德斯总结道，“阴谋没有得逞，这块被污染的石头整整 98 年没有受到重视。”

奥盖尔陨石内含有机物的新闻铺天盖地、广为人知，竟激起了瑞典剧作家奥古斯特·斯特林堡（August Strindberg）的灵感，1887 年生活在法国的他写了一本剧作《父亲》。这位父亲是一名退休的上尉和干劲十足的科学家，他声称已经“将陨石拿去进行谱分析，结果发现了碳，也就是说，发现了清晰的有机生命痕迹”。而他的妻子利用上尉分明疯狂的言论，趁机唆使医生宣布他得了精神病。医生给上尉套上紧身衣准备将他送往收容所，就在此时上尉中风死了[11]。

近一个世纪之后的 1962 年，正当福特汉姆大学的化学家巴特·纳吉（Bart Nagy）和他的合作者开始研究奥盖尔陨石时，恶作剧再次得以重现。他们在一小块奥盖尔陨石碎片中发现了——更确切地说是他们自认为发现了“有机组织化石结构”形式的地外生命证据，“它们不像是矿物质，也不像是人造有机制品或者沾有地球微生物的污染物”。不仅如此，他们还在《自然》杂志上发表的论文中写道：“如今我们认为，这种有机成分显然是陨石母体上固有的微化石。”[12]一场科学论战由此激战整整两年，直到安德斯和他的同事在《科学》杂志上发表了精彩之作才结束了这场学说之战，这篇杰作的题目为“被污染的陨石”，说出了人人须知的真相[13]。

“毫无疑问，”安德斯写道，“9419 号陨石已被污染，这很可能发生在 1864 年陨石运入博物馆的前后不久。”有人将煤和当地的某种植物（安德斯认为这种植物很像多年生芦苇菖蒲，这在欧洲到处都有，常称为小灯芯草）搞到了陨石上，弄湿了它，同时把污染物沾到了样品上。在 19 世纪 60 年代，煤炭在法国不用于家庭供暖，似乎只有在铁匠铺里才能得到。因此，污染是故意的，这个结论合情合理。安德斯强烈暗示，污染是1864年故意设的局，一场玩弄法国科学界的恶作剧。

奥盖尔陨石恶作剧惨遭失败，因为它没有将预期读者——19世纪中叶的法国知识分子诓骗入彀，而且百年未受重视。不过，这场恶作剧却成功地证明了科学研究过程的稳健性，科学结果必须能被科学界无偏见的成员复现。特别重要和影响巨大的发现将会被检验，包括某些科学议程，目的仅仅是为了证明原始发现者是错误的。借挑战国际领域和公共领域骇人听闻的观点，挑战者可以通过揭露他人的声明来树立自己的国际声望。

如果ALH 84001藏有火星古代生物活动的证据，那么这些证据必须经受极严格的科学审查，因为如此非同寻常的观点必须如此对待。早在1996年ALH 84001陨石的第一次新闻发布会开始时，麦凯及其同事在《科学》上发表的论文中提出的证据就受到了挑战。这些挑战有时是通过论文和会议辩论等科学途径以尊重的态度提出的，但有时却是公开的诽谤和指名道姓。风险很大，但是成为发现另一个星球上有生命化石证据第一人的机会毕竟只有一次。

论　战

那么，除了陨石本身来自火星这一不容置疑的事实之外，火星上有古代生命的证据还有哪些呢？麦凯和他的同事认为有四个清晰而独立的证据，可以证明古代火星生命形式影响了ALH 84001的成分。

首先，他们看到许多微小（宽20～40纳米*）的杆状结构，它们由含碳分子组成，很像杆状细菌。毫无疑问，ALH 84001包含有管状、

* 1纳米是十亿分之一米。DNA分子的宽度约为2～12纳米。人的头发直径约为50 000～100 000纳米。

绳状结构，看起来像某些类型的地球细菌。那么，它们会是细菌的化石吗？它们比1996年以前人类所知任何生存在地球上的细菌都要来得小。这么小的细菌能存在吗？单凭形状是不能断定物体就是细菌化石的，但是就如此微小的尺度而言，也不能断定它们就不是细菌化石。

其次，他们发现许多呈薄饼状的橙色碳酸盐球，这种碳酸盐球在含碳酸根离子CO_3^{2-}的矿物里是很丰富的。与这种碳酸盐球密切相关的是，他们发现了他们认为可能是源于细菌的一些微小的矿物颗粒。在地球上，这些矿物颗粒通常都是生物活动的产物。即使是批评者也不认为存在地球碳酸盐的污染问题，这在很大程度上是因为碳酸盐球——它约占这块陨石质量的1%——与可能是细菌化石的管状结构有物理联系。碳酸盐球还有一个特点更为有趣，即几乎可以肯定它们是在液态水的环境下形成的，因此它们形成于火星上某处比现今火星表面任何地点都更温暖和更潮湿的地方。

第三，他们发现一种称为多环芳烃（PAHs）的有机（含碳）化合物，认为这些化合物是由“微生物岩化作用”形成的，这是有机物转变为沉积物的一种过程。多环芳烃是一种含有氢原子和碳原子的环状分子，地球上已知有100多种不同的多环芳烃，它们既可有生物起源也可有非生物起源。有些是被制造出来的，其余的则是有机物不完全燃烧而形成（例如，烹饪肉类，烟草、煤或油的燃烧等）或由死亡生物缓慢而自然分解而形成。值得注意的是，多环芳烃“不由活生物产生，在生命过程中也不具有任何特殊作用”[14]。但是在8月7日的新闻发布会上，发现和研究PAHs的实验室团队的负责人理查德·扎雷明确地表示，“(这些多环芳烃）与普通的有机物腐烂时所看到的情形非常类似”[15]。

最后，他们发现磁铁矿晶体与硫化铁颗粒共存于碳酸盐球中。麦凯团队宣称，这些磁铁矿晶体颗粒“在化学性质、结构和形态上与称为磁化石的地磁铁矿颗粒相似……ALH 84001 碳酸盐中的某些磁铁矿晶体类似于厌氧菌菌株 GS-15 生长过程中产生的胞外沉淀超顺磁性颗粒。”[16] 也就是说，它们看起来像是一种地球菌类制造的晶体。对于磁铁矿颗粒的生物起源说非常重要的支持依据是麦凯团队的观点——磁铁矿晶体和硫化铁颗粒不会天然出现在一起；然而，它们被发现可以共存在地球上的某些生物中，那是生物过程迫使它们产生并保存了下来。

火星陨石中的这四个生命证据能经受住时间的考验吗？能经受住怀疑论者严厉的检验吗？情况不容乐观。

那些管状结构，看起来像细菌，它们真的是细菌吗？专家们有非常强烈的共识，这些管状结构很小、非常小，几乎可以肯定地说是太小了。为了更好地理解现代科学，美国国家研究委员会在 1998 年组织了一个国家科学院专家组，对非常小的微生物的极限大小进行了测定[17]。该专家组最后得出的结论是：“自由生物体至少需要 250 至 450 个蛋白质以及合成这些蛋白质所必需的基因和核糖体。将这个微小分子体维持在一个球体中，包括其包膜在内的直径为 250～300 纳米。”至于最小的细菌，“最常见的直径为 300～500 纳米……更小的细胞就不常见了。”然而，美国国家科学院专家组并没有完全排除原始微生物也许有更小的可能，或许小到 50 纳米大小。但是，即使达到那么小，也比 ALH 84001 中蠕虫状结构的直径来得大。

美国国家科学院专家们的共识受到少数科学家的挑战，他们认为有不同而更好的解答。这种挑战得到得克萨斯大学奥斯汀分校的地质学家罗伯特·福克（Robert L. Folk）的支持，后者在 1989 年意大利维泰博温泉中有了新的发现。他说他在那里发现了纳米大小的细菌。在维泰博温泉里发现的纳米细菌极其微小，从 10 纳米到 200 纳米不等。

麦凯宣称他在火星陨石中发现的化石可能是 20～40 纳米，两相对比，福克的纳米细菌突然成为地球上如此微小生物存在的真实证据。

可惜，截至 2010 年，大量压倒性的证据证明，福克发现的物质“最终被认为是非生物纳米微粒，由普通矿物及其周围物质结晶所形成”[18]。

根据形状判定一个结构为生物结构的简单做法也遭到了质疑，一些反对的理由也被提出。许多研究表明，“单凭形态是很糟的、模棱两可的生物学指标”[19]。许多常见的矿物质可以跟生物结构很像，如 ALH 84001 中见到的结构。某些结构甚至在显微镜检查材料的准备过程中就能人为地制造出来，因为准备研究用的材料必须涂上某些特殊的涂层，以便能对检查技术有正常的响应。

多环芳烃又怎样呢？多环芳烃并不特殊或稀罕，它们遍布于整个宇宙。天文学家已经在星际云、红巨星大气层以及垂死恒星的膨胀壳层（行星状星云）中都发现有多环芳烃。甚至近到家门口，在称为碳质球粒的陨石里、在小行星表面，以及在土星最大的卫星土卫六的大气中，陨石学家和天文学家都发现有多环芳烃。事实上，找不到多环芳烃可能比找到更难。

对 ALH 84001 中的多环芳烃也已作过深入研究，这些研究得到的结果纷纭杂沓，争论不休。最主要的一个争论就是多环芳烃究竟起源于火星，还是地球或外星的污染。根据麦凯团队的说法，ALH 84001 中的多环芳烃是低温流体渗入岩缝时沉积下来的，不过，并非人人都同意这种观点。中国台湾长庚大学纳米材料实验室的詹·马特尔（Jan Martel）于 2012 年发表在期刊《地球与行星学年评》（*Annual Review of Earth and Planetary Science*）上的一篇重要评论中写道，我们知道其他一些陨石也“有类似于 ALH 84001 中发现的多环芳烃”，有些研究“得出的结论是，这颗陨石中发现的有机分子绝大多数确实是地球污染物”。他写道，因此，ALH 84001 中的有机物质是否起源于火星“仍有争议”[20]。

至于与多环芳烃有关的碳酸盐球，同样有问题。如果碳酸盐如麦凯和他的同事所言起源于火星的话，那么流体必然会将有机物缓缓地冲入岩石，随后小球从溶液中析出沉入 ALH 84001 的裂缝里。在这种情况下，渗入岩石的流体的温度以及发生这类事件的环境，两者都很重要。早期曾有过一个质疑，提出碳酸盐必定是在温度非常高（>650℃）的富含二氧化碳的流体环境中形成，因为这是小行星撞击火星表面的结果[21]。在 1998 年的一项研究中，加州大学洛杉矶分校的劳丽·莱欣（Laurie Leshin）提出另外两种高温（高于水的沸点）形成情况——形成于 125℃的富水环境，或者形成于高于 500℃的富 CO_2 流体环境。她总结说，“这两种情况与生物活性都不相符”。[22] 另一项研究来自夏威夷地球物理与行星研究所的爱德华·斯科特（Edward Scott）及其同事。他们声称，他们证明了“ALH 84001 中的碳酸盐不能在低温下形成，而是形成于冲击熔融物质的结晶”。这些作者写道：“这一结论，重挫了碳酸盐可能是生物活性化石遗迹宿主的观点。”[23] 然而，加州理工学院的伊塔·哈勒维（Itay Halevy）最近认为，碳酸盐矿物“在大约 18℃温度下析出……从逐渐蒸发的地下水体中沉积出来”。哈勒维还得出结论：“虽然和煦的温度意味着这个环境或许被视为是可居住的，但是水的存在也很短暂，所以对于从零（即从非生命物质）开始演化的生命来说，时间可能太短。”尽管有机物最终沉积为碳酸盐球的环境温度来来回回争论不休，但是这些模型都不支持有生命参与的可能，而且一致认为碳酸盐球的形成涉及“矿物质从过饱和水溶液中非生物析出”的过程[24]。

最后，可能支持火星生命假设的只剩下磁铁矿晶体这一个证据了，这些晶体也许能为火星生命提供使人信服的证据。地球上，一些细菌能在自身体内构建有磁晶体链，细菌能用它们在地磁场里定向。麦凯研究团队成员的大量研究表明，ALH 84001 中的磁晶体与地球上趋磁菌里发现的磁晶体很相似。他们提出了许多论据用来支持这些磁晶体的生物起源，例如他们认为这些晶体与地球趋磁菌中的磁晶体在大小、形状和晶体学特征上极为相似。但是，他们的论据却没有经受住其他许多研究团队对同样的晶体所作的检查考验。正如马特尔在2012年的研究评论中指出的那样，“其他研究者已经证明，各种趋磁菌中发现的磁铁矿晶体在结构、形态和晶体学上存在很大的变异性，所以单纯与地球菌中观察到的磁晶体进行比较，是很难认定磁铁矿颗粒的生物来源的”。[25]还有的研究对ALH 84001中的磁晶体是否构成晶体链表示质疑。“总的来说，”马特尔总结道，“这些结果使人怀疑ALH 84001中发现的磁铁矿晶体是生物起源的假设……可以有把握地说，仅凭这一单薄的证据是不可能对火星上存在地外生物作出判断的。”[26]

2003年，坐落在得克萨斯州休斯敦的月球和行星研究所（Lunar and Planetary Institute）的艾伦·特雷曼（Allan Treiman）在给NASA的一份报告中谨慎地写道：“麦凯等人的假设尚未得到验证……自1996年以来，几乎所有有关ALH 84001陨石和地球生命的数据都与麦凯等人的见解、论点和假设不相符合。”[27]十年之后，马特尔继续写道：“支持ALH 84001陨石中含有古代生命的主要论据可以用非生物化学过程得到最好的解释。”[28]

如何解释ALH 84001中发现的证据，在更大的科学圈内即使不是达成共识，也是达成了某种平衡。相信ALH 84001中的矿物学证据能证明火星上曾经存在过生命的几乎只有少数的几个人，这些人继续相信他们是正确的，继续研究他们认为能支持他们观点的新证据。虽然他们也没有拿出无可辩驳的证据，证明火星陨石中存在过去生物活动的遗迹，但他们认为，他们的科学对手也拿不出证明他们是错误的绝对证据。同时，他们所做的证明磁铁矿晶体可能是生物起源的每一个新的测量，都会鼓舞其他人作更彻底的搜寻、确保建模方程的正确（或予以修正），精细调整我们对地球化学反应如何一步步发展的理解（或修正对这些过程的认识），以及用电子显微镜将测量工作做得更好。对于每个肯定磁铁矿颗粒的生物起源的新报告，反对者们几乎都会拿出他们自己的科学研究新结果，通过网络回击“矿物质是生命证据”的结论，并发出“不，它们不是生命的证据”的坚定呼声。通过这种健康的科学辩论周而复始的循环，科学得以不断向前发展，而关于火星、火星地质化学和火星古生物学的认识也得以日趋提高。

围绕ALH 84001展开的工作，属于高水平科学家完美地进行科学研究的一个案例，而不是蹩脚的科学家糟糕地从事科学研究的个例。虽然麦凯和他的团队对他们的数据的解释立即引起了争议，但麦凯团队发表的数据和数据的高质量从未受到过怀疑，他们和其他人后来得到的数据也都没有受到过怀疑。

这个科学案例还是科学家在追求真理之外常常要考虑众多外部因素——政治、媒体、经费和名望等——如何影响科学报告怎么写，甚至怎么研究的一个范例。科学家们通常别无选择，他们只能按照资助他们研究的基金行事。同时，NASA管理着经费，只能专用于公众和国会支持的研究。结果，常常是非科学的因素决定了资助哪些科学研究。在本案例的情况下，一块南极陨石里的发现引起的公众轰动效应对科学研究产生巨大的冲击：NASA大笔的经费流入陨石研究，流入极端微生物的搜寻，流入火星竞赛，这一切都是因为一块陨石上发现生命所产生的巨大潜在影响。

在这种特殊情况下，检验、检验、再检验的科学方法已在这十多年的时间里达成了共识。这块陨石中发现火星古代生命的大部分原始证据都未能通过严峻的科学检验，现在，发现生命的论证全都押在了磁铁矿颗粒是由无机过程还是仅由生物过程产生的赌注之上。

现在我们还没有找到能使我们赞同ALH 84001上发现的是火星古生物活动所需要的特殊证据，而证据的搜寻迄今仍在继续进行之中。

第十二章

火星甲烷的故事

火星大气中的甲烷是否由生物产生，其证据所引发的争议丝毫不亚于关于火星生命的另一个争议——火星陨石里的磁铁矿颗粒由火星纳米细菌产生并沉积在火星岩石中之证据所引发的争议，而且火星甲烷的争论更加旷日持久。半个世纪以来，天文学家一直在寻找火星大气中存在甲烷的证据。为什么要寻找甲烷呢？甲烷是一种很简单的分子，对于天体生物学有极为重要的意义：在富氧贫氢的火星环境下几乎不会存在甲烷，除非有活生物的活动。因此，如果发现火星大气中的甲烷比无生命情况下的甲烷更多，比如类似地球大气里的情况那样，那么火星上存在或曾存在过生命的结论就能无可争辩地得到证明。

甲烷是一种无色无味的气体，是仅由氢和碳原子组成的最简单的分子（因为甲烷是无味的，所以能源公司在家庭烹饪和供暖用的甲烷中加入了一种臭鸡蛋气味的硫醇，硫醇的气味有助于检测气体泄漏）。用化学语言来说，甲烷就是碳氢化合物。一个甲烷分子由一个碳原子与四个氢原子通过化合键而组成。因为氢是宇宙中最丰富的元素，而碳是宇宙中排在氦后面第三丰富的元素，所以宇宙中只要是适合甲烷存在的地方就都会有甲烷。不过，也不是处处都有甲烷存在。

甲烷是地球上普通而常见的气体，因为它是从油气井、页岩矿和煤层中提取的天然气中最丰富的分子。它是有机物分解的产物，主要来自过去五亿年来沉积在陆相沉积物里的古代海洋微生物，在地球地壳内的炽热与高压下经数百万年而产生。家庭供暖和烹饪中使用的天然气几乎是纯甲烷（最普通的烧烤炉用的气体是丙烷，也是从相同的地下气矿中提取的）。在地球上，几乎所有的甲烷，无论是埋在地下沉积物里的，游离在大气中的，还是囚禁在永久冻土层内甲烷化合物中的，都是生物起源的。地球上的甲烷是地球上存在（或古代存在）生命的一种明确的化学特征。

甲烷是一种很脆弱的分子，如果温度太高（大约 1 500 K 以上）它就不能存在，恒星大气中就不存在甲烷，尽管在许多褐矮星的大气中可以存在（褐矮星的质量大于行星但小于恒星）。甲烷的存在还需要富氢（还原）环境，而且在游离氧原子或富氧分子（如氧气或二氧化碳）丰富的环境下，它还不能持久存在。在这种氧化环境下，甲烷分子中的碳－氢键无法抵挡氧的化学侵蚀。结果，碳－氢键被氧原子撕裂，然后分别键合碳原子和氢原子。这些化学反应有利于形成二氧化碳和水分子，但需以甲烷为代价。由于火星大气 96% 由二氧化碳组成，因此属于非常强的一种氧化环境，甲烷在火星大气中根本无法长期存在，火星古代大气中的甲烷在很久以前就已经转化为二氧化碳和水。因此，火星大气中现有的甲烷都必定是不久以前从地下储存中产生或释放的。

火星大气中的甲烷难以存在还有另一个原因。甲烷分子不能长久暴露在紫外光下。此时，甲烷分子中连接原子的化学键将吸收紫外光的能量，结果是甲烷分子被破坏。例如，沐浴在炽热恒星的紫外光子下的星际空间里就没有甲烷，只有巨分子云最密集的核心部分除外，分子云的外层能保护内部小范围的甲烷避免被紫外光摧毁。外太阳系中某些行星以及它们的某些卫星，其大气也能够保护甲烷存在，从而保留富含甲烷的环境。天王星（2.3% 甲烷）和海王星（1.5% 甲烷）的大气中含有大量的甲烷，因为这些行星上有丰富的氢，土星的卫星土卫六还有甲烷湖和甲烷冰山，以及富含甲烷的泥浆和大气。冥王星及海王星卫星海卫一的表面布满了甲烷冰，它们的大气中也有甲烷（甚至有证据表明冥王星的高原上有甲烷霜和甲烷雪[1]）。

地球的大气中只含有少量的甲烷（1 800 ppb，即地球大气的 0.000 18%），我们的臭氧层只能部分地保护地球大气中仅有的一点甲烷。太阳光中会有少量的紫外光子穿透地球臭氧层，缓慢地破坏地球大气中的甲烷分子，所以一般说来甲烷分子只能存在 12 年左右。一旦太阳光将甲烷的碳原子与氢原子离解，在地球富氧大气环境下，游离碳原子就会与氧分子键合形成二氧化碳，两个氢分子与一个氧分子反应形成两个水分子。

至于地球大气中甲烷的来源，有微量的甲烷来源于自然的地质过程，例如从火山喷出，或者通过一种称为蛇纹岩化的过程产生，后者是指被洋中脊的岩浆加热的海水与富铁和富镁岩石发生反应形成蛇纹石矿的过程。在这个过程中，水分子释放的氢原子与溶解在海水中的二氧化碳发生反应，形成甲烷。

不过，地球大气中绝大部分的甲烷来自生物，其来源有：

- 白蚁消化过程产生的排泄物（可能高达大气甲烷总量的 15%[2]）；
- 反刍牲畜，如牛、水牛、绵羊、山羊和骆驼（估计高达 20%）；
- 垃圾填埋场、沼泽地、污水处理设施和粪便管理系统中有机废物的分解（可能高达或超过 30%）；
- 以稻田里的有机物为食物的微生物（超过 6%，也可能高达 12%）；
- 化石燃料的生产、燃烧和配给，包括采煤（很可能超过 15%，也可高达 30%）[3]。

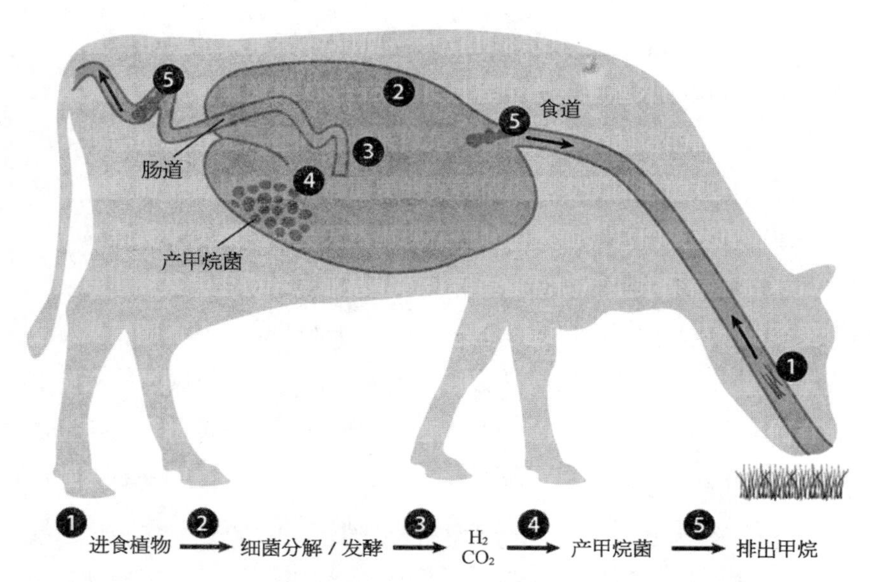

图 12.1　牛、绵羊、山羊和骆驼等驯养牲畜消化道中的细菌有助于消化食物，同时产生甲烷气体。

地球大气中因过去与现在生物的活动产生的甲烷，虽然总量极微，但比起单独的火山活动和其他地质活动产生的甲烷，数量高上约 100 万倍。因此，假如地球上不存在而且从未存在过生命，那么地球大气中的甲烷含量将远远低于 1 ppb。

与天王星、海王星和土卫六不同，火星不是我们太阳系里富含甲烷的地方。除了下雨般降落到火星表面的少量陨石尘外，火星缺乏丰富的甲烷之源，除非火星拥有生命。火星上的火山活动似乎已经熄灭；与地球不同，火星缺乏板块结构；还有，火星表面也没有大型家畜，这也与地球不同。

如果火星有一个现代很活跃的甲烷储存库，那其来源就费解了。如果火星有甲烷源，我们就有理由问发生了什么事，以致甲烷从岩石、植物或动物内跑出来进入火星大气。虽然火星大气层比地球大气层要薄得多，但还是很厚的，其流动性足以使任何来源的甲烷只需几个星期的时间就能传遍全火星。火星还缺少能屏蔽太阳紫外光、使甲烷分子免受破坏的臭氧层，尽管火星低层大气富含二氧化碳，它们确实能对这些有破坏性的光子起一点屏蔽作用。但大量的二氧化碳处在火星低层大气，而甲烷分子比二氧化碳分子轻，所以它们有可能冒出二氧化碳层，一旦冒出，就会被太阳光摧毁。甲烷的破坏还与是否有含氧物质有关，尤其是与有没有羟基（-OH）有关，因为甲烷可与之发生反应。由于火星大气中羟基的丰度很低，所以甲烷在火星大气中存在的时间要比在地球大气中长得多。按照各种火星大气模型的计算，火星大气中甲烷的寿命估计为 300～600 年[4]。

因此，火星大气中不应该有甲烷，除非火星有很活跃的甲烷源，能够向其大气持续补充甲烷。此外，即使火星有一个或多个局部甲烷源，由于火星大气全球性的快速循环，整个行星各处的甲烷数量应该大致相同，除非这些甲烷是最近（几周内）注入火星大气的。

事实上，火星确实拥有巨大但已熄灭的火山，而且还是整个太阳系中最大的。假如它们爆发，就会有大量的甲烷注入火星大气。但是火山爆发不仅仅只喷发甲烷，还喷发其他气体，如二氧化硫，其含量比甲烷高 100 至 1 000 倍。假如火星上有火山活动，那么除了甲烷之外，火星大气中一定含有浓度达到很易检测程度的二氧化硫，但事实并非如此[5]。火星大气中没有二氧化硫，这是一个非常有力的证据，表明火星的火山系统在今天是不活动的，所以甲烷即使存在的话，也不是通过火山爆发进入火星大气的。

关于火星甲烷的故事，我们所知道的十分简单：

第一回　某些科学家探测到甲烷。

第二回　由于火星没有明显的非生物甲烷源，这些科学家以

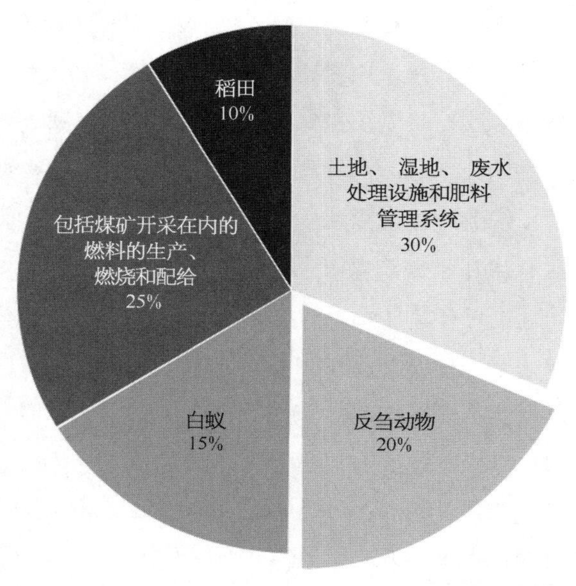

图 12.2　地球环境下甲烷的来源，甲烷最终全部来源于过去的或现在的生命。

及其他一些人声称，探测到的甲烷是证明火星上存在产生甲烷的某种形式生命的证据。很自然，所有主要的报纸和媒体都报道了这一历史性的发现，因为这的确是个前所未有的重要发现：火星上发现了生命！

第三回　几个月后，他们或别的人都收回了探测到甲烷的声明，火星上没有甲烷，也没有火星生命的证据。

几年后，火星甲烷的故事又重新开始：另一些科学家探测到甲烷，并声称甲烷能证明火星上存在生命。于是涌现更多的头版新闻。不久，他们也被迫收回探测到甲烷和证明了火星上存在生命的声明。

随着时间流逝，又一个模棱两可的甲烷探测报道出现在新闻头版。随着新一代观测家们竞相追逐新的发现，希望由此获得名誉声望（或

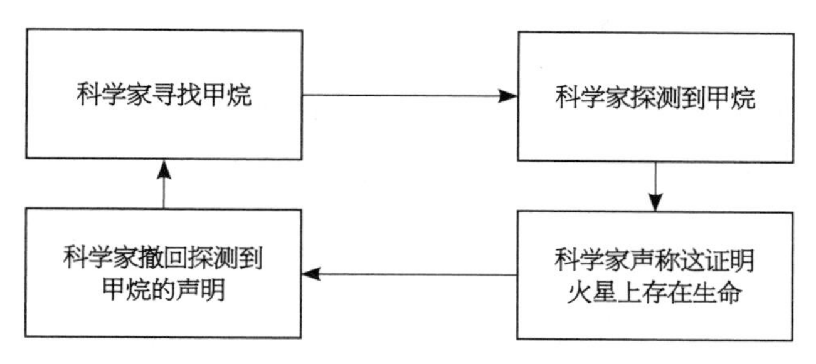

图 12.3　研究火星甲烷的循环

许还有财富），于是出现了更多未经证实而声称火星上存在生命的报告。与此同时，新一代的记者们则对过去一无所知，他们渴望报道下一件大事，而且乐此不疲。

这些被报道的发现中，要是有某一个发现曾经是或者将是正确的，那倒是令人难以置信的新闻了。历史的教训是，我们可能在自欺欺人。

火星上有甲烷吗

1966 年 10 月 17 日，加州理工学院喷气推进实验室的刘易斯·卡普兰（Lewis Kaplan）博士走上旧金山杰克塔尔酒店的讲台，宣布了一个消息，一项令人惊叹不已的科学发现。在这次美国化学协会举办的会议上，他向他的同行报告说，他和他的两位法国同事——法国国家科学研究中心和墨东天文台的天文学家皮埃尔·科纳（Pierre Connes）和雅尼娜·科纳（Janine Connes）夫妇，已经探测到火星大气中的甲烷气体。

卡普兰–科纳研究团队用的是一台称为迈克耳孙干涉仪的仪器，那是皮埃尔设计的，它能将天文学家先前观测火星细节的能力提高 10 倍。实际上，他们采用的技术与一个世纪之前哈金斯用来寻找火星上水的技术完全相同，只是探测器和望远镜要好得多。从 1964 年 9 月到 1965 年 6 月，他们在法国上普罗旺斯天文台用这台新设备测量了火星大气的组成。观测尚未结束，他们就迫不及待地发表声明，声称已观测到以前从未探测到过的某些气体的光谱特征，超越了先前火星观测者的工作。原因很简单，就是他们的仪器性能卓越。

他们在火星的近红外光谱中确实探测到了一些吸收带。卡普兰和科纳夫妇认为，对这些吸收特征最好的解释就是火星大气中存在“含氢的气态化合物”。这些化合物很可能是“甲烷衍生物，也可能就是甲烷本身”[6]。

第二天，《洛杉矶时报》发表了一篇文章，文章说，卡普兰和科纳团队的测量表明“火星大气中存在先前从未报道过的甲烷和甲烷类物质”[7]。《洛杉矶时报》的科学作家欧文·本格尔斯多夫（Irving Bengelsdorf）当时写道：“这些观测，如果正确无误，那就表明火星上可能有产生甲烷的生物活动。”虽然这几位天文学家缺乏证据证明这种情况，但在1966年天文学家的共识是，火星甲烷唯一可能的来源只有生物。因此，这很可能是卡普兰博士没有去阻止本格尔斯多夫将甲烷与火星生命联系起来的原因。所以，对那些想探测火星甲烷的科学家来说，传言中的卡普兰和科纳夫妇发现甲烷意味着存在火星生命的可能，不只如此，在这几位发现者的心目中，探测到甲烷无异于发现了火星上的生命。卡普兰团队匆忙发布这一不成熟的发现造成了另一个后果，那就是事情为媒体所控制，从他们口中讲出来的事情演变成：火星上的甲烷等于火星上的生命。

毫无疑问，这几位科学家很自信，有一天火星生命发现者的姓名将名正言顺地被载入史册，那些名字将是卡普兰、皮埃尔·科纳和雅尼娜·科纳。斯基亚帕雷利曾发现运河（可惜不是真的）并出了名，但他没有发现火星生命。洛厄尔发现的运河更多（然而不是运河，不是真的）并声称他有火星生命的证据，但洛厄尔现在声名狼藉，而且他也没有找到生命。柯伊伯的地衣只不过是尘埃，辛顿的藻类原来是地球重水和风中飞舞的火星沙尘。而这几位观测到的甲烷则是用最先进的迈克耳孙干涉仪获得的。卡普兰、皮埃尔·科纳和雅尼娜·科纳的工作是现代化的，肯定会经得住时间考验。很快，他们又报告说，他们将再次观测火星，而且要采用一台灵敏度比 1965 年观测用的好一百倍的仪器。

仅仅四个月后，即 1967 年 2 月，NASA 空间研究所在纽约市举行的一次会议上，卡普兰再次报告说“火星的空气中含有甲烷或甲烷基气体，除非是由有生命的有机体产生，否则这种气体的存在很难解释”。在这次会议上，他报告说“最近的新观测是在火星距离很近的情况下取得的，因此更坚定了他的信念——早期的发现是可靠的”。[8] 卡普兰解释说，火星空气化学“似乎禁止甲烷或其同类气体有更长的寿命”。因此，“必须不断补充新的甲烷。在地球上，它是由生活在缺氧条件下的细菌完成的——如沼泽里植物的腐败。”

皮埃尔·科纳和雅尼娜·科纳以及卡普兰最初的发现发表在 1966 年 8 月的《科学》杂志上，是以未经评审的简报形式（公告）发表的[9]。遗憾的是，他们探测到火星甲烷的结论是错误的。他们在 1966 年 10 月的美国化学协会会议和 1967 年 2 月的国际空间站与 NASA 的联合会议上宣布该项发现之后，再也没有提到过发现甲烷的事，尽管他们也从未宣布过收回他们发表的稿件。很可能，他们希望他们不明智又不正确的公告会被人遗忘。他们又继续一起工作了几年，甚至还发表了几篇详细研究火星大气中二氧化碳的文章[10]，不过，他们非常小心谨慎，再也没有提到甚至引用自己先前有关甲烷的研究工作。这第一个披露火星大气存在甲烷的研究，就这样悄悄地、几乎像无味的甲烷消散在稀薄的空气中一样，无影无踪了。不过，人们对火星甲烷的兴趣依然在延续。

水手 7 号

1969 年 3 月 27 日，水手 7 号从佛罗里达州卡纳维拉尔角发射，目的地是火星。1969 年，NASA 还不具备将航天器送入火星轨道的能力，所以，水手 7 号只能从火星旁掠过，那天是 8 月 5 日，而五天前其孪生兄弟水手 6 号刚从火星旁掠过。必须记住，飞往火星的航天器无论是掠飞还是进入轨道，对火星甲烷或火星大气某种成分的研究，都是在火星大气层之上进行观测的，视线都不必穿越地球大气层。因此，用这种方法寻找火星甲烷证据的观测者，不需要像卡普兰及其同事那样，要想方设法将数据中极强的地球甲烷特征消除掉。因此，水手 6 号和 7 号以及未来所有的火星航天器都能对火星大气的组成进行可靠的测量，而地面望远镜观测能达到的效果几乎全都远不及此。

水手 6 号送回了 75 张火星图像，并确定火星大气中约有 98% 的二氧化碳。水手 7 号获得了 126 张非常壮观但粗糙模糊的火星图像，另外还有一些红外光谱数据，这些数据使人们激动不已。

就在此后两周，宇航员尼尔·阿姆斯特朗（Neil Armstrong）和巴兹·奥尔德林（Buzz Aldrin）* 在月球表面留下了人类的第一个足迹，NASA 站上了太空竞赛的顶峰。先是人类登上了月球，现在是火星的近距离成像和测量。世界眼巴巴地等待着 NASA 和水手 7 号科学团队发来的最新消息，而 NASA 也丝毫没有浪费时间，非常及时地更新了水手号的科学新闻。这项任务是经国会批准纳税人资助的，所以一旦水手 7 号有所发现，NASA 完全有理由尽快公之于众。毫无疑问，水手 7 号任务的头版新闻是非常有利于 NASA 和行星科学的未来的。而科学团队成员同样渴望在发布他们的发现之后能获得应有的奖励和宣传，现在穿越地球和火星之间数千万英里空间传回来的数据，就是他们多年来一直从事建造、测试和校准仪器的结果。蓄势待发的媒体，磨砺以须的墨笔，枕戈待旦的电视摄像机，随时准备将几位不善交际

* 根据与作者的通信修改。——译者注

图 12.4　1969 年 3 月 7 日，半人马座运载火箭载着水手 7 号航天器从美国肯尼迪航天中心发射升空。本图由美国 NASA 提供。

的工程师和害羞的科学家捧成国际红人，甚至有可能成为获奖的英雄。

8月5日传回的数据很快得到分析和解释（但不充分）。在8月7日举行的新闻发布会上，媒体记者纷纷涌入喷气推进实验室。水手7号的科学团队没有让他们失望。《纽约时报》的沃尔特·沙利文（Walter Sullivan）说服了他的编辑们将他关于水手7号科学发现的文章排在8月8日的头版，标题是“在火星极冠附近发现与生命有关的两种气体”。这确实是个重大新闻！然而却是一个更大的错误。

加州大学伯克利分校化学教授乔治·皮门特尔博士宣布，他的团队利用水手7号上的红外光谱仪IRS（Infrared Spectrometer）在火星南极上方大气的局部区域探测到甲烷和氨。IRS在近红外波长3.3微米附近的“强”吸收带检测到甲烷的光谱特征。对一条强吸收带而言，有两件事是可以肯定的。首先，这种气体对该特定波长的光的吸收一定非常有效；其次，这种气体数量一定很大，以致有大量的光被吸收。相比之下，IRS团队也观测到火星3.0微米处一条氨吸收带，不过比甲烷带要弱。至于发现的地点，皮门特尔说：“可以肯定，我们已探测到气态甲烷和气态氨，地点是在火星南纬61°～76°。”[11]

皮门特尔和他在加州大学伯克利分校的同事、化学家肯尼思·赫尔（Kenneth C. Herr）博士在继续进行测量后再次强调，这种探测“给出的不是气体来源的直接证据”。但是，他的话并没有让他们停止推测：“我没有这些气体来源的证据，但是读数如果是真的——我相信是这样，我们就必须面临一种可能性：它们或许起源于生物。”[12]令人吃惊的是，他们不仅仅能对他们全然不知的来源加以推测，居然还可以判断出火星生命存在的地方：“吸收的地理定位表明，它们起源于这片适宜的地区（极冠边缘地带，在南纬61°～76°，他们声称那里有水的储存）。”

兴奋持续了几乎一个月都不到。9月11日，皮门特尔在另一场新闻发布会上宣布，以前认为是甲烷和氨的光谱特征实际上是固态二氧化碳（干冰）产生的。他的研究团队改进了 IRS 光谱数据的分析，从而“破灭了科学家在这颗行星上找到生命的最后希望”。用他的话说，二氧化碳可以模仿甲烷和氨的行为实在“是一个残酷的巧合”[13]。

因轻率结论获得教训几乎比比皆是。首先，科学不应该通过新闻发布会来完成。其次，科学很难做到正确，需要极其谨慎、耐心、奉献和坚持。值得称赞的是，皮门特尔和他的团队最终证明他们拥有所有这些品质*。他们对科学的态度是正确的。1972 年，又经过几年的努力，他们报告说，火星大气中甲烷的上限值为 3.7/1 000 000（为了方便与后面的测量值比较，该值改写为 3 700 ppb）[14]。

在科学与统计学的术语中，上限不是测量值。相反，它是实验测量准确度的一种表示方式。通常，科学家说的上限是指实验中“噪声水平”的 3 倍（即“3σ”上限），虽然有时有人只用噪声水平的 2 倍表示上限。

现在让我们暂且离开火星片刻，去更好地认识和理解上限和噪声水平。想象一下，你带着你的宠物犬菲多一起去乘坐公共汽车，从田纳西州的纳什维尔到科罗拉多州的丹佛去旅行。在公共汽车上，你用一台老式磅秤来给菲多称重，测量给出菲多的体重是 150 磅。但是，你怎么能肯定菲多是 150 磅而不是 152 磅或 147 磅呢？

为确保起见，你一遍一遍地给菲多重复称重，但每次都得到一个不同的结果，而且得到的结果似乎在 145 磅到 155 磅范围内随机地变化。于是，你开始怀疑自己了解菲多精确体重的能力了。

显然，在高速行驶于州际高速公路的公共汽车上给犬称重，得到的是一个有限精度的结果。精度中有一部分是受到设备的限制（没有

---

* 加州大学伯克利分校校园内的皮门特尔礼堂就是为纪念他而命名的。此外，2017 年 5 月 15 日，美国化学协会将此楼作为化学史地标，因为红外光谱仪 IRS 就是在这里开发的。

对秤校准？每次称重的方式是否相同？），还有一部分受到你无法控制的变化因素的限制（高速公路上颠簸的情况、菲多的扭动、菲多摄入的食物和水的数量以及体内积聚数量、读取磅秤指针读数时你的视力问题），所有这些因素都会造成数据中的“噪声”。不论你怎么做都不会得到一个准确的结果，但是通过测量，你可以计算菲多的平均体重以及测量的不确定度即噪声。

如果你在这个实验中给菲多测量了100次，然后计算测量结果，你可能会发现菲多的体重为151±2磅。这个结果意味着如果你把菲多放在磅秤上对他的体重作第101次测量，那么得到的结果大于149磅且小于153磅（在平均值的“1σ”范围内）的可能性是68%；你也可以确定，第101次测量菲多的体重时，你的结果有95%的概率大于147磅且小于155磅（在2σ范围内）；最后，进行第101次测量时你有99.7%的概率获得的体重在145～157磅（3σ之内）。结果，你仍然不知道菲多确切的体重，不过，你有非常高的可信度可以认定菲多的体重处于12磅的变动范围之内。在现实世界里，知道最或然值以及知道该值所具精度的定量值已是我们的最大所能了。

下一次你又去作州际公共汽车旅行，这次你带的是你妹妹那只胖鼓鼓的宠物豚鼠莎莎法拉斯。途中也称了100次体重，噪声水平完全相同，都是±2磅（噪声水平与莎莎法拉斯的体重无关，只与测量设备和测量环境有关），你会发现莎莎法拉斯的体重（测量的平均值）约为2.8磅。你知道豚鼠通常不会那么重，尽管莎莎法拉斯可能会有那么重。你要怎样才能相信莎莎法拉斯的体重是2.8磅呢？根据测量数据统计的结果，你有65%的把握可以确定它的体重在0.8～4.8磅，95%的把握确定它的体重在0～6.8磅（你有100%的把握，它的体重不小于0），以及99.7%的把握它的重量不到8.8磅。如果你是个坦率的人，而且对自己的数据有清醒的认识，你便会承认你对莎莎法拉斯是否重2.8

磅没有把握，因为2.8磅几乎与数据的噪声差不多。当然，要是说莎莎法拉斯的体重小于8.8磅，甚至说体重不到6.8磅，你的把握还是相当大的。

如果用你的宠物沙鼠奥赖恩做一次同样的实验，那又会怎样呢？沙鼠的体重通常远小于一磅，所以如果你采用与菲多和莎莎法拉斯相同的体重测量方法去称沙鼠，在同一条高速公路、同一辆公共汽车上，用同一个磅秤，那你得到全部结果只有一个，即沙鼠的体重还不足以让磅秤有所反应。然而，由于公共汽车的弹跳，你仍可以获得相同大小的噪声 ±2磅。然后你可以用99.7%的置信度报告奥赖恩的体重"小于6磅"。在这种情况下，"6磅"是你测量噪声大小的3倍，即"3σ"上限，你能确定知道的仅此而已。不论奥赖恩的体重是0.2盎司、4盎司、7盎司、12盎司、还是29盎司*，那么当你用这个磅秤去称奥赖恩的体重时，得到的结果都是相同的——小于6磅。

皮门特尔和水手7号研究团队最终得出的结论是，他们对火星大气中甲烷的认知是，甲烷的丰度非常小，其置信度为95%（上限为3 700 ppb，是噪声水平的2倍）。就是说在95%的置信度下，火星大气中每百万个分子中可能只有不到4个甲烷分子，而在置信度为99.7%情况下，甲烷分子可能不到6个。请记住，"少于6个"可能是5个，也可能是2个或1个，甚至是0个，即火星可能只有很少的甲烷或完全没有甲烷。尽管最初的宣传大肆鼓吹，但是按照他们最终给出的有很强说服力的分析，水手7号的红外光谱仪实验没有发现甲烷。

1969年8月，在水手7号的第一次新闻发布会上，皮门特尔或许应该想到应谨慎行事，毕竟他是伯克利化学家团队中的一员，正是这群人曾在1965年证明了辛顿带可能是地球大气中的重水而不是火星上

---

* 1盎司约28.350克，16盎司等于1磅。——译者注

的藻类产生的。然而，任何研究火星的人都肩负着沉重的历史负担，很容易使他们变得不谨慎。

不成熟的新闻发布会给科学带来负面影响，水手 7 号甲烷尴尬的结局就是一例，NASA、喷气推进实验室、加州大学伯克利分校，相关科学家和媒体都应承担责任。撤回的新闻刊登在《洛杉矶时报》的第 3 版和《华尔街日报》的第 8 版[15]，后者在一封信上非常公正地指出，“上个月甲烷和氨的甄别错误是匆忙结论极其有害的范例”。《纽约时报》没提皮门特尔撤回之事，此事必定不属于“刊登所有适于刊登之新闻”*。

水手 9 号

水手 9 号是 NASA 水手计划系列中最后发射的一对火星航天器中的第二个，它拍摄的照片具有颠覆性的价值。水手 8 号在发射时失败，但水手 9 号却于 1971 年 5 月 30 日发射成功，同年 11 月 13 日进入环绕火星的轨道，成为第一艘环绕另一颗星球运行的航天器。能够实现这一目标就是一项了不起的成就。

当水手 9 号到达火星时，火星表面正笼罩在一场持续的环球沙尘暴中。不过，大约一个月后，在该轨道航天器俯览火星表面时，视野已变得清澈无比。水手 9 号的主要任务是对整个火星表面进行成像观测。当图像传送到地球上时，火星从一颗遥远的、零星散落着几座巨型陨石坑的未知行星，一下子变成一个纤悉皆知的世界。巨大的火山，远大于美国大峡谷 ** 的水手谷，古老的河床、流形的水道以及巨大的陨石坑区，一

* “All the News That’s Fit to Print”是印于《纽约时报》报头的其新闻理念。——译者注

** 又常被叫作科罗拉多大峡谷。——译者注

览无遗。火星，并非是大尺度的月球，它拥有太阳系内最大的火山、最长最深的峡谷，以及最宽最大容积的水蚀谷和水道。突然间，火星变成了一个宏伟壮观的美丽世界，等待着我们去揭晓的是它那丰富的火星演化史。

水手 9 号对火星表面最初的巡测数据带给人们巨大的惊喜，科学团队成员们迫不及待地纷纷对火星生命进行猜测。美国地质调查局和电视检查组组长哈罗德·马苏尔斯基（Harold Masursky）在见到航天器相机拍摄到的古河谷时，对它的起源作了大胆的猜测，显然火星表面有过大规模的水流，他对这一火星史的猜测非常合情合理。接着他继续指出，这些发现“使未来着陆火星的航天器找到生命迹象或者至少找到过去生命的化石的可能性大为增加”。至此，火星的历史责任，也许还有媒体的兴趣，几乎把马苏尔斯基推到崖边、摇摇欲坠。该科学团队成员、戈达德航天中心的鲁道夫·哈内尔（Rudolph Hanel）报告说：“我们在火星上没有发现生命迹象，也不要抱什么指望。但是我们也没有看到任何排斥生命的东西。”在火星上找到生命的希望之钟摆正在往“有”的方向回摆[16]。

水手 9 号上的红外干涉仪 IRIS 在 1971 年末到 1972 年的大半年时间里都在忙于建立和扩充火星大气的光谱数据库。IRIS 科学团队最重要的任务是测量大气的温度轮廓——温度从火星表面到大气顶部是如何变化的，以及火星表面的温度和压力。IRIS 还允许水手 9 号团队测量火星大气稀有成分的丰度，包括甲烷之类可能具有生物学意义的某些分子的丰度。

水手 9 号测量甲烷的结果如何，世界不得不等到 1977 年。那一年，戈达德航天中心行星大气实验室的威廉·马圭尔（William C. Maguire）在需评审的科学期刊上发表了一篇论文，没有举行新闻发布会，文中发表了一批水手 9 号 IRIS 光谱的分析结果，这批光谱都经过他精心的挑

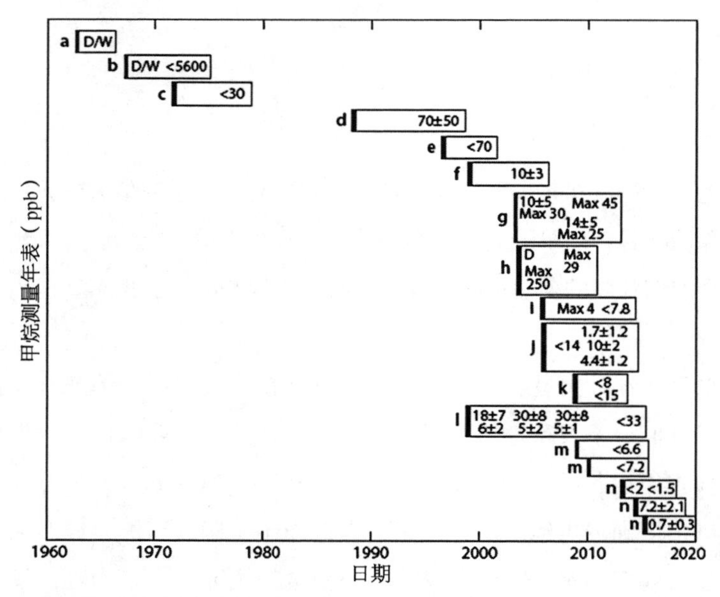

图 12.5　火星甲烷测量 50 年年表。除框“l”以外，每个框代表一次测量实验。框左侧字母代表测量的近似日期，框内数字指公开报告的甲烷含量，数字多于一个时（框“l”除外），表示该测量值重新计算过，原报告的结果有改变。例如框“h”，初始报道只说检测到甲烷，后来报告给出了定量范围，最大达 250 ppb，最后又将上限值减小到 29 ppb。没有报告具体数值的探测用“D”表示，如果某个探测后来被撤回、撤销或从未公布，则用“W”表示最终结论（或没有结论）。所有零探测数值（用“<”符号）均指 3σ 上限。框“l”中的第一组数字对应 1998—2000 年火星的夏季（较高值）和冬季（较低值），第二组数字对应 2000—2002 年，第三组数字对应 2002—2004 年，最后那个上限值是指修正后的数值，适用于所有三组数据。标记“m”和“n”的框有多个，表示它们的数据有相同的来源，是同一个观测团队在不同日期进行测量并分别报告的。本图对应的观测日期在后面各章节中介绍。

a：卡普兰、科纳夫妇（观测日期 1964—1965 年；报道日期 1965—1966 年）；
b：水手 7 号（观测日期 1969 年；发表日期 1972 年）；
c：水手 9 号（观测日期 1972 年；发表日期 1977 年）；
d：克拉斯诺波尔斯基，基特峰国家天文台（观测日期 1988 年；发表日期 1997 年）；
e：红外空间天文卫星（观测日期 1997 年；发表日期 2000 年）；
f：克拉斯诺波尔斯基，加拿大－法国－夏威夷望远镜（观测日期 1999 年；发表日期 2004 年）；
g：火星快车号（观测日期 2004 年；发表日期 2004、2008、2011 年）；
h：穆马，2003 年（观测日期 2003 年；报告日期 2004、2006 年；发表日期 2009 年）；
i：穆马，红外望远镜 IRTF（观测日期 2006 年；发表日期 2009、2013 年）；
j：克拉斯诺波尔斯基，红外望远镜 IRTF（观测日期 2006 年；发表日期 2009、2012 年）；
k：克拉斯诺波尔斯基，红外望远镜 IRTF（观测日期 2009 年；发表日期 2011 年）；
l：火星环球勘测者号（观测日期 1998—2000、2000—2002、2002—2004 年；发表日期 2010、2015 年）；
m：比利亚努埃瓦，多架望远镜（观测日期 2009、2010 年，发表日期 2013 年）；
n：火星好奇号（观测日期 2013 年、2014 年初，2014 年中期；发表日期 2013 年、2015 年）。

选。马圭尔从光谱数据总库中选出了 1 747 条光谱，进行了分析并得到平均光谱。这些光谱都是水手 9 号轨道运行到第 100 圈之后拍摄的。数据剔除得非常合理，因为水手 9 号到达时火星尚在环球沙尘暴的蹂躏之中，直到运行到第 100 圈方才停息，那时带入大气中的尘埃大部分已经沉积下来，回到地面。大气中的尘埃会使大气稀有气体的光谱大为减弱，因此从前 100 圈轨道上拍摄的光谱几乎没有任何科学价值。

马圭尔的研究报告说，没能探测到甲烷。他最终的结果是一个上限（马圭尔取噪声值的 2 倍为上限），为 20 ppb[17]，该结果几乎是 1972 年水手 7 号数据最终结果 2σ 上限值 3 700 ppb 的 1/200。这个结果非常简洁地告诉我们，根据水手 9 号 IRIS 的测量，我们至少可以说，有 95% 的把握可以确定火星大气中甲烷的丰度为每十亿个大气分子含有的甲烷分子少于 20 个，99.7% 的把握确定甲烷丰度为每十亿个大气分子含有的甲烷分子少于 30 个。火星大气中可能存在一些甲烷，但不多。马圭尔共获得火星大气中七种稀有气体成分的上限值，甲烷只是其中之一，他没有对他的甲烷测量结果发表评论。由于火星大气中缺乏甲烷，因此，火星在天文学家眼里实际上已经了然无趣了。

第十三章

在噪声中淘宝

基特峰国家天文台

1988 年，火星甲烷的传奇故事在中断了十年后从休眠中苏醒过来，那一年弗拉基米尔·克拉斯诺波尔斯基（Vladimir Krasnopolsky）、迈克尔·穆马以及戈达德航天中心地外物理实验室的两位同行戈登·比约拉克（Gordon L. Bjoraker）和唐纳德·詹宁斯（Donald E. Jennings），用亚利桑那州基特峰国家天文台的 4 米望远镜对火星大气进行了研究[1]。三十年来，克拉斯诺波尔斯基和穆马一直活跃在寻找火星甲烷的领域，不过这次是他们第一次也是最后一次以合作而非竞争对手的身份参加这项研究。

这个团队观测用的望远镜是坐落在地球的某座山头上的，所以工作相当艰难，也不如运行在环绕火星轨道上的航天器测量得那么精确。然而，从火星轨道对火星进行研究并非是想做就能做的，因为水手 9 号任务在 1972 年就已结束，下一次火星轨道观测，要到 1/4 世纪后的 1997 年 9 月，待火星环球勘测者号航天器安全抵达火星轨道后才得以继续。克拉斯诺波尔斯基和他的团队是在 1988 年获得的观测数据，不过，在将近十年的时间里都没有公布研究结果，直到 1997 年他们的论文才最终发表在《地球物理学研究杂志》（*Journal of Geophysical Research*）上。

火星大气中甲烷含量的获得并不容易，观测者们的数据不是玩偶盒，弹出来便可知晓答案的。最重要的问题是，地球大气甲烷气体吸收光的波长与火星大气甲烷几乎相同，因此用地球望远镜观测时地球甲烷将火星甲烷所有可能的信号特征全都掩盖掉了。因此，克拉斯诺波尔斯基、比约拉克、穆马和詹宁斯首先必须明确确定，他们指向天上的观测视线在穿越地球大气的过程中通过了多少地球甲烷气体。他们的结果是：很多，2 000 ± 100 ppb。接下来，他们必须用计算机建模，目的是将大量地球甲烷的影响从火星的观测光谱中扣除掉。假设他们可以从火星光谱中准确地扣除地球甲烷的信号，那么火星光谱中剩余的甲烷信号可能就是来源于火星大气中的甲烷。最后，他们根据“3.7 微米光谱区中最强的 12 条 CH_4 谱线进行测量的结果”得出结论，火星大气中甲烷的含量为 70 ± 50 ppb。请注意，这一甲烷数量（70 ppb）比估计的地球大气甲烷的噪声水平（100 ppb）还小不少，而且 70 ppb 更是地球甲烷的实际数量的 1/30。要知道，为了确定火星大气的甲烷含量，这些地球甲烷量是视线必须穿越、必须测量并必须从观测数据中加以扣除的。这相当于大海捞针，他们能成功吗?

70 ± 50 ppb 是否意味着他们在火星上探测到的甲烷含量为 70 ppb ？这与给豚鼠莎莎法拉斯（2.8 ± 2 磅）称体重的情况一样，克拉斯诺波尔斯基及其合作者测量的不确定水平（50 ppb）差不多是测量平均值 70 ppb 的 70%。他们报告的不确定性“ ± 50”告诉我们，他们有 99.7% 的把握可以确定火星大气中甲烷含量低于“70+150 ppb”，也就是说，甲烷丰度几乎肯定低于 220 ppb。我们还可以断言，有 95% 的把握确定

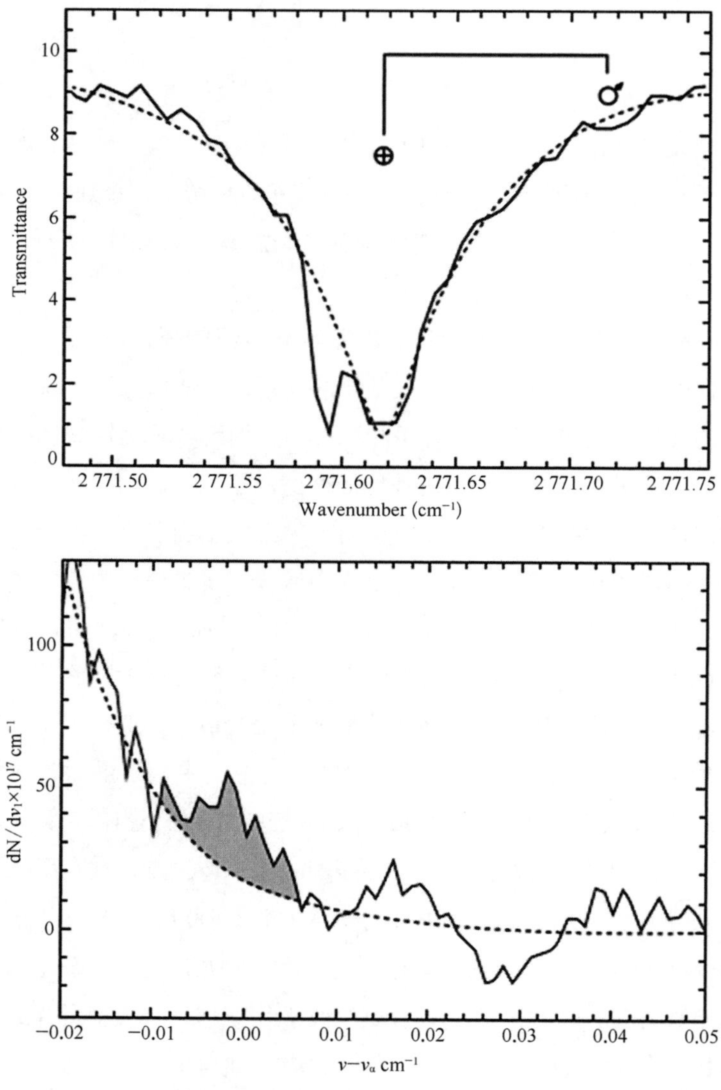

图 13.1　上图：火星的红外反射光谱，纵坐标为“透射率”（transmittance），横坐标为光波波数（wavenumber）。地球大气中的甲烷在以波数 2 771.62 厘米$^{-1}$（即波长 3.606 70 微米，标有地球符号⊕）为中心的波谱区内有很强的吸收。由于地球的运动，观测时地球正向火星接近，因此火星相同波长的甲烷吸收带被“蓝移”到火星符号♂的位置上，即波数 2 771.72 厘米$^{-1}$（波长 3.606 57 微米）处。下图：将上图中以 2 771.72 厘米$^{-1}$ 为中心（对应本图 0.0 处）的一段波谱区放大后的情形，注意纵坐标数据相较上图倒置。虚线表示反射光强度假定（a）火星大气中没有甲烷、（b）数据中没有噪声时的测量结果。阴影区被认为是火星大气中甲烷气体数量的量度，不过这个光谱特征与其他被视为噪声的起伏偏离很难区分，看不出有什么差别。克拉斯诺波尔斯基等认为可“作为火星上存在甲烷的某种有趣迹象”。本图取自克拉斯诺波尔斯基等 1997 年发表于《地球物理学研究杂志》的文章。

甲烷丰度低于 170 ppb。从马圭尔关于水手 9 号 IRIS 的观测数据报告的结果中我们已经知道，火星甲烷丰度低于 30 ppb（置信度为 99.7%），因此克拉斯诺波尔斯基团队的新结果对于火星大气中甲烷是否存在的知识而言并没有什么价值。

克拉斯诺波尔斯基、比约拉克、穆马和詹宁斯非常谨慎，他们没有声称他们肯定探测到了火星上的甲烷。他们写道，他们的研究“既没有证实水手 9 号的上限，也没有与之产生矛盾”。这句话绝对正确。然而，他们用一种更为肯定的语气说道：他们的新结果应该理解为“作为火星上存在甲烷的某种有趣迹象”。这种说法已使他们从绝对正确上完全坠落，研究火星的历史负担再次将研究者引导到夸大结果之路。

实际上，70 只比数据噪声强 40%（这个结果只有 1.4σ，没有一个科学家会认为这是探测到的信号），在这种情况下，实验者就不能说他们探测到一个 70 大小的信号，这样说是没有意义的。即使有人一意孤行非要这样说，克拉斯诺波尔斯基团队的结果也只能解读为“火星上存在甲烷的迹象”。事实上，连这样的迹象都没有。上限并不是指观测者想探测的东西“被探测到或者有存在迹象”，上限就是上限，故事到此结束。总而言之，1988 年他们在亚利桑那州用望远镜测量火星大气甲烷含量的尝试得到的结果只是噪声。它只应该解读为上限值（99.7% 置信度）150 ppb*，而绝不能解读为任何别的含义。未来的测量会证实这种谨慎的解释。

虽然如此，将这一发现称为“火星上可能存在甲烷的迹象”的主张，成了克拉斯诺波尔斯基和穆马再次占用大望远镜宝贵的时间和设

* 原文如此。从上文可知，克拉斯诺波尔斯基团队测量的上限值（99.7% 置信度）应当为 220 ppb。——译者注

备资源的理由，他们分别进行了观测研究，只是为了确认他们的初步结果，并为火星上的甲烷传奇故事增添更多的情节。

红外空间天文台

在克拉斯诺波尔斯基和穆马再次获得机会去寻找火星甲烷之前，他们最初宣称"火星上可能存在甲烷"的结论遭到了重击。红外空间天文台 ISO（Infrared Space Observatory）是欧洲空间局（ESA）于 1995 年 11 月发射的一具中等大小（直径 60 厘米）的地球轨道望远镜。作为一具对红外敏感的望远镜，它的成功在很大程度上归功于它的主镜用液氦冷却到只比绝对零度高几度的温度−456 ℉（−271 ℃）。1997 年 7 月和 8 月，ISO 用短波光谱仪对火星进行了光谱研究，巴黎天文台的埃马纽埃尔·勒卢什（Emmanuel Lellouch）领导的小组在 2000 年报告了观测的结果[2]。研究者成功地探测到火星大气中多种不同的分子，特别是二氧化碳、水和一氧化碳，并对它们作了详细研究。

在火星大气中寻找甲烷时，ISO 团队胜过地面望远镜观测者的主要优势在于：ISO 高居整个地球大气层之上，火星发出到达地球轨道上 ISO 望远镜的光不必穿越地球大气层。因此，与克拉斯诺波尔斯基团队不同，ISO 团队的数据不受 2 000 ppb 的地球甲烷的影响，不需要进行这种非常困难的修正。然而，他们在 3.3 微米和 7.66 微米波长上对甲烷的搜索，什么都没有探测到，只得到 50 ppb 的"上限"。他们指出，这个结果与马圭尔（1977 年）水手 9 号的数值（20 ppb）"差不多"，但不如后者好 *。他们的结果也与克拉斯诺波尔斯基团队在基特峰的结果相当，但要稍好些，也应该更可靠些，因为 ISO 团队不必剔除

---

* ISO 的上限应该理解为噪声水平的 2 倍（95% 置信度），与水手 9 号上限的意义相同。

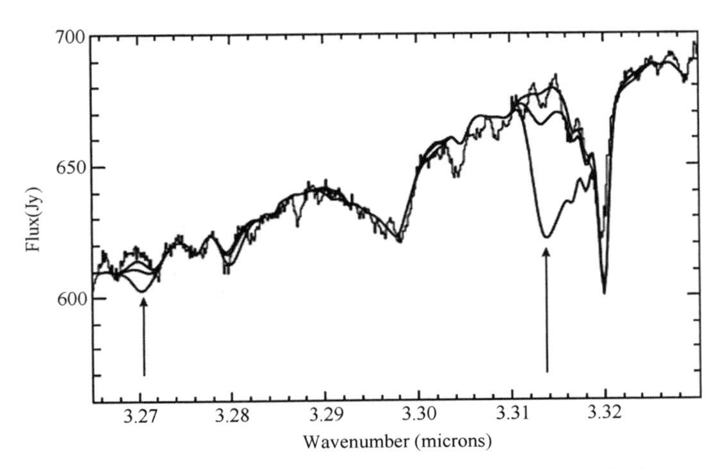

图 13.2　火星在甲烷 3.3 微米吸收带波谱区的红外反射光强度分布图，由红外空间天文台观测，横坐标为波长。拟合数据点的平滑曲线有三条，分别对应火星大气不存在甲烷（上线）、含有 50 ppb 甲烷（中线）和含有 500 ppb 甲烷（下线）的情形。在 3.29～3.31 微米的波谱区，三条曲线没有什么区别，而 3.270 微米处以及 3.31～3.314 微米之间，三条曲线彼此之间以及与数据之间显示出明显的差异。这三种拟合模型表明：500 ppb 假设与观测数据完全不符，50 ppb 假设与观测数据似乎也很不符合，只有零甲烷假设与观测数据符合。其他几个吸收特征（波谱形状在稳定上升过程中出现的凹陷）从左到右都是太阳而非火星造成的。本图取自勒卢什等 2000 年发表在《行星与空间科学》上的文章。[图中文字：Flux（流量）；Jy（央斯基）；Wavenumber（波数）；microns（微米）。]

地球大气的影响，要知道这些测量是在 3.3 和 7.66 微米波段上进行的。报告 ISO 结果的作者正确而谦虚地指出，他们的结果表明“克拉斯诺波尔斯基等（1997 年）报道的用高分辨率……地面观测甲烷的试验性探测（70 ± 50 ppb），的确，充其量也只能看作是边际测量”。

加拿大－法国－夏威夷望远镜

1999 年，克拉斯诺波尔斯基与巴黎天体物理研究所的让－皮埃尔·马亚尔（Jean-Pierre Maillard）、夏威夷大学天文学研究所的托比亚斯·欧文（Tobias Owen）合作寻找火星甲烷。借助这个团队，克拉斯诺波尔斯基就有机会使用夏威夷 3.6 米直径的加拿大－法国－夏威夷望远镜上的傅里叶变换光谱仪 FTS（Fourier Transform Spectrometer）。这是个功能非常强大的红外探测系统。莫纳克亚火山海拔 14 000 英尺，天文学家在那里能比在基特峰（海拔 7 000 英尺）做更为灵敏的天体红外观测。因此，克拉斯诺波尔斯基能充分利用他早期的工作经验，有机会在这远好于十年前的观测位置上用类似大小的望远镜来实施他的计划。

克拉斯诺波尔斯基的火星新观测是在 1999 年 1 月下旬进行的，尽管他的观测结果报告直到 2004 年才出来。他的团队在 2004 年 1 月初发布了一则"摘要"，"摘要"中宣布了一些初步结果，并主张他们拥有发现火星大气甲烷的优先权。摘要是只宣布科学结果而不提任何证据细节的一段文字，至于详细的情况作者打算在即将举行的科学会议上报告。会议摘要在会议举行日之前的数周至数月提交，与发表在专业文献中的期刊论文不同，它们通常不需要接受同行评审。克拉斯诺波尔斯基团队的这篇摘要非常简要地通报他们计划在法国尼斯举行的欧洲地球科学联合会（European Geosciences Union）会议上提交研究结果，该会议已定于即将到来的四月举行。报告的题目坚定而明确："火星大气中甲烷的探测：生命的证据？"[3] 没错，他们明确宣布探测到了火星甲烷，还正试图在火星大气甲烷与火星生命之间架构联系。几个月后，完整结果出现在一篇有相同标题的论文中，论文在 2004 年 3 月 29 日投稿给《伊卡洛斯》(*Icarus*) *，后者于 2004 年 7 月 1 日接受同意发表[4]。这些日期很重要，因为一场旷日持久的争斗就在好几个研究

---

* 美国天文学会行星科学部的一份科学期刊，主要刊登行星科学领域文章，该期刊用希腊神话中一个工匠的儿子伊卡洛斯来命名。——译者注

小组之间发生，为的就是争夺首先发现火星甲烷的优先权。

克拉斯诺波尔斯基的观测实验计划很复杂，但规划得很好。因为观测是在地面上进行的，尽管地处莫纳克亚火山的顶峰，但是观测必须通过厚厚的地球大气层才能进行。在所研究的光谱范围内，火星的观测光谱里至少受到 24 000 条不同的地球甲烷吸收线的污染。虽然地球大气里这些谱线大多数都非常弱，但是在火星大气里它们的情况也完全一样。为了证明探测到的吸收线是来源于火星，克拉斯诺波尔斯基必须将火星的甲烷线与地球的甲烷线加以分离。这项技术的关键就是一个世纪前坎贝尔在火星大气中寻找水时所采用的技术，即多普勒频移。

和坎贝尔一样，克拉斯诺波尔斯基利用了地球和火星环绕太阳运行速度不同的事实。当两者的速度差足够大时，火星甲烷线将因多普勒频移而与地球甲烷线分离，使得观测者能够将两者分辨开来。观测原理仅此而已。

离太阳近的行星比离太阳远的行星受到更强的太阳引力。因此，近轨道上运行的行星在太空中穿行的速度比远轨道上的行星更快。地球所处的轨道半径只有火星的 2/3，它绕太阳的速度（平均轨道速度为 29.8 千米 / 秒）比火星（平均轨道速度为 24.1 千米 / 秒）更快。可以作下面的类比，将地球和火星视为椭圆形赛道上的两个跑步者，地球处于第 3 条跑道，火星处于地球外侧略长一些的第 4 条跑道。因为地球处在比火星更短的跑道上，跑得也比火星更快，因此，有时地球落在火星后面追赶火星，有时地球恰好从火星侧旁跑过，有时地球领先火星并逐渐拉开距离。克拉斯诺波尔斯基在 1999 年 1 月观测火星时，地球相对于火星的运动速度为 17.79 千米 / 秒，那时地球正在追赶火星，两者之间的距离变得越来越小。因此，火星甲烷线相对于地球甲烷线有 17.79 千米 / 秒的速度蓝移。原则上，多普勒频移可以大到使克拉斯诺波尔斯基能够分辨出甲烷光谱线是火星的还是地球的。

克拉斯诺波尔斯基、马亚尔和欧文宣称他们在火星光谱中找到了想象中的甲烷线。他们的方法是首先找到地球大气甲烷产生的那条谱线；然后，在火星光谱上相对地球甲烷线的中心发生−17.79 千米 / 秒蓝移的地方寻找火星甲烷的特征。这些位置出现在光谱学家称为地球甲烷线的“蓝翼”* 上。他们在谱线的蓝翼上发现了 20 个幅度非常小的鼓包，而且都恰好处在多普勒频移后甲烷线的位置上。这些鼓包都非常微弱，与数据噪声水平一样大小。然而，由于它们的位置正好接近人们期待出现火星甲烷信号的地方，所以他们认为这是信号而不是噪声。该团队通过计算机模拟火星大气甲烷发射线，用不同的甲烷含量仔细拟合这些鼓包，然后他们认为（根据鼓包的存在而认定的）这些信号比噪声大，大到恰好能够证实探测到了甲烷。克拉斯诺波尔斯基获得的最新结果是：火星大气含有 10 ± 3 ppb 的甲烷。

如果这次测量正确无误（已达到 3σ 的探测标准，尽管似乎处于临界），如果正如这篇论文的标题和结论所断言的那样——这次火星大气甲烷的探测是可靠的，那么这将是一个惊人而重要的发现。请记住这些信号和噪声数值的含义：它们告诉我们，假如克拉斯诺波尔斯基重复他的实验，他发现甲烷丰度在低值 7 ppb 和高值 13 ppb 之间的概率为 68%，发现甲烷丰度在 1 ppb 至 19 ppb 之间的概率为 99.7%。

新的测量结果 10 ± 3 ppb 符合水手 7 号最终的测量结果（99.7% 的置信度低于 5 600 ppb），也符合水手 9 号的测量结果（99.7% 的置信度低于 30 ppb）和 ISO 的测量结果（99.7% 的置信度低于 75 ppb）。新的结果也符合克拉斯诺波尔斯基及其合作者 1988 年在基特峰国家天文台的测量结果（1997 年报道），只要将它们理解为测量上限为 220 ppb

* 谱线通常都有一定的宽度，形状多数类似钟形（发射线）或倒钟形（吸收线），具体形状与辐射或吸收的物理机制有关。谱线强度在谱线中心处最强，两侧强度逐渐下降。谱线的两侧称为线翼，其中波长较短的一侧称为蓝翼，另一侧称为红翼。——译者注

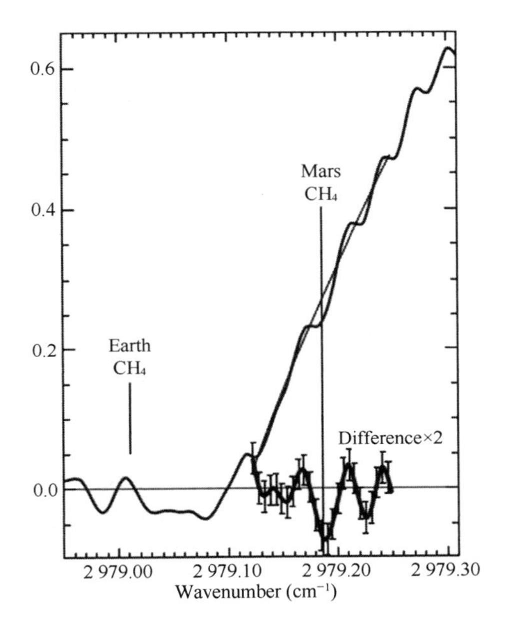

图 13.3　火星的红外反射光谱（图上从左边 0.0 附近开始的波浪形实线以及往右上角上升的曲线），横坐标为波数。因为地球与火星的相对运动，火星甲烷线相对地球甲烷线中心波长略有蓝移（向大波数方向移动）。右下角带有误差棒的粗黑线是相同波数上火星反射光的谱线轮廓图，数据已作放大处理。数据清楚地表明，2 979.10 厘米$^{-1}$和 2 979.25 厘米$^{-1}$之间的大部分起伏都是些噪声。不过，按照克拉斯诺波尔斯基的说法，以 2 979.19 厘米$^{-1}$（即波长 3.356 62 微米）为中心的凹陷是真实的信号，由火星甲烷产生。本图取自克拉斯诺波尔斯基等 2004 年发表于《伊卡洛斯》的文章。[图中文字：Wavenumber（波数）；Earth（地球）；Mars（火星）；Difference（差分）。]

（99.7% 置信水平），甚至 150 ppb，而不要看作是“火星上存在甲烷的迹象”就行。

假如 1988 年的测量作为一次测量而不是一个上限值——实际上也确是如此，那么 1988 年和 1999 年的测量是否都是正确的呢？是不是在这十年中火星大气甲烷的含量从 70 ppb 下降到 10 ppb（甚至是 1 ppb）了呢？想象中似乎可以回答“是”，但在现实中“是”的回答是不可能的。在 2004 年的论文中，克拉斯诺波尔斯基认为他自己 1988

年的测量结果“可能是甲烷的微弱信号”，却没有打算去解释 1988 年测量与 1999 年“测量”为什么会有不同。显然，他想与他的早期结果及其过度的解读撇清关系。

克拉斯诺波尔斯基、马亚尔和欧文有一份计算结果被普遍认为是正确的，正如该计算所称，由于太阳光对火星大气中甲烷的破坏，火星大气甲烷的寿命被限制在 250～430 年。火星大气甲烷的短寿命，加上 1999 年测量的 10 ppb 甲烷含量，强烈暗示：过去几个世纪以来有某种甲烷来源，一直很活跃地将甲烷注入火星大气，否则火星大气甲烷的数量应当低于可探测极限。克拉斯诺波尔斯基、马亚尔和欧文对火山产生甲烷以及陨尘和彗星上的甲烷注入火星大气进行过研究和论证。他们的结论是，任何非生物甲烷源都不能达到他们探测到的 10 ppb 的甲烷数量。“因此，”他们写道，“我们没有发现任何重要的非生物甲烷源，而生活在地下的生物甲烷源对这一发现的解释似乎是合理的。”如果这一测量能经受住时间的考验，如果“生活在地下的生物甲烷源”的解释是正确的，那么这将是一项几乎无与伦比的科学发现。

火星快车号

火星快车号任务是 ESA 第一个成功实现行星际飞行的计划。火星快车号于 2003 年 6 月发射，当年圣诞节那天进入环绕火星的轨道。而在此前六天与轨道器分离的着陆器猎犬 2 号未能安全降落在火星表面，不过轨道器则成功地进入了火星轨道。轨道器所载的设备之中，有一台罗马行星际空间物理研究所的维托里奥·福尔米萨诺（Vittorio Formisano）研制的仪器——行星傅里叶光谱仪 PFS（Planetary Fourier Spectrometer），其设计中包含寻找甲烷的功能。

在 2004 年 1 月到 2 月期间，由福尔米萨诺领导的 PFS 小组，包括苏希尔・阿特雷亚（Sushil Atreya）、特雷莎・昂克勒纳（Thérèse Encrenaz）、尼古拉・伊格纳季耶夫（Nikolai Ignatiev）和马尔科・朱兰纳（Marco Giuranna），根据火星快车号在16圈火星轨道上进行的2 931次不同观测的数据，宣布他们已经在火星大气中探测到甲烷。尽管他们直到那年年底才在有关文献中公布他们的结果，但在2004年3月30日，ESA确实已向媒体作了发布，那天正好是克拉斯诺波尔斯基团队将他们1999年夏威夷火星观测结果提交给《伊卡洛斯》期刊的前一天。一场争夺首先发现火星甲烷的优先权的竞赛现在开始了。

ESA新闻稿的标题毫不讳言地直述："火星快车号证实火星大气中有甲烷"。新闻稿指出，测量"迄今已证实甲烷的数量非常少——约为10 ppb，所以产生它们的过程可能也很少"[5]。在ESA的新闻稿中选择了"证实"一词而且多次重复使用，这是件很有趣的事。准确地说，他们是证实以前的哪一个测量结果？

火星快车号的最终结果发表在2004年12月的《科学》杂志上，福尔米萨诺团队在这篇论文中包含了2004年1月至5月期间的观测结果。他们报告说，测量数据给出的火星大气中甲烷的全球平均值为10 ± 5 ppb（这就是说，如果重复测量，将有68%的概率他们得到的结果在5～15 ppb，有95%的概率在0～20 ppb）[6]，这与几个月前克拉斯诺波尔斯基报告的数据（10 ± 3 ppb）几乎相同。他们还报道了先前未发现过的一种与火星甲烷有关的现象：在火星快车号测量期间，火星大气中甲烷的含量有随时间和随火星上地点的变化。他们测得的甲烷含量最高达30 ppb，最低至0 ppb。他们认为，从0 ppb到30 ppb的变化可能是由于甲烷丰度因位置或时间不同所致。无论这种差别是空间效应还是时间效应，这些观测的时间总跨度拢共只有5个月，比起火星年（687天）要短很多，甚至短于火星季节变换的时间。

他们在火星的红外光谱（波长3.313微米）上识别出一个凹陷，这是他们认定探测到甲烷的依据。这个小凹陷被判定为甲烷线，是通过观测光谱与一组计算机产生的模拟光谱的比较得出的，这些模拟光谱与观测光谱有相同的光谱范围，光谱上有多个主要是水汽产生的凹陷。这种将一个凹陷识别为真实的甲烷线的可靠性，取决于计算机模拟的准确程度，为此他们在模拟中假定了在火星大气中存在一定数量的水汽和尘埃。分子和原子产生的是多重吸收线，因此对应的吸收线不只有单一的一条，所以在多个波长上寻找甲烷可大大提高结果的置信度。除此之外，行星傅里叶光谱仪不能提供别的信息了，这些结果究竟可信与否，各执己见便是。

火星快车号的结果（10 ± 5 ppb）与克拉斯诺波尔斯基 1999 年的数据（10 ± 3 ppb）似乎是一致的，但与后者 1988 年的测量结果

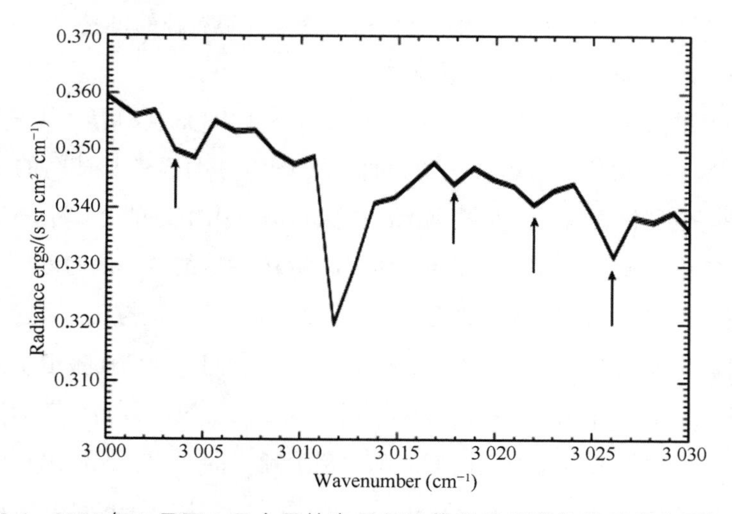

图 13.4　2004 年 1 月至 2 月火星快车号行星傅里叶光谱仪获得的火星红外光谱。出现在波数 3 018 cm^{-1}（即波长 3.313 微米）光谱处的小凹陷表明探测到了火星大气中的甲烷。3 003.5、3 022 和 3 026 cm^{-1} 处的 3 个凹陷是 3 条水汽产生的强吸收线。这段光谱由上中下三条曲线组成，中间曲线是数据，上下两条曲线表示数据中的噪声大小。3 012 cm^{-1} 处最深的那条吸收线乃太阳产生。本图取自福尔米萨诺等 2004 年发表于《科学》的文章。[图中文字：Radiance（辐射能）；Wavenumber（波数）。]

（70 ± 50 ppb）并不一致，除非火星大气中甲烷的含量发生了巨大的变化（火星快车号团队认为确实发生过这种情况），还有一种解释就是我们将 1988 年的测量结果看作为噪声。根据火星快车号团队提供的计算，将彗星作为甲烷源（例如，彗星坠落火星或火星从彗星大量散发出来的物质中扫过）去解释观测到的甲烷，是极不可能的，当然也不是完全不可能。同样，他们认为地下非生物甲烷源（例如，亚永久冻土层中的二氧化碳转化为甲烷）也许也是可能的，尽管实际上不太现实。他们小心翼翼地陈述他们的观点："我们想要强调的是，探测到甲烷并不意味着火星上存在生命，不论这个生命是现在的还是过去的。这是一种可能，但是……甲烷有其他的来源似乎也是可信的。"然而，火星快车号的数据传奇故事并没有在 2004 年结束。

2008 年，格明娜列、福尔米萨诺和朱兰纳发表了火星快车号两个完整火星年的观测数据，并作了进一步的分析[7]，他们肯定了甲烷丰度具有季节性的变化。她们报告说，北半球春夏季的甲烷含量可高至 21 ppb，而南半球夏末时的数值则可低至 5 ppb，年平均值为 14 ± 5 ppb。

他们还报告说，甲烷含量在经度方向上也存在变化，从 6.5 ppb 变化到 24.5 ppb，并发现甲烷气体的数量与水汽数量相关，它表明这两种气体有相同的来源，并一起从固态变为气态。"甲烷混合比（即大气中甲烷分子与水分子的比率），"他们写道，"似乎也有与水汽一样的昼夜循环。然而，有一点必须指出，这对未来的理解非常重要，那就是存在一些特殊的路径，在这些路径上甲烷混合比的值非常高。"

从火星快车号的数据中发现火星大气甲烷数量呈现季节性变化，从而提出了"一个非常重要的问题"：在每个火星年的某段时间里，"甲烷是被摧毁了，还是被循环到了某个地方藏起来了呢"？"如果它们被摧毁了，"他们总结道，"它们的寿命就不可能是按大气紫外光致破坏所计算的 300～600 年。"

第十四章

变幻莫测的甲烷

参与“我们在 2004 年探测到甲烷”竞争的还有一个团队，它就是穆马的团队。穆马的团队虽然是最后一个在需评审的科学论文中公布结果的，即在 2009 年公布的（迟于克拉斯诺波尔斯基、梅拉德和欧文的 2004 年年中，也迟于火星快车号团队的 2004 年年底），但是按照时间顺序，他们是第一个公开宣称拥有火星大气中甲烷发现权的团队，那还是在 2003 年（克拉斯诺波尔斯基后来对 1999 年观测进行分析并将结果成文发表，很可能是被穆马 2003 年的声明促成的）。

2003 年 5 月的那篇摘要是穆马为当年 9 月美国天文学会行星科学部将在加利福尼亚州蒙特雷举行的会议上的讲演而提交的[1]。作为该摘要的第一句话，穆马和他的合作者艾奥纳学院的罗伯特·诺瓦克（Robert E. Novak）、NASA 戈达德航天中心的迈克尔·迪桑蒂（Michael A. DiSanti）、托莱多大学的邦乔·博内夫（Boncho P. Bonev）将一件事讲得非常清楚：克拉斯诺波尔斯基、比约拉克、穆马和詹宁斯在 1997 年报道的“可能”探测完全是子虚乌有。“火星上甲烷及其氧化物一直备受观测与理论上的关注，但是迄今并不能肯定已经被探测到。”他们写道。很显然，截至2003年夏天，当年声明“火星上可能存在甲烷”70±50 ppb的合作者穆马，事实上已收回了这一说法，他现在对那个结果的看法倒与ISO团队的评价是一致的。他的弦外之音是，这项重大发现第一人的至高荣誉该属于谁仍然悬而未决。

摘要中，穆马丝毫未提及他自己新的观测结果，只提到他一直“在深入搜寻火星甲烷”，“详细情况将在9月会议上公布”。不过，这一声明清楚地告诉我们一件事，穆马正在大力寻找火星甲烷。

2004年下半年，穆马团队发布了第二份声明，这份声明为穆马计划大肆吹风，鼓吹将在11月份于肯塔基州路易斯维尔举行的下一届行星科学部会议上公布结果[2]。在这篇摘要上署名的，除了穆马以及他的同事诺瓦克、迪桑蒂和博内夫外，还有美国天主教大学的内尔·德尔·鲁索（Neil Dello Russo），摘要提供了他和他的合作者观测研究的某些实际细节，还包括一项直言不讳的声明——摘要开篇几个字就是“我们已探测到甲烷”。这篇摘要还特别注明，这些观测是早在2003年1月完成的。联系到完成这些观测的日期，以及此前对他与克拉斯诺波尔斯基一起发表的“可能探测到”的否定，穆马现在正在为他自己及其新的科学伙伴索求“首次探测到”的所有权。当然，克拉斯诺波尔斯基宣称“首次探测到”要更早，他依据的是1999年的观测数据。与此同时，火星快车号团队也一直试图分享这一历史性的声明，他们根据的是2004年初的观测数据。

穆玛报告说，他的研究团队从2003年初就开始用三台不同的望远镜探测火星上的甲烷：2003年1月、3月和2004年1月用莫纳克亚火山山上NASA的3米红外望远镜IRTF（Infrared Telescope Facility），2003年5月和12月用智利的8米南双子座望远镜（Gemini South），以及2003年某时用莫纳克亚火山山上的10米凯克望远镜Ⅱ（Keck-2）。在2004年的会议上，他宣布他的团队已经探测到火星上的甲烷。几年后，他将详细提交测量情况，报告探测到的火星大气中的甲烷含量——他们已经探测到火星整个大气的平均值约为 10 ppb。

2004 年早些时候凡是涉及火星甲烷的声明，大众媒体都会立即予以密切关注。2004 年 3 月 30 日，美国有线电视新闻网（CNN）报道称，“三个研究团队独立探测火星大气中的甲烷，已经证实这种气体的存在。”[3] 这三支团队包括克拉斯诺波尔斯基团队、福尔米萨诺的火星快车号团队和穆马为首的合作团队。CNN 引用克拉斯诺波尔斯基的话说：“我说的是，他们（火星快车号团队）证实了我们的结果。”克拉斯诺波尔斯基表示他很高兴地看到，火星快车号探测到的甲烷浓度与他自己的实验得到的几乎完全相同。克拉斯诺波尔斯基告诉 CNN，他倾向于甲烷的来源是微生物。与此同时，火星快车号团队的发言人却提出“第一种可能性是火山活动，也是最可能的”。穆马团队则通过 2003 年 9 月摘要的方式报告了他们的初步结果，加入了“三个研究团队”，但未提及其他。

值得注意的是，所有这三个团队报告的火星大气甲烷含量确实都很相近，虽然这些竞争团队使用的是不同的方法和不同望远镜。看来起正确作用的是科学方法。三个不同团队每一个都是独立获取数据的，似乎都证实并验证了其他两个团队的结果。一个公正的观察者，例如 CNN 的记者，应该有理由满怀信心地看到，一个合理而正确的结论正在天文界形成：火星有甲烷！而且火星拥有的甲烷可能比非生物活动所能产生的还要多！

虽然科学方法寻求共识，但共识并不等于总是正确。例如，17 世纪的物理学家牛顿、天文学家开普勒、克里斯蒂安·隆戈蒙塔努斯（Christian Longomontanus）、牧师约翰·莱特富特（John Lightfoot）和主教詹姆斯·厄谢尔（James Ussher）用不同的方法推算的地球年龄都大约为 6 000 年[4]。他们的答案虽然彼此一致，也符合那个时代的期望，但是他们都错了，与40亿年千差万别。

克拉斯诺波尔斯基的研究结果写成论文发表在2004年8月20日的《伊卡洛斯》上。他的论文引出《自然》杂志上的一篇评论，它出版于9月21日，标题为“暗示生命绿洲的火星甲烷”[5]。显然，《自然》的编辑们认为在火星上寻找和发现甲烷是一项意义重大的科学成就，而且答案已经到手。这篇评论是内部科学记者马克·佩普罗（Mark Peplow）撰写的，他一开始就不正确地评论道：“研究人员得出的结论是，生命是（甲烷）气体唯一可能的来源。假设中的火星人躲藏在孤立的几个地方，而这个星球的其他地方则全都荒无人烟。”实际上，克拉斯诺波尔斯基早就得出这个结论，但其他人在公开场合对待甲烷气体可能的来源要谨慎得多。

克拉斯诺波尔斯基计算过目前生活在火星上产甲烷菌的体积，结果为20吨。他认为，这些细菌将“集中在少数几个绿洲中，这可以解释NASA海盗号着陆器在1975年和1976年为什么没有观测到任何有机化学的迹象”。这种分析或许是错误的，但是克拉斯诺波尔斯基编造了一个充满想象的假设，任何人都难以反驳，而且这种假设反而激发人们继续去从事新的甲烷测量，因为火星细菌只生活在几个孤立的地方。

2004年，穆马对克拉斯诺波尔斯基关于火星生命是甲烷来源的观点提出了自己的怀疑。“我不认为天文界里有人持有这种观点。”穆马对佩普罗说。在穆马看来，甲烷更可能源于火山活动或者是从火星深处岩石中挤压出来的。尽管如此，《自然》的评论报道说，穆马刚向NASA提交了一份在2010年前发射一台太空红外望远镜的建议，其中一项任务就是要一劳永逸地解决火星生命问题。对穆马来说，为了解决火星的科学问题，无论是获得大型望远镜时间还是争取大笔资金去建造一台极其昂贵的太空望远镜，火星甲烷可能都是发现火星生命的关键线索。这种观念使他如同获得了一次率领机器人探险队远赴火星的机会。尽管在甲烷问题上他嘲笑克拉斯诺波尔斯基的想法，其实他们的想法却几乎雷同。（不过，穆马提出的望远镜建议从未实施。）

2006 年 12 月，穆马在接受莱斯利 · 马伦（Leslie Mullen）的采访时解释说，他在火星上发现了高到难以置信的甲烷含量，这篇采访录刊登在《天体生物学》（*AstroBiology*）杂志上。“北部和南部的高纬地区，甲烷量要少得多。北部为 20 ～ 60 ppb，南部则更低。但赤道一带要高于 250 ppb。”他报告说。他发现，甲烷含量高的地区局限在赤道一带，从“南纬 10 度到北纬 10 度”。这些结果如果得到支持，“可以确定未来几年火星探测的路线”。相反，克拉斯诺波尔斯基团队和火星快车号团队报告的甲烷量都要低得多，约为 10 ppb。穆马的结果与之不同，而且他认为他的数据更使人兴奋。他的结果与火星快车号还有另外的矛盾，后者认为甲烷丰度最大的地点在北极而不在赤道。

毫无疑问，穆马的说法十分大胆，居然声称已经探测到火星大气中甲烷含量随纬度的变化，变化范围从 20 ppb——这已是克拉斯诺波尔斯基和火星快车号团队观测到的含量的 2 倍，到惊人的 250 ppb。他还声称在北半球高纬地区、南半球高纬地区都发现了数量不少的甲烷，而赤道带的甲烷数量更是巨大。甲烷似乎在火星上无处不在，尽管各处的数量有所不同。

穆马的火星甲烷结果与其他研究团队报告的甲烷结果有极大的不同，或许有一人是对的、别人都是错的，或许火星上甲烷的产出量随时间和地点的变化都相当大。至于穆马的新结果是否“能确定未来几年的火星探测路线”，这倒是任何密切关注火星探测的科学家都不得不赞同的。如果火星大气中有这么多的甲烷，而且如果甲烷的存在可能是火星生命的证据，那么 NASA 和 ESA 不得不被迫重新调整他们探索火星的全部计划，必须顾及火星上有活生生的、会呼吸的、能产甲烷的微小火星人居住的事实。

2005 年 9 月，行星科学部在英国剑桥举行会议，穆马和他的团队——除了仍旧有诺瓦克、迪桑蒂、博内夫和德尔·鲁索外，现在还有戈达德航天中心的蒂拉克·海瓦伽玛（Tilak Hewagama）、杰罗尼莫·比利亚努埃瓦和迈克尔·史密斯（Michael D. Smith）——向会议提交了另一份论文摘要，摘要中报告说，他们已经发现了甲烷丰度沿纬度的差异（“很大的纬度梯度”）。他们认为，甲烷丰度的纬度差异不但需要甚至强烈要求甲烷存在“局部释放”，而且在大气中存活的时间不能超过几周[6]。“我对此结果感到震惊，”穆马承认道，“在火星这两个位置上的观测数据，表明释放的甲烷数量很大……不能当作测量误差舍去。”[7]两年后，2007 年行星科学部在奥兰多举行的会议上，穆马在另一篇会议摘要中——这次是与比利亚努埃瓦、诺瓦克、海瓦伽玛、博内夫、迪桑蒂和史密斯，报道说，火星上甲烷的释放偏好某些季节和地点，并且以不定期的方式释放[8]。

最后，在 2009 年，穆马在一篇评审论文中发表了他的甲烷研究报告，该论文发表于 2 月份的《科学》，共同作者有比利亚努埃瓦、诺瓦克、海瓦伽玛、博内夫、迪桑蒂、史密斯和阿维·曼德尔（Avi Mandell）（戈达德航天中心）。“在 2003 年之前，”穆马开篇说道，“所有的甲烷搜索都是否定的。”[9]“从那时起，”他继续说道，“有三个团队报道了甲烷的探测。”他没有明确说明，2009 年前其中有一个团队，即他自己的团队，只是在研讨会上谈论过他们的工作，从未像其他两个团队那样把工作提交给需经评审的期刊进行同行评审。他还夸耀自己的研究团队，说此前 9 个探测报告的“出版物”有 5 个是他们的，尽管这 5 个都是未经评审的会议摘要。这篇报告在火星甲烷研究史上的露骨陈述十分有意思，因为大多数科学家并不会把摘要视为出版物。

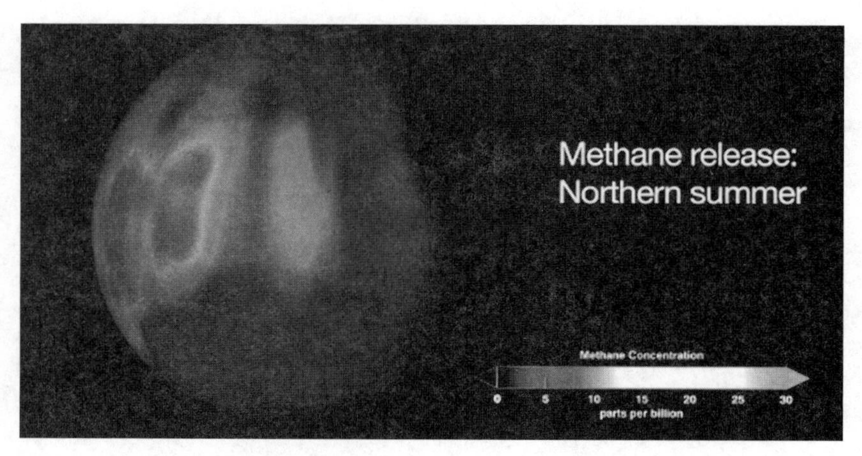

图 14.1　据穆马等报道（2009 年《科学》），2003 年火星北半球夏季出现了多个甲烷卷流。甲烷分布似乎是全球性的，不过只有局部区域信号最强。本图由 NASA 提供。[图中文字：Methane release: Northern summer（甲烷释放：北半球夏季）；Methane Concentration（甲烷含量）；parts per billion (ppb)。]（彩色版本见书前插页）

摘要在科学过程中只是出于公告和报告进展的目的，它们不是出版物，只有经过评审和编辑处理的期刊论文才是出版物。

穆马报告说，他已经观测到火星大气甲烷丰度的变化，包括随火星纬度和随火星季节的变化。报告中所说的这些变化全都发生在 2003 年，其中平均甲烷丰度低的在北纬 40°（约 14 ppb）和南纬 40°（低于约 6 ppb），然后上升到赤道带的约 24 ppb。根据图上误差棒的目测情况，我们发现超过噪声水平 3 倍的测量很少，而 3 倍是广泛被接受的可信测量阈值。例如，南纬 60°（火星南极附近）的甲烷测量值为 4 ± 3.5 ppb（根据“R0”吸收线）和 8.5 ± 3.5 ppb（根据“R1”吸收线）*。前一个测量实际上只是噪声，第二个测量可能是信号但也处于边界范围。但从统计学上看，这些结果都不能算作确定性测量。它们

* R0 线与 R1 线是指 3.3 微米附近的两条甲烷吸收线。——译者注

与零值测量都没有区别［更确切地说，这两种情况都与上限 10.5 ppb（99.7% 置信水平）的测量一致］。在赤道以北 30 度处，两次测量值分别为 16 ± 5 ppb（根据“R0”吸收线）和 27 ± 7 ppb（根据“R1”吸收线），这两个结果都在 3 倍噪声以上，因此它们可能是有意义的，但仍处于可信探测阈值临界范围，而不属于压倒性的、无可置疑的测量。然而，穆马的测量可贵的是，他报告的是两条谱线而不是一条谱线的测量结果，这使他的结果的可信度增加，而其他多数人只有一条谱线的测量，少一条谱线。

穆马团队在早些时候即 2006 年宣称赤道带上有强到 250 ppb 的信号，到 2009 年，这个“不能当作测量误差舍去”的结果却已消失不见。早先声明的 60 ppb 又怎样了呢？也无影无踪。在 2009 年论文中报告的单条谱线上最强的信号为 29 ± 9 ppb，最强的“平均”值（火星上同一个位置上两条不同甲烷线的平均值）为 24 ppb。与克拉斯诺波尔斯基在 2004 年提出的论点相类似，穆马认为他们的数据可以用“两个本地源”来解释，每个源都释放大量的甲烷卷流，并持续数月之久。这些甲烷卷流上升进入火星大气，接着迅速扩散，致使浓度降低到不可探测。在 2009 年 NASA 举办的一次新闻发布会上，穆马公布了这些结果，其他人提出这些甲烷可能来源于火星细菌，不过穆马本人没有提这种说法。但是，与 2004 年不同的是，这次他没有试图去劝阻听众相信这种可能性。

穆马确实对《纽约时报》的一位记者说过“明确探测到火星甲烷的这是第一个”[10]。请记住，他的结果是在 2009 年公布的，而克拉斯诺波尔斯基和火星快车号团队探测到火星甲烷的类似声明是在 2004 年，结果发表也是在 2004 年。如果三个探测中有一个是正确的，那么所有这三个可能全是正确的。如果它们中有一个是错的，那么它们可能全是错的。无论穆马的结果在科学上是对是错，他认为他拥有第一个明确探测到火星甲烷的优先权从历史上来看也是不对的。科学上的第一属于他人，充其量他也得与他人共享，即使这样也极其勉强、风险极大。

出乎意料的是，三个不同的观测团队在 2003 年和 2004 年初探测到的甲烷在 2006 年 1 月几乎全部消失了。2006 年 1 月 26 日，穆马用 IRTF 上的 CSHELL 探测器对火星进行了观测，观测结果公布在 2009 年的论文中，同时公布的还有 2003 年的测量结果。穆马报告说，在火星赤道附近，2006 年测量到的甲烷含量为 4 ppb（测量误差约为 2 ppb）。而北半球和南半球较高纬度地区，他给出 2006 年的甲烷含量为 1～2 ppb[11]。他没有将这些测量结果认定为上限（可能小于 6 ppb）也没有认定为零探测，而是认为它们代表的是火星甲烷的“低平均丰度”，他给定其值为 3 ppb。2006 年的甲烷含量无论是 3 ppb 还是几乎是 0，都比他之前报告的 2003 年测量值 20 ppb、250 ppb、14 ppb 以及 24 ppb 大为减少。甲烷大部分消失了，或完全消失了，甚至可能一开始就没有存在过。

2003 年和 2004 年甲烷的含量显著高于可探测阈，而 2006 年初甲烷数量却低于可探测阈，两者综合考虑，意味着火星大气中甲烷的瓦解寿命小于 3 个地球年。3 年的寿命，比火星大气甲烷破坏模型估计的 350 年寿命快了 100 倍。整个火星甲烷传奇似乎还不够怪，它的剧本还要被 2006 年的结果完全改写。现在我们不仅要求存在一个或数个甲烷源，要求它们必须限制在火星表面极小的局部区域并能在短时间内排放大量的甲烷，而且还需要一个消除大气甲烷效率比阳光和光化学反应高 100 倍的过程。

有趣的是，几年后，穆马关于火星大气甲烷寿命可能很短的观点得到了火星快车号团队的支持。他们这个结论是根据一组火星甲烷的测量得出，不过，这组测量的结果却与穆马结果恰好相反，甲烷的含量是北极地区高、赤道地区很低。2011 年，格明娜列、福尔米萨诺和他们的同事辛多尼（G. Sindoni）在火星快车号的数据中发现火星大气甲烷的寿命有问题，于是重新进行了研究[12]。正如他们所指出的，在 300 年到 600 年寿命的情况下，在地理分布上，火星大气中的甲烷应当混合得很充分了，火星快车号不应该观测到火星大气甲烷含量的空间变化和季节变化，然而他们竟然观测到了这种变化。最令人感兴趣的是，"北半球夏季的地貌图显示，极地冰升华时，北极上空的甲烷丰度达到峰值（45 ppb）"，这意味着北极冰盖是火星甲烷的重要来源。此外，他们得出结论："一个或数个强摧毁机制或强甲烷源导致火星大气中甲烷分布得不均匀。"根据他们的计算，考虑到每年北极地区释放的甲烷数量（平均约 8 700 吨），甲烷在火星大气中的寿命仅为 12 年左右。再考虑到从北半球春季到北半球冬季观测到大气甲烷数量有 2～3 因子的季节性变化，他们估计火星大气中甲烷的寿命可能短到 4～6 年。他们认为，靠近火星表面的富氧物质可能会与甲烷发生反应，将其破坏。此外，他们假设火星季节性沙尘暴期间产生的高能电子或许也能有效地破坏甲烷分子。

在穆马追赶克拉斯诺波尔斯基的同时，克拉斯诺波尔斯基也在追赶穆马，彼此一争高低。2006 年 2 月 10 日，克拉斯诺波尔斯基开始了他的新一轮观测，他用的望远镜和探测器就是穆马两周前即 1 月 26 日用过的 IRTF 望远镜和同一个 CSHELL 探测器。这次，克拉斯诺波尔斯基没有探测到任何甲烷，他给出了一个上限值 14 ppb[13]。克拉斯诺波尔斯基指出，这次零探测"不排斥 10 ppb 的可能性"，那是他的团队在 1999 年用加拿大-法国-夏威夷望远镜观测到的结果，也是火星快车号团队在 2004 年的观测结果。但是，公正地说，应该再次怀疑 1988 年观测到 70 ± 50 ppb 的准确性，以防还会有人继续相信这一结果。穆马（报道于 2009 年）于 2006 年 1 月在同一座山上，用同一望远镜、同一探测器观测到的是“低平均丰度”，而不是零探测结果，克拉斯诺波尔斯基2006年的零探测结果也与此相符。因此，所有的观测者似乎都同意这一结论：2006年初，火星大气内的甲烷数量要么少到没有，要么低至可探测阈，甚至更低。然而，就这么一个小小的共同点也难以持久。

2012年，克拉斯诺波尔斯基重新处理了2006年CHSELL/IRTF的观测数据，而且将他2009年12月用相同的探测器和望远镜进行的附加观测综合到一起考虑，最后公布了分析的结果。他对数据作了大量新的改正，其中一项改正是针对可能污染光谱的散射光。地面望远镜观察火星时外部光源射来的散射光，例如月光、希洛市散射到莫纳克亚天文台的灯光、夏威夷岛路上行驶汽车的前灯、望远镜圆顶内计算机屏幕上的小型LED灯，以及探测器系统内部的散射光等都会污染数据，必须尽可能地将数据中的散射光识别出来并加以消除。其他还有一些改正，例如地球大气中水汽、臭氧和甲烷的影响也都必须加以修正。所有这些位于望远镜上方空气中并在测量时对地球大气气压和温度非常敏感的分子，都会影响火星光谱的极精细结构，因为火星发出的光在到达莫纳克亚火山山顶的望远镜前必须穿过地球的大气。

2012年，克拉斯诺波尔斯基声称，在处理2006年观测时，对于所有必须做的改正，处理能力都有了提高，所以他认为他已大大地降低了这些数据中的噪声。通过模型的改进，以及消除数据噪声能力的提高，克拉斯诺波尔斯基重新对2006年CHSELL探测器的观测进行了分析。他的新结论是：在观测条件据他现在认为完美的情况下[14]，这些观测数据显示，在火星三个不同区域上探测到含量极低的甲烷。在火星南半球，从南纬80°一直往北到南纬45°，甲烷含量平均值为1.7 ± 1.2 ppb。克拉斯诺波尔斯基认为这个结果可以看作是探测到的信号，尽管其他人或许

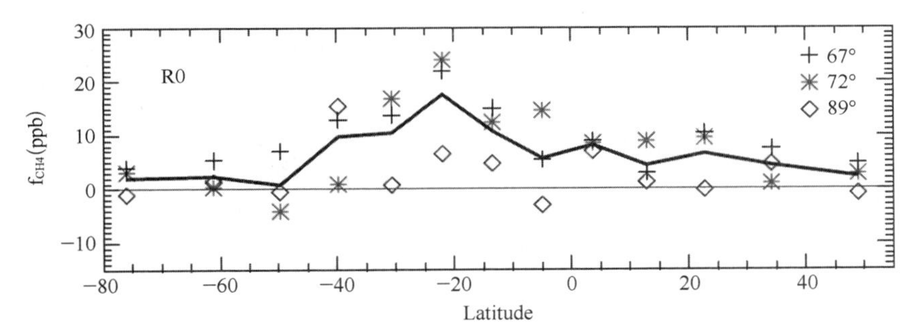

图 14.2　火星大气甲烷丰度（以 ppb 为单位）的纬度分布（从南纬 80° 到北纬 60°），根据 2006 年 2 月测量所绘 *。本图给出三个不同经度处的测量结果（西经 67°、72° 及 89°），分别用三个不同符号表示。甲烷丰度根据甲烷吸收线 R0（波数 3 028.752 cm^{-1}）得出。数据显示南半球中纬地区似乎有可探测量的甲烷（10～20 ppb），而更南和更北处的甲烷含量很低，甚至没有甲烷。本图取自克拉斯诺波尔斯基等 2012 年发表于美国期刊《伊卡洛斯》的文章。[图中文字：Latitude（纬度）。]

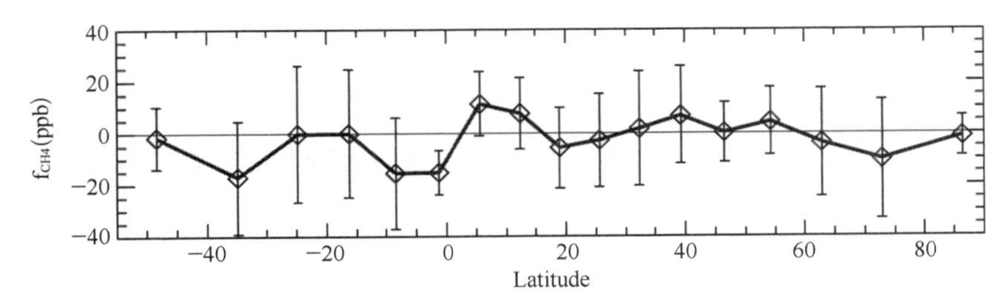

图 14.3　火星大气甲烷丰度（以 ppb 为单位）的纬度分布（从南纬 60° 到北纬 90°），根据 2009 年 12 月测量所绘。没探测到甲烷（水平实线表示零平均丰度，垂直实线表示测量值的标准差）。本图取自克拉斯诺波尔斯基等 2012 年发表于美国期刊《伊卡洛斯》的文章。[图中文字：Latitude（纬度）。]

认为这些结果只是些噪声，因为他报告的测量值低于 3.6 ppb。在赤道附近，从南纬 45° 到北纬 7°，甲烷平均值为 10 ± 2 ppb；从北纬 7° 到北纬 55°，甲烷平均值为 4.4 ± 1.2 ppb。如果克拉斯诺波尔斯基分析 2006 年数据的所有步骤都是正确的，那么火星赤道附近 10 ± 2 ppb 的结果至少是对火星甲烷的一次可靠的探测。他报告说，最大的甲烷丰度位于火星巨

* 本图的纵坐标为以 ppb 为单位的甲烷含量，横坐标为纬度。——译者注

大的峡谷系统——水手谷*深邃的峡谷上方。克拉斯诺波尔斯基认为这些结果与穆马团队（2009年）报告的2006年2月26日测量值3 ppb是一致的，看到这个情况他觉得很放心。但是在其他人看来，克拉斯诺波尔斯基的新结果与穆马的结果是相互矛盾的，克拉斯诺波尔斯基的数据建模过度，信号是从噪声中拔出来的，实际上什么信号都没有。

2009年，即2006年的IRTF观测仅仅过去3年之后，克拉斯诺波尔斯基再次用IRTF观测到一套数据，这次火星的位置不如2006年2月那么好，他也没有在火星大气中观测到甲烷。根据他的分析，2009年数据的上限对于一条谱线是15 ppb，另一条谱线是8 ppb。

从克拉斯诺波尔斯基的工作我们可以得出什么结论吗？是的，可以得出结论：火星拥有的甲烷要么很少一点，要么根本没有，火星在2009年都没有显示出可探测的甲烷含量。所以根据克拉斯诺波尔斯基2009年数据的噪声水平，他根本不可能观测到含量为1.7 ppb、4.4 ppb，甚至10 ppb的甲烷，这样他在2009年的零探测结果才与他说的2006年探测相一致。

2006年1月和2月，克拉斯诺波尔斯基和穆马在同一座山上用同一台望远镜和相同的探测器独立测量了火星的甲烷丰度，而且最初报告的结果也是相同的：火星没有或几乎没有可探测到的甲烷。也就是说，在克拉斯诺波尔斯基重新分析他的数据并得到不同的结果之前，他们的结果是相同的。经克拉斯诺波尔斯基重新改正后的“信号”数值非常低，所以更可能的结果是火星在2006年也没有可探测到的甲烷含量，尽管也许这两年甲烷的数量是真实的，但都特别地少。

甲烷还留有几个奥秘有待揭晓。为什么3个不同的团队在2003年和2004年都探测到很低含量的火星甲烷？这些甲烷在短短3年内又是

---

* 对水手9号发现的峡谷系统的总称。——译者注

怎么耗散甚至消失的？难道它们全都是噪声？恐怕火星上原本就从未有过甲烷。

火星环球勘测者号

对于地面观测到的火星甲烷光谱的解释陷入了争论不休的窘境，正当此际，从火星轨道传来了证实火星甲烷存在与否的独立新观测，它们来自火星环球勘测者号上的热发射光谱仪 TES（Thermal Emission Spectrometer），这是丰蒂（S. Fonti）和马尔佐（G. A. Marzo）在 2010 年报道的[15]。火星环球勘测者号是在 1996 年发射的，是继 20 世纪 70 年代的海盗号以来第一个环绕火星轨道飞行的航天器。（回想一下，ESA 的火星快车号可能在 2003 年就已经从火星轨道上探测到了甲烷。）一旦在轨道上安顿停当，火星环球勘测者号便开始研究火星，并持续地进行。TES 的设计灵敏度还不高，要观测火星大气光谱中可能存在的狭窄的甲烷谱线尚且不足，但是，丰蒂和马尔佐说，他们采用了一种计算和实验技术相综合的方法，事实证明，TES 可用来探测甲烷。此外，TES 敏感的是波长 7.7 微米处的甲烷吸收带而不是 3.3 微米处的甲烷吸收带，前者的强度仅次于后者，只是这个波长上的光不能穿越地球大气层到达地面望远镜。只有载有望远镜的火星轨道器直接俯视火星才能在 7.7 微米上研究火星大气并寻找甲烷的吸收信号。因此，TES 有可能为证实火星大气内是否存在甲烷立下汗马之功。

他们采用的技术称为“聚类分析法”，以前曾被用来处理 TES 的其他数据。他们声称，聚类分析最后能使他们仔细地挑选出对甲烷统计可靠的数据，也就是说，在 TES 获得的将近 300 万条覆盖甲烷吸收带的光谱中，几乎有 59%～86% 要被舍弃（取决于观测年份）。任何选中或拒绝数据的技术都充满着风险。聚类分析技术的使用者认为，这个

图 14.4　巡航在火星轨道上的火星环球勘测者号航天器（想象图）。本图由 NASA/JPL-Caltech 提供。（彩色版本见书前插页）

方法对于受系统误差负面影响的数据有很强的拒绝功能，但不会拒绝受随机噪声影响的数据。持更为怀疑态度的读者可能会认为，这种技术是一种为了产生你想要的结果而只拒绝你不想要的数据的乖巧途径。

根据丰蒂和马尔佐的想法，TES 获得的火星光谱数据一旦经过仔

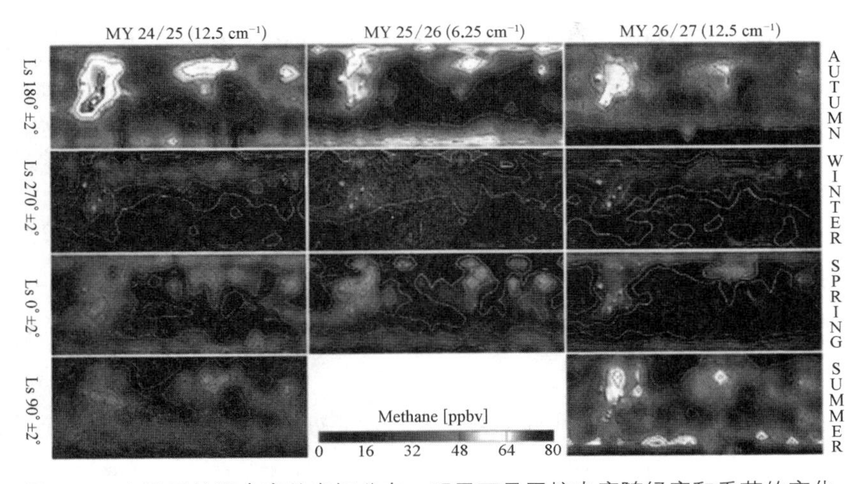

图 14.5 火星甲烷视丰度的空间分布，明显可见甲烷丰度随经度和季节的变化。本图根据火星环球勘测者号的观测数据计算得到，每张图的纬度范围从南纬 60° 到北纬 60°。三个不同火星年份（第 24/25、第 25/26 和第 26/27 火星年）各季节的结果垂直列出，这三年每年每个季度给出一张经度剖面图，其中火星秋季、冬季、春季和夏季分别对应近 180°、270°、0° 和 90° 经度。图中灰度表示甲烷的丰度，从最高约 80 ppb（白色）到几 ppb（黑色）。从图中可见，无论哪个季节，90° 和 180° 观测到的甲烷含量都高于 0° 和 270°。另外，在这三个火星年的夏季和秋季看到的甲烷都比冬季和春季的多。本图取自丰蒂和马尔佐 2010 年发表于《天文学和天体物理学》的文章，转载获《天文学和天体物理学》许可。[图中文字：MY（火星年）；AUTUMN（秋季）；WINTER（冬季）；SPRING（春季）；SUMMER（夏季）；Methane（甲烷丰度）。]（彩色版本见书前插页）

细剔除，舍弃不良数据，就能够探测到甲烷以及甲烷丰度的空间变化和季节变化。从这些结果，我们可以得出下面其中一个结论：（a）如果你用算法仔细地挑选，只挑选能得到你想要的结果的数据，你便会得到你所要的结果；（b）如果你明智而客观地找到一种舍弃坏数据的方法，留下的好数据会格外地好。

他们在 2010 年发表了测量结果，北半球的全球甲烷丰度在每个火星秋分前后都很高（1998—2000 年为 33 ± 9 ppb，2000—2002 年为 18 ± 7 ppb，2002—2004 年为 30 ± 8 ppb），冬至前后都很低（上述三个火星时期分别为 6 ± 2 ppb、5 ± 2 ppb 和 5 ± 1 ppb）。从他们的图上可以看到“有三大地区［塔尔西斯（Tharsis）、阿拉伯台地（Arabia Terra）和埃律西昂］甲烷含量系统地高于周围”。塔尔西斯和埃律西昂是火山区，而阿拉伯台地是个海拔很高、密布陨石坑的地区。总而言之，他们的结果似乎与其他团队报告的一致，特别是甲烷丰度环绕火星全球的空间变化以及火星大气中甲烷的短暂寿命（他们估计约为 0.6 年）等现象，总体上似乎是重复了克拉斯诺波尔斯基团队、火星快车号团队和穆马团队的测量结果。

然而，MGS/TES 的甲烷故事并未因有了初步分析而收场。2015 年，丰蒂和一个有 6 个合作者的团队（不包括马尔佐）复查了以前对火星环球勘测者号 TES 数据做的聚类分析[16]。丰蒂及其合作团队费了九牛二虎之力对丰蒂和马尔佐的原始分析进行了重新处理及改进，其后他们幡然醒悟：“不幸得很，这次研究的结论是，尽管试尽各种尝试，我们仍无法清晰分离甲烷簇和无甲烷簇。因此，我们无法用丰蒂和马尔佐（2010 年）的方法估计甲烷的丰度。”也就是说，丰蒂和马尔佐的方法以及由此得出的数据就本质而言根本不可信。丰蒂 2015 年的合作团队构建出各种合成光谱与他们的观测光谱进行比较，他们发现，根本不能区分甲烷含量 33 ppb 的模型和完全无甲烷模型。他们的研究结论是，从 TES 数据中无法可靠地确定出甲烷。火星环球勘测者号的原始设计没有具备探测火星上甲烷的能力，确定是这样。TES 不能、也无法提供独立证据支持或反对克拉斯诺波尔斯基、火星快车号和穆马在 21 世纪头几年里探测到火星大气低水平甲烷含量的结论。

探测甲烷逃逸量

NASA 戈达德航天中心的比利亚努埃瓦与穆马以及另外 8 位天文

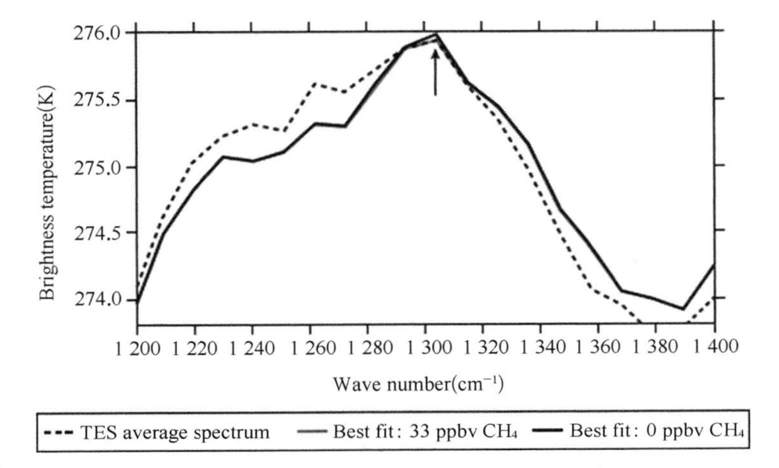

图 14.6　火星反射光强度（亮度温度）光谱图（横坐标为波数）。在这段很窄的波谱区（中心 1 304 cm^{-1}）里，火星光谱受到甲烷的影响。虚线表示测量数据，基于两种模型的拟合结果表示为黑实线（假设火星大气不含甲烷）和灰实线（假设火星大气含有 33 ppb 甲烷）。1 304 cm^{-1} 这个数据点除外，黑实线和灰实线重叠得非常完美，而灰实线（含甲烷）与 1 304 cm^{-1} 处的数据要符合得更好。但在大部分波长上，数据与两个模型之间的差异要大于两个模型之间的差异，这表明要确定火星大气中是否存在甲烷所要求的测量精度——按这项研究的作者的话来说——“目前极难达到，甚至不可能做到”。因此，丰蒂（2010 年）得出火星大气里有甲烷的结论（图 14.5）也被撤回，因为这些结论既无法被证实也无法被否定。本图取自丰蒂等 2015 年发表于《天文学和天体物理学》的文章，转载获得《天文学和天体物理学》许可。[图中文字：Wave number（波数）；Brightness temperature（亮度温度）；TES average spectrum（TES 平均光谱）。]

学家组成的一个国际合作团队，用几台地面望远镜对火星进行了为期多年的研究。比利亚努埃瓦是一位备受尊敬的年轻行星学家，2015 年美国天文学会授予他尤里奖（Urey Prize）。他也是穆马团队的成员，该团队曾于 2009 年报告 2003 年探测到火星大气中出现甲烷卷流。比利亚努埃瓦团队至少部分是因为受“最近四个团队对甲烷的观测表明，甲烷存在局部释放区以及有大幅度时间变化，但是观测的复杂性使人对探测结果的可靠性产生了疑问”[17] 的激励而投入火星观测。当然，这四个团队中火星环球勘测者号团队后来撤回了探测到甲烷的声明。

由此，比利亚努埃瓦组建了一个团队，利用几台地面望远镜搜寻火星大气中的微量气体成分。他们在火星研究中撒下的是一张大网，除甲烷外，他们还试图找出一大批含碳气体（如 C_2H_2、C_2H_4、C_2H_6、H_2CO、CH_3OH）、含氮化合物（N_2O、NH_3、HCN）和含氯物质（HCl、CH_3Cl）。从 2006 年到 2010 年，整整努力了 4 年，用了 3 台功能强大的望远镜：智利北部帕拉纳尔山（Cerro Pararal）的甚大望远镜（Very Large Telescope，VLT），它由 4 台一起工作的 8 米望远镜组成；莫纳克亚火山上 10 米凯克望远镜Ⅱ；以及同在莫纳克亚火山上的 IRTF 望远镜，这是唯一一台 3 米口径的望远镜。

碰巧的是，比利亚努埃瓦观测火星用的望远镜（IRTF）、探测器系统（CSHELL）都与克拉斯诺波尔斯基用的相同，甚至观测是在“火星的相同季节”和“相同地区”。事实上，他们做的是相同的实验，而且时间只相差一个月：比利亚努埃瓦观测火星是在 2006 年 1 月 6 日（同样的观测结果，穆马是在 2009 年的论文中首次发表的），而克拉斯诺波尔斯基观测火星是在 4 周后，即 2 月 2 日。令人惊讶而且莫名其妙的是，这两个重叠的观测计划，比利亚努埃瓦和克拉斯诺波尔斯基却获得了不同的结果。

比利亚努埃瓦在《伊卡洛斯》上发表了团队的研究成果，该论文现在是 2013 年所有行星学科中最广泛阅读和引用的文章之一[18]。在 2006 年 1 月 6 日、2009 年 11 月 20 日和 2010 年 4 月 28 日的观测中，3σ 探测阈值（99.7% 置信水平）分别为 7.8 ppb、6.6 ppb、7.2 ppb 的情况下都没有发现甲烷。

穆马的团队（包括比利亚努埃瓦）此前曾报告 2006 年 1 月那一轮观测在火星的三个不同纬度地区得到的结果在 1～6 ppb。比利亚努埃瓦的团队（包括穆马）2013 年报告的结果和穆马的团队（包括比利亚努埃瓦）2009 年报告的结果用的是相同的数据，因此可以理解为一致，可是穆马的团队在 2009 年明确认为他们已探测到甲烷，而不是单纯地测量到甲烷可能存在的上限。

克拉斯诺波尔斯基对于 2006 年 2 月测量的第一次报告是：上限小于 14 ppb，不过他后来对结果作了修正，得出可靠的探测结果是 1.7～10 ppb，具体数值与火星上具体的位置有关。如果比利亚努埃瓦对 2006 年 1 月测量数据的重新分析是正确的，如果克拉斯诺波尔斯基对 2006 年 2 月测量数据的重新分析也是正确的，那么火星在 1 月份的后三周里必定释放出大量的甲烷，这样才能使火星大气中的甲烷浓度从 1 月初的不可探测水平增加到 2 月初克拉斯诺波尔斯基出现在望远镜旁时的可探测水平。比利亚努埃瓦计算得出，在这三周左右即 27 天或更短时间内注入火星大气的甲烷量要达到 4 500 吨。这么多的甲烷意味着平均每秒 2 千克的甲烷连续 27 天从地下储库排放到大气中。无论如何，这个释放率“极不寻常”。假如对克拉斯诺波尔斯基的测量不觉得有疑问，那么根据比利亚努埃瓦的结果，克拉斯诺波尔斯基 2012 年报道的修订后的“探测”其可靠性就极为可疑了。

2003 年（也许是 2004 年），几个团队据说都观察到一个巨大的甲烷“卷流”，它必定已经释放出大量甲烷，比利亚努埃瓦、穆马和他们的同事计算出，这个卷流“约含有 19 000 吨的甲烷”。他们继续说，释放的甲烷数量之巨，“堪比加利福尼亚州圣巴巴拉煤油点渗漏区渗漏的碳氢化合物的数量”。他们随后指出，这些火星甲烷必须在三年内消失：“到 2006 年 1 月，全火星甲烷的丰度只有 2003 年 3 月释放量的 50% 左右，表明它们迅速遭到破坏。”如果比利亚努埃瓦 2006 年 1 月对甲烷丰度的测量值（大气中的甲烷基本为零）正确无误，如果不存在甲烷的快速下降，那么根据这些结果似乎也会对多个团队报告 2003 年“探测到”甲烷的准确性产生怀疑，尽管比利亚努埃瓦、穆马及其 2013 年论文的共同作者实际上并没有指出这一点。

甲烷的快速破坏是有问题的。不少大气科学家质疑，对于那么多的甲烷，破坏机制是否能那么快地起作用。然而，火星大气甲烷的短寿命，例如 2011 年火星快车号团队所提出的破坏过程，似乎是能使大多数或所有的甲烷观测结果都正确的唯一合理解释。

比利亚努埃瓦团队是如何处理这些相互矛盾的结果的？“考虑到火星环球勘测者号上的热发射光谱仪（MGS/TES）和火星快车号上的行星傅里叶光谱仪（PFS/MEX）这些光谱分辨率低下的仪器测量甲烷的复杂性，”他们写道，“这些测量结果可能会受到仪器因素（如微小振动）的影响。鉴于这些团队寻找甲烷用的光谱区含有大量的日光和水汽特征，因此，还会因无法辨认这些特征而受到影响。”换句话说，这些轨道航天器声称的甲烷“探测”可能是错误的。正如我们现在所知，比利亚努埃瓦是正确的，MGS/TES 报告的甲烷探测是错误的。而他对 PFS/MES 结果的看法可能也是正确的。

比利亚努埃瓦团队的结论是：“如果甲烷正被释放进入大气，那么这个过程可能是断断续续的，而不是连续的。”这个“如果”未免也太离奇了吧。

第十五章

好奇号在火星

1997 年探路者号航天器发射升空，标志着 NASA 火星漫游车时代的开始。探路者号降落在火星后，滚出一个重 23 英镑的设备——旅居者号（Sojourner）火星车。旅居者号约 2 英尺长，1.5 英尺宽，1 英尺高。这个微波炉大小的旅居者号以大约 1.5 英尺 / 分的速度在火星表面上缓缓行进[1]。这个速度堪比箱龟，箱龟的最高移动速度约为 1/4 英里 / 时（但它们不能长时间保持这种速度）。在失去动力之前，旅居者号在火星上幸存了 83 天（在这段有效寿命期间，它仅仅行驶了大约 330 英尺的距离）。作为一项工程实验，旅居者号非常成功，NASA 证明它有能力在火星上降落机器漫游车。作为科学任务，旅居者号几乎毫无影响，它的目标是工程而非科学。NASA 的下一步计划是制造能进行重大科学实验的更大更好的漫游车。

旅居者号的继承者是勇气号和机遇号，它们发射于 2003 年 6 月和 7 月。勇气号和机遇号均 384 磅重，5.2 英尺长，4.9 英尺高。在 2010 年 3 月最后一次向地球发送信息之前，勇气号行驶了近 5 英里。而机遇号 15 年来在火星表面上行进的距离已经超过了 26 英里，至今仍然生机勃勃*。作为工程实验，勇气号和机遇号都获得了巨大的成功；作为地质实验，勇气号和机遇号实现的科学成就远远超出了科学家的期望。只是勇气号和机遇号无论哪一个都没有装备寻找火星大气甲烷的仪器。不过，这两台火星车获得的科学和工程知识为 NASA 设计下一个旨在寻找火星甲烷的火星车任务铺平了道路。

2011 年 11 月，NASA 发射的火星科学实验室——好奇号火星车开始了火星之旅。抵达火星后，航天器乘着降落伞向火星表面降落。2012 年 8 月 5 日，着陆前几秒钟火箭点火成功，航天器先在盖尔陨击坑（Gale Crater）上空盘旋，然后用系绳将好奇号往下放，最后降落在陨石坑内的地面上。一旦着陆系统控制火星车安全地车轮着地，NASA 就会切断系绳，任由着陆系统坠落火星表面。

六轮的好奇号重达 1 982 磅，长 10 英尺，宽 9 英尺，高 7 英尺，最高速度 90 英寸 / 分。好奇号聪明伶俐、具有高度的科学灵敏度，而且装备精良，就是一个具有机器人能力的科学实验室，能在火星表面缓慢地行走。好奇号携带的科学设备包中有一套火星样品分析仪 SAM（Sample Analysis at Mars），内有一台可调激光光谱仪 TLS（Tunable Laser Spectrometer）。SAM 分析仪设计有 TLS 光谱仪，就是为了让好奇号拥有探测甲烷的能力，从而结束五十年来关于火星甲烷的争议。

身处火星表面的 SAM 分析仪，极具优势，远胜过地球望远镜甚至火星轨道望远镜。SAM 分析仪的进气口仅离火星表面约 3 英尺，因此它采集的是火星大气层最低部分的气体。此外，SAM 分析仪的光谱分辨率，即观测甲烷一类气体单条谱线的能力，“远远胜过地面和轨道望远镜的光谱仪”，并能在近红外 3.3 微米波谱处，“根据甲烷的三条”不

---

* 2018 年 6 月，机遇号因火星沙尘暴而停止工作进入休眠，此后失去联系。2019 年 2 月 13 日，NASA 宣布机遇号结束任务。——译者注

图 15.1　好奇号火星车 2016 年 5 月 11 日的自拍。拍照地点位于夏普山（Mount Sharp）底部的“诺克卢福高原（Naukluft Plateau）”上一个称为“奥考鲁索（Okoruso）”的样品钻取点。地平线上突出的是夏普山的前半部分。为了对图上的尺度有所概念，请注意火星车轮子的直径为 50 厘米、宽约 40 厘米。本图由 NASA/JPL 提供。（彩色版本见书前插页）

同谱线（而不是只有一条）“清晰的特征谱形确凿无误地识别出甲烷”[2]。

SAM 分析仪将火星空气吸入一个 21 厘米长的密封腔内，这个密封腔称为赫里奥特池（Herriott cell）。然后，SAM 分析仪发射一束激光脉冲在密封腔内来回反射，反复通过捕获的火星气体，通过的路径总长度可达 16.8 米。为了将激光脉冲引入赫里奥特池，科学家特别设计了几个反射镜，反射镜连同激光光源都装在一个所谓的前置光学室中，然后整体固定到赫里奥特池上。所以，激光光束首先一次性穿过前置光学室，然后进入赫里奥特池，在里面反射 80 次，最后被探测器接收并测量。

该微型实验以 2 分钟一次的间隔重复进行，持续 1 小时完成一组测量。赫里奥特池灌满火星空气后称为“满腔”，抽真空后称为“空腔”，比较“满腔”与“空腔”下实验的平均激光信号，SAM 团队的科学家可以测定激光信号的特征，从而确定气体的组成，因为气体分子会在激光光谱上留下它们的特征痕迹。在没有污染、设备也不出现系统性问题的情况下，只要火星大气含有甲烷，即使低到难以置信的程度，SAM 分析仪也能探测到，最低能探测到数百 ppt（即十分之几 ppb）*。所以，如果火星大气甲烷的含量为几个 ppb，SAM 分析仪和 TLS 光谱仪应该能轻松地探测到。以上是实验流程的简述。

SAM 实验是在 2013 年做的，在不相连的 6 个火星日（一个火星日等于 24 小时 39 分钟 35.244 秒）测量了甲烷的丰度。这 6 个火星日前后跨度为 234 个火星日，从 2012 年 10 月（第 79 火星日）开始到 2013 年 6 月（第 313 火星日）结束，其中有 3 天处于火星南半球的春天，而另外 3 天处于火星南半球夏季的中后期。

2013 年 10 月，喷气推进实验室的克里斯托弗·韦伯斯特（Christopher Webster）和 NASA 戈达德航天中心兼 SAM 首席研究员

---

* ppt 是 part per trillion 的缩略语，1 000 ppt=1 ppb。——译者注

的保罗·马哈菲（Paul Mahaffy），以及火星空间实验室（Mars Space Laboratory）全体科学团队在《科学》上发表了这6个火星日的测量结果："迄今为止，我们没有探测到甲烷。"[3]干净利落、毫不含糊其词，就是没有甲烷。

这任意的6个不同火星日在研究期间都没有探测到甲烷。他们报告说，平均信号惊人地微弱，只有0.18±0.67 ppb。置信水平95%（2σ）的甲烷丰度低于1.3 ppb；置信水平99.7%的甲烷丰度低于2 ppb。"这些结果使火星上当前有产甲烷菌活动的可能性变小，而且近期来自火星外部以及起源于地质的甲烷的数量也受到了限定。"这项实验是在火星表面完成的，不需要事先假设的计算机建模，无须对地球大气甲烷含量作任何假设，也无须对地球大气内各种发射吸收源产生的噪声干扰作任何假设。

假如火星大气的甲烷丰度为250、70或30 ppb，甚至是8 ppb，那么对SAM分析仪而言，火星甲烷的探测就好比一场儿童游戏。假如甲烷数量处在这种水平上，SAM分析仪还会探测不到甲烷？当然不会，这如同下棋，将军！输赢已经分明，棋局已经结束，火星上根本没有甲烷。然而，20世纪的哲学家和纽约扬基队名人堂的棒球接球手和经理尤吉·贝拉（Yogi Berra）说得好，"没到结束不叫结束"*。尤吉·贝拉说的没错，火星甲烷传奇故事就是这样。

异乎寻常的结论

随着获得的数据越来越多，韦伯斯特、马哈菲和SAM科学团队

---

* 二战后美国著名的职业棒球接球手，以讲话言辞简洁精辟、似是而非而闻名。这句话就是他在记者采访时所说，现广为流传。——译者注

在 2015 年 12 月报告了一个不同的结果。这次他们宣布，从 2013 年 11 月 29 日（第 466 火星日）到 2014 年 1 月 28 日（第 526 火星日）的两个月期间，他们“观测到升高了的甲烷含量”。不过，关于 2012 年和 2013 年这 6 个火星日的观测，仍然报告甲烷含量为不可探测，与他们关于好奇号探测火星甲烷结果的第一篇论文中报告的没有任何不同。他们还报告 2014 年 3 月 17 日（第 573 火星日）到 2014 年 7 月 9 日（第 684 火星日）这段时间甲烷含量也处于不可探测水平。就这种情况而言，原始数据的结论没有改变，尽管他们对分析的确作了改进，数值结果也有所修正。然而，2013 年底和 2014 年初的测量似乎讲了一个有关甲烷昙花一现的戏剧性故事——火星在这段短暂的时间内好像打了个嗝，排放了一些甲烷到火星大气中[4]。

为了了解 SAM 分析仪所做的测量，确定 SAM 团队探测火星甲烷的意外声明是否正确，大家必须知道一件事：好奇号在佛罗里达州发射之前，实验者曾将含有甲烷（88 ± 0.5 ppb）的气体注入赫里奥特池，用于校准未来在火星上要进行的 TLS 光谱仪测量实验，发射前这些气体很可能全都从赫里奥特池抽走了。不幸的是，佛罗里达的空气显然已经漏入前置光学室，因此，在到达火星后“空腔”和“满腔”实验测量到百万分之十的甲烷含量（即惊人的 10 000 ppb），显然它们是佛罗里达的甲烷。或许是“已知丰度”定标测试用的甲烷尚有残余留在赫里奥特池中，或许是佛罗里达空气从前置光学室泄漏到赫里奥特池中，也可能两者兼而有之。由于可能为地球空气所污染，所以最初 78 个火星日的测量都被舍弃了。用真空泵尽量排除前置光学室中的地球空气后，从第 79 火星日到第 292 火星日的所有测量显示，赫里奥特池在“空腔”和“满腔”时的甲烷含量均约为 90 ppb，这意味着即使到达火星表面将近一年之后，前置光学室里仍然有大量的佛罗里达甲烷。尽管 SAM 团队竭尽全力，显然仍无法成功地将所有的甲烷从实验装置中泵出去。

不过，事情确实在逐渐变好。在第 306 火星日和第 313 火星日进行的两次实验中，甲烷含量明显已降低至 20 ppb 以下，无论空腔测量还是满腔测量都是如此。虽然有了令人印象深刻的改善，但还很明显，在这两个火星日前置光学室中剩余的佛罗里达甲烷含量仍然比火星大气中预期的甲烷丰度高得多。一个基本的事实是，SAM 分析仪在火星上所做的全部甲烷测量，无论是空腔还是满腔，所有测量的光谱都主要是前置光学室中数量庞大的地球甲烷的。不管怎样，尽管探测系统处在火星表面，但好奇号团队面临的问题仍与穿过地球大气层研究火星的地面观测者没有什么不同。

原则上，如果实验完美，这个很大的甲烷信号完全可从火星甲烷信号中减去。然而，我们也需要记住，好奇号关于火星甲烷存在或不存在的所有声明都涉及一个做法，即从一个非常大的数字（满腔下测量到的甲烷含量）中减去另一个非常大的数字（空腔下测量到的甲烷含量），目的是精确测量一个非常微小的数字。SAM 团队能在 0.1 ppb 的水平上成功地实现这一目标吗？*

在 2015 年 1 月的报告中，韦伯斯特及其团队获得的是 13 个火星日而不是 6 个火星日的数据。有了更多的数据，他们重新分析了整个数据集。13 个火星日中有 6 个被认为是“低甲烷”测量，有 4 个被确定为“高甲烷”测量，有 2 个是试验测量，还有 1 个测量背景值非常高，因此未包括在最终的分析中。

另外，他们报告说，火星大气的甲烷背景含量非常低，平均值为 0.69 ± 0.25 ppb。相比 2013 年报告的数值，2015 年报告的平均值要

---

* 测量的算法如下：实验者进行两次测量，一次测量 X+Y，另一次测量 X，然后将 X 从 X+Y 中减去，即（X+Y）−X=Y。如果两次测量的 X 值相同，那么得到的 Y 值具有非常高的精度；但是，要是 X+Y 和 X 的测量误差与 Y 自身的大小相当呢？这种情况下就好比 X 值比 Y 值大几千倍或几万倍，此时 Y 值的可靠性就要打问号了。

高一些（0.69 对 0.18），而噪声要略低（0.25 对 0.67），但这一平均值与零结果或者极低甲烷含量其实没有区别。简单地说，从第 79 日到第 313 日，再从第 573 日到第 684 日，火星大气中的甲烷含量远低于 1 ppb，与 TLS 光谱仪可探测的零甲烷值相接近。

然而，从 2013 年 11 月 29 日（第 466 日）至 2014 年 1 月 28 日（第 526 日）的 60 个火星日期间发生了一些神秘的事情。根据 SAM 分析仪的测量，第 466 日的甲烷含量已上升到十倍于背景 0.69 ppb 的水平，第 466 日（5.48 ± 2.19 ppb）、第 474 日（6.88 ± 2.11 ppb）、第 504 日（6.91 ± 1.84 ppb）和第 526 日（9.34 ± 2.16 ppb）这四天里测量的平均值约为 7.2 ± 2.1 ppb。实验者无法确定甲烷水平在这两个月内是缓慢上升的，还是在数周、数天或数小时内迅速上升的，然后在少于 47 个火星日里（下一次测量在第 573 日），甲烷含量突然急剧下降至远低于 1 ppb（0.47 ± 0.11 ppb）的水平。

没有人质疑 SAM 分析仪探测甲烷的能力，只要有甲烷存在。如果 SAM 分析仪探测到赫里奥特池内的甲烷，那赫里奥特池内就有甲烷。不知为何，从第 313 日到第 466 日这 153 个火星日期间，SAM 探测器周围的甲烷含量急剧增加；然后，从第 526 日到第 573 日这差不多的时间里，又有某种过程将甲烷除去。最大的问题是：发生了什么？

SAM 分析仪检测到的甲烷是否是地球污染造成的？会不会是好奇号科学团队所作的分析中出现的某个问题造成的？该科学团队承认“不能排除分析中存在未察觉的问题”，但他们也“得出结论，这种‘高’含量甲烷信号极不可能是地球污染造成的”。

如果甲烷真的是火星自己的，又怎么会这么快消失呢？那么多的甲烷，火星可以在短短的几周内产生然后再将其除去吗？如果可以的话，火星必须有一个“漏”（sink），一个黑洞，一个真空，一个无比强大的破坏过程——火星甲烷产生得有多快，摧毁也就有多快。这个漏运作的时间只有几天到几周，而不是3～6年甚至300年。这种从火星大气中快速除去甲烷的过程未必真有。所以，如果甲烷不能在一夜之间被破坏掉，那就需要另外的解释。

韦伯斯特在为SAM科学团队撰写的文章中认为，这些结果意味着“火星有一个未知甲烷源间歇地产生甲烷”。此外，几乎可以肯定这个甲烷源一定是局部的而非广延的，好奇号幸运的是，正好降落在这个火星喷放甲烷的地方。还有，只要火星在好奇号附近有甲烷喷出，风会迅速地将甲烷卷流吹得远远的，几周之后好奇号就再也测量不到甲烷。最后，甲烷源本身必定是短寿命的，因为原先的甲烷卷流一旦散开，甲烷源不会再给当地大气补充甲烷使之达到可探测的水平。

这些引人注目的结果发表在《科学》期刊上，作者是一个庞大的国际团队，参加者是些倍受尊敬并参与NASA数十亿美元航天任务的科学家。文章经过其他专家的评审与审核，发表前那些有怀疑的杂志编辑大伤脑筋。这些结果太异乎寻常，异乎寻常的结果需要过硬的证据。如此异乎寻常的结论可能是真的吗？

甚至是《科学》的编辑似乎也想勾起读者的怀疑。2015年1月23日他们在“观点”栏目里发表了一篇评论，该评论提到了韦伯斯特团队声称好奇号团队曾探测到火星甲烷一事。这篇评论的作者凯文·扎恩勒（Kevin Zahnle）质疑火星好奇号TLS团队是否曾经探测到火星甲烷。他认为，韦伯斯特和马哈菲探测到的也许是他们自己从地球带去的地球甲烷气体。

扎恩勒是NASA艾姆斯研究中心的一位行星科学家，美国地球物理联合会会员，他经常向火星甲烷探测结果是正确的这一类说法发起挑战。卡尔·萨根是支持寻找火星生命的一位大学者，扎恩勒深情地引用了他的话：“异乎寻常的结论需要异乎寻常的证据。”[5] 火星上有甲烷的声明，特别是关于火星大气中甲烷丰度因地点而异、随时间速变的说法，按照扎恩勒的说法，应该“被视为异乎寻常的结论”[6]。地球上所有的行星科学家几乎都不会不同意扎恩勒这个观点。那么，问题是：好奇号团队提供了异乎寻常的证据了吗？

对于火星大气中出现甲烷随时间和地点变化的问题，必须满足几个要求。首先，必须存在一个或多个局部甲烷源。其次，这些甲烷源必须能在几周到几月的时间内排放大量的甲烷进入火星大气。第三，必须存在一个或多个甲烷漏，可以在类似的时间尺度上除去火星大气中的甲烷，不让火星大气中的甲烷积聚起来。那么，存在这样的甲烷源和甲烷漏吗？

科学家用所谓的常规大气光化学模型对甲烷进行过严格的研究。也就是说，在其他气体的包围下，如在地球大气气体（主要由氮、氧、氩、二氧化碳和水组成）或火星大气气体（主要由二氧化碳、氮、氩、氧和一氧化碳组成）中的其他气体包围下，并处于适合这些大气的压力和温度，以及暴露在这种环境下所预期光强和成分的日光照射下，甲烷气体会表现出怎样的行为呢？答案是：在地球和火星这两种大气环境中，甲烷都会与其他分子发生非常缓慢但非常稳定的反应，直到被破坏为止。

大约在 350 年内，任何注入火星大气的甲烷都会与其他气体发生反应并转化为其他分子。用不了几个世纪的时间，火星天气将会把注入局部区域的甲烷散布到全球。所以，在任何特定的时刻，整个大气都应显示有大致相同含量的甲烷。

破坏甲烷分子的过程不是瞬间完成的，可能连续发生，但几乎可以肯定在几天、几周、几月、甚至几年的时标上不会产生可测得出的变化。这种变化只有经过许多单个事件的数十年累积才能被发现。然而，2014 年初好奇号实验在火星上发现的变化发生在几周的时间之内，比“几十年”的时间尺度快了近千倍。扎恩勒声称，观测到甲烷含量在一到两个月的时间尺度上发生重大变化，其过程显然不属于常规大气光化学过程，一定有其他的过程在起作用。

如果火星甲烷不是被通常的光化学过程缓慢破坏的，那么很可能是通过与氧的反应被迅速破坏的。化学家也认为氧化反应*可以快速去除甲烷；当然，这种反应需要有氧的来源，而火星大气是缺氧的。通过植物的光合作用，地球大气中不断地产生氧气，而与地球不同，火星上没有植物生命（众所周知），大气中几乎没有游离氧（0.13%）。能释放氧进入火星大气唯一可行的过程是水的光解，即日光将 H_2O 离解成其组分氢和氧原子。这个过程除了产生氧原子，还会产生游离氢原子。游离氢原子非常轻，因此会上升至火星大气层顶并逃入太空。如果这个过程的规模很大而且能持续进行，那根据氢原子从火星逃逸到行星际空间的速率应该能推断这一过程的活跃程度。

事实上，行星科学家已经这样做了，他们测量并获得了游离氢原子逃离火星大气的速率[7]。假定科学家探测到的所有逃离火星的氢原子都来自水分子的离解，我们可以根据逃逸的氢原子数量得出甲烷分子氧化所需的游离氧原子的产生速率。那么，研究的结果怎么样呢？根据氢原子的逃逸速率获得的氧原子生成的速率太小，只达到所要求速率的1/10，后者是在四个月内将甲烷从 30 ppb 均匀地消耗到 0 ppb（这一变化的范围和时间尺度是符合多数观测者观测到的变化情况的）这一假设所要求的氧原子产生率。由此得出，水的离解还不足以解释甲烷的破坏速度。如果 30 ppb 的测量结果是错误的，而好奇号测量的 7 ppb 是正确的，那么氧的产生率仍然太小，

* 地球上氧与铁反应生成氧化铁（即铁锈）的过程就是氧化反应一例。

只达到要求的 1/3。总之，证据强烈表明，游离氧造成甲烷分子的氧化不能成为有效去除火星大气中甲烷的漏，除非所有声称探测到甲烷的测量几乎全都是错误的。

格明娜列、福尔米萨诺和辛多尼在报告火星快车号结果时提出了一种可能性（没有任何证据），火星表面富氧尘埃可以提供破坏地表附近甲烷分子的活性氧。这些作者还提出，火星沙尘暴期间，沙尘旋风中的电场产生的快速电子可提供一种摧毁火星甲烷的快速作用机制。这些想法极富想象力，虽未经检验，但至少有点道理，值得进一步探讨。

2015 年，詹姆斯 · 霍姆斯（James Holmes）、斯蒂芬 · 路易斯（Stephen Lewis）和马尼斯 · 帕特尔（Manish Patel）提出了另一种可能性，认为沸石可能是甲烷的速效吸收剂[8]。沸石属于多孔硅铝酸盐矿物，其作用类似于筛子，对通过它们的分子按大小进行筛选。在工业中，沸石可用于水的净化以及分离不同大小的分子。能捕获甲烷的沸石可存在于火星大气或覆盖在火星大部分表面上的疏松的尘土碎石层（风化层）中。火星尘旋风或沙尘暴将沸石吹到空中与大气中的甲烷接触，从而可快速地除去火星大气中的甲烷。

扎恩勒提出了另外一个问题，他问道，我们是否应该相信甲烷的测量结果。他指出，说已探测到甲烷的声明问题很多。例如，除了好奇号的结果以外，所有声称探测到甲烷的测量都基于大量的光谱建模工作。对于地球上的观测，观测者必须消除地球大气对光谱的影响。然而，这些模型并不完美，来自火星的光必须穿过甲烷含量是火星大气数百乃至数千倍的地球大气层。尽管火星的甲烷线因多普勒位移略微偏离对应的地球甲烷线，但是火星的甲烷线（如果真有的话）几乎一条也没有被看到过，而那少数几根被认定为具有甲烷光谱特征的谱线虽然有光谱位移，但它们仍然可能是随机噪声而不是信号。此外，还有模拟光谱所做的改正问题，模拟光谱所做的改正是根据地球大气中对温度很敏感的水谱线做的，而这些叠加在火星甲烷线上的地球水信号“比假想存在的火星信号强得多”。

另一方面，好奇号的测量是在火星表面进行的，不容易受到大量建模问题引入的误差的影响。值得注意的是，好奇号团队在2013年报告他们在火星上没有探测到任何甲烷，他们的零探测结论是在很优异的灵敏度水平上做的，以至于他们认为以前所有的甲烷探测都是可疑的。他们最初得到的结论还有一种可能性，就是可以理解为火星释放甲烷是不定期发生的，探测到甲烷只是一种偶然，必须在恰当的时间、合适的位置进行探测。按照这种逻辑，好奇号在2014年初正好处于恰当的时间、合适的位置，所以在短暂的时间内探测到了喷发出来的一股甲烷，尽管这次喷发十分轻微。再有，如果好奇号已探测到火星甲烷，好奇号的结果似乎在某种程度上支持了火星上有可能存在小规模甲烷喷发的观点。又一个太离谱的“如果”。

“我相信他们是探测到了甲烷，”扎恩勒在谈到火星好奇号2015年的报告时说道，“但我认为那一定是火星车带来的。”也就是说，好奇号从地球带来了甲烷，因此，它探测到的是地球甲烷而不是火星甲烷。甚至同为NASA艾姆斯研究中心的科学家、同为2015年发表的好奇号结果论文的共同作者之一的麦凯，也认为扎恩勒的担忧是有道理的：“我认为，甲烷来源于火星车的可能性在没有被完全排除之前，仍应当被考虑。”[9]当然，即使韦伯斯特和他的TLS团队承认好奇号把甲烷从地球带到了火星，他们也认为在数据分析时能够完全消除它们的影响。他们还辩解说，大部分甲烷都已被他们从赫里奥特池里成功地抽出去了，所以地球甲烷对甲烷信号测量的任何影响都可以忽略不计。此外，他们考虑到与前置光学室表面的涂层及内部镜子的化学反应，认为这不会是甲烷的一种来源。他们还对火星车车轮老化或碾压火星岩石产生探测到的甲烷这种可能性进行了详尽的分析，作了评估，最后也给予了否定。他们经过全面考虑后得出结论："跨越一整个火星年的测量表明，正有微量的甲烷以多种机制及其组合的方式——包括今天生成或者过去储存在储层中而现在释放出来，也可能两者兼而有之——从火星产生出来。"这是一种异乎寻常的说法。

归纳一下扎恩勒对好奇号探测结果的批评。扎恩勒断言，探测到的甲烷大部分"都是从前置光学室跑到样品池里的，它们来自火星车自身内部的多个来源，有的来源清楚，有的来源还不清楚"。[10] 扎恩勒检查了 2015 年发表的火星车结果的数据，他注意到：

> 起初，无论在偷渡的佛罗里达空气充满漫游车之时还是在它们被排空之后，都没有探测到火星甲烷。但后来，甲烷在火星车内一点点积聚起来，6 个火星空气样本中有 5 个出现了甲烷，按体积计算的甲烷含量达到 7 ppb 的数量级……在第五次探测到甲烷后，TLS/SAM 进行了两次更高灵敏度的富集实验，其中第一次实验发现甲烷几乎消失了……奥卡姆的威廉（William of Ockham）* 告诫我们，在已知的甲烷来源——火星车——近在咫尺时，要谨慎对待"躲猫猫"般时隐时现的甲烷。因为火星车内部的甲烷浓度大约是火星空气中的 1 000 倍，只要搞到一点点就够了。当然，过于自信那里从没有过甲烷也可能会犯错误。[11]

扎恩勒还指出，SAM 团队进行的两次实验其设计目的要使火星甲

---

* 奥卡姆的威廉（1280—1349）是位知识评论家，他曾说过，在众多复杂的解释中最简单的往往更可取。因此，理论不应复杂化是绝对必要的。（这个原理常被人称为奥卡姆剃刀。——译者注）

烷的探测变得更容易，然而这两次实验都没有探测到甲烷。这两次实验就是“富集”实验（在第 573 和第 684 火星日），是通过清除赫里奥特二氧化碳池中的空气来完成的。由于火星大气中 96% 的是二氧化碳，所以，在所有的该气态物质几乎都被去除后，剩余的无论哪种分子它们的探测都应该更容易 10～20 倍。第 573 和第 684 火星日这两日，甲烷含量低于 1 ppb。扎恩勒认为，TLS 团队没有提出异乎寻常的证据来支持他们那异乎寻常的结论。

甲烷的非生物来源

如果火星上探测到的甲烷含量是正确的，那么这些甲烷是火星自己的吗？如果我们假设今天火星大气中确实含有极少量的甲烷，而且在时间和空间上都是变化的，那么顺着这个假设我们应该很自然地会提出另外一个问题。生物活动是甲烷唯一可能的来源吗？答案是否定的。科学家们已发现好几种产生甲烷的合理途径。

蛇纹石化。如果地下水与玄武岩(例如橄榄石矿物 * 或辉石矿物 **）反应，玄武岩就会变成蛇纹石矿物 ***。这种蛇纹石化的过程会释放出氢原子，在火星环境下，氢原子会与碳（在火星大气中以二氧化碳分子的形式大量存在）合成产生甲烷。行星地质学家认为，几乎可以完全肯定火星年轻时这个过程十分活跃，将大量的甲烷注入火星大气。甲

---

* 橄榄石是地球上最常见的矿物之一，火星上可能也同样很丰富。橄榄石矿物化学名为（Mg，Fe）$_2$SiO$_4$，它包含 1 个硅原子和 4 个氧原子，通常还包含 2 个镁原子（Mg_2SiO_4，称为镁橄榄石）或 Si 和 Mg 原子的混合物。橄榄石矿物还可以含有钙（$CaMgSiO_4$ 称为钙镁橄榄石，$CaFeSiO_4$ 称为钙铁橄榄石）。

** 辉石矿物包含 6 个氧原子，通常还有 2 个硅原子，有时硅原子可由铝原子取代。此外还包含另外 2 种元素，其中一种是钠或钙，另一种是镁、铁或铝，所以辉石矿物的化学名写为（Na，Ca）（Mg，Fe，Al）（Al，Si）$_2$O$_6$。

*** 蛇纹石矿物含有镁、硅、氧和氢，化学名为 $Mg_3Si_2O_5(OH)_4$。

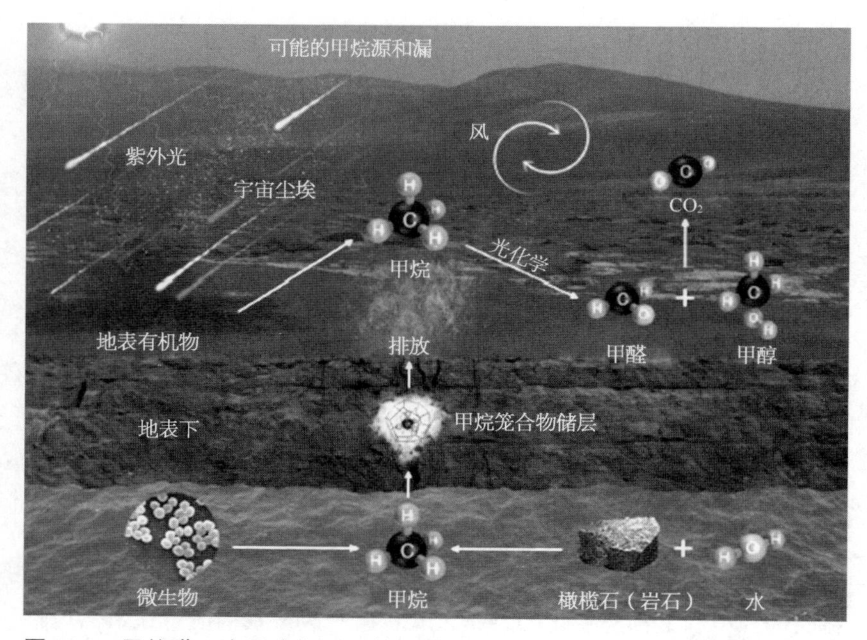

图 15.2 甲烷进入火星大气以及被去除的几种可能途径。地下源包括产甲烷菌、蛇纹石化（水与橄榄石矿物反应）以及古代储存在笼合物中的甲烷从中逸出。地表源包括紫外光与被雨带到地表的富碳尘埃之间的反应。甲烷的可能破坏机制包括富氧分子将甲烷变成二氧化碳的地表化学反应，以及尘旋风产生的快速运动电子对甲烷的作用和破坏。原图由美国 NASA 戈达德航天中心和布赖恩·门罗（Brian Monroe）提供。（彩色版本见书前插页）

烷是一种温室气体 *，高含量的甲烷可能有助于使年轻火星的大气温度升高，高到足以使火星出现海洋和全球水循环。年轻火星产生的甲烷可能大部分被隔离在永久冻土层中，只能逐步地释放出来[12]。火星大气要达到 10 ppb 的甲烷含量必须要求每年释放 100 吨甲烷，而每年通过蛇纹石化过程可以释放的最大甲烷数量的估值是该值的 2 000 倍[13]。

水汽光解。特拉维夫大学的阿基瓦·巴尔–努恩（Akiva Bar-Nun）

* 温室气体是指大气中能有效吸收地面反射的太阳辐射并再发射长波辐射的气体，如水汽、二氧化碳、甲烷等，它们能使气候变暖。——译者注

和瓦西里·迪米特罗夫（Vasili Dimitrov）指出，存在一氧化碳的情况下水汽光解可产生甲烷和其他碳氢化合物[14]。该过程的第一步是水分子吸收紫外光子离解成 OH 羟基* 和 H 原子。然后 OH 羟基与 CO 反应形成 CO_2 分子并释放出一个 H 原子。释放的 H 原子中有的会与其他 CO 分子发生反应，其最终产物是甲烷。该过程能产生甲烷是毋庸置疑的，问题是这个过程能否在火星上实际发生，这才是重要的、需要考虑的。巴尔-努恩和迪米特罗夫令人信服地证明，这种过程可以而且应该在实际的火星大气条件下发生，产生的甲烷浓度可以达到声称探测到火星大气甲烷者测定数值的几千倍。

*陨石源。*某些陨石以碳化合物的形式含有高达百分之几的碳。小行星带是太阳系的一部分，它位于火星和木星轨道之间。火星则是离小行星带最近的行星，经常受到大量陨石物质的轰击。这些陨石在薄薄的火星大气层中穿行下降，下降过程中很少有燃尽的。因此，火星表面一定覆盖着一层薄薄的主要由陨石碎屑组成的尘土。研究人员将陨石暴露在太阳的紫外光下，就如同在火星表面上那样，光照条件按火星上的情况模拟设计，结果研究人员发现，一种称为默奇森陨石上的富碳陨石物质能非常有效地释放甲烷。默奇森陨石释放的甲烷量随着温度的升高而增加。位于德国美因茨的马克斯·普朗克化学研究所大气化学室的弗兰克·开普勒（Frank Keppler）和他的同事估计，假定陨石物质下落到火星表面的数量固定不变并受紫外光照射，这些陨石物质能变成甲烷源，释放的甲烷数量足以解释平衡状态下火星大气中甲烷 10 ppb 的含量[15]。

*甲烷笼合物***。笼合物是液态水在低温和高压条件下发生固化时形

---

* 羟基是有一个不对称电子的元素或化合物，因此它非常活泼。

** 笼合物是具有笼状结构的化合物，其中的大分子构成晶体化的笼状结构，将较小的分子或原子包含其中。——译者注

成的。发生这种情况时，在水冰的内部有笼状空腔形成。这些笼状空腔成为可以捕获甲烷等气体的储库。火星上富含甲烷的笼合物可能形成于火星史的早期，假定当时火星的大气中有较高含量的甲烷。这种笼合物可能存在于火星地表上、地表下或极盖处，它们对火星远古时代的气候演化起过重要的作用。因此，甲烷气体从地下笼合物储层中缓慢地逸出可能是火星甲烷很有说服力的一种来源。鉴于如今的火星大气中似乎还能检测到的甲烷很少，所以迄今还在渗漏出甲烷气体的甲烷笼合物沉积层，其空间分布范围一定是相当小的[16]。

火星上有甲烷吗？它们是火星生命的证据吗？说到底，现有关于火星现代大气中甲烷存在的证据是相互矛盾的。即使甲烷真的存在，现有的证据表明它们似乎是被偶然喷发到大气中的，然后在数周到数月内消失，尽管对这些证据仍有争议。

如果火星大气中的甲烷含量很低而且很稳定，那么它们可以由多种过程产生，这些过程都不要求火星现在或过去存在生命。当然，含量如此低的甲烷，生命也能够产得出。不过，无论产生的来源怎样，火星甲烷的快速消失要比长期低含量的存在更难以解释。如果没有一种可行的快速去除火星大气中甲烷的机制，所有火星有甲烷的观点似乎都缺乏异乎寻常的支持证据。

迄今为止，好奇号停留在火星上的时间已不短，足以能梳理出可产生甲烷的各种机制。如果甲烷是地下产甲烷菌产生的，那么甲烷的产生可能会遵循火星的季节周期。因此，由于甲烷含量的第一次激增发生在火星南半球的秋季（2013 年 12 月至 2014 年 1 月），那么在相同火星季节的相同时段，即从 2015 年末到 2016 年初的火星南半球秋季，激增似乎应该再次发生。按照 2016 年 5 月 11 日 NASA 的新闻稿来看，“为了确认 2013—2014 年观测到的甲烷激增情况会不会重现，火星号作了仔细检查”，但在 2015—2016 年期间，“甲烷浓度依然处在较低的背景数值上”。好奇号团队负责人韦伯斯特说：“第二年的实验立即告诉我们，激增现象不是一种季节性效应，显然是一次偶然事件，我们可能会也可能不会再次看到。”[17]这些新的测量表明，2013—2014年的甲烷激增是一次随机爆发，甚至可能是污染，不过，新的测量结果只是减弱但并没有排除与火星生命有关的可能性。

第十六章

追寻火星生命

今天火星上会有生命吗?

要使化学基的生命扎根发展，有些条件必须具备。有一点几乎可以肯定，那便是周围环境必须拥有液态水和能源。火星拥有古老干涸类似河谷、三角洲以及湖泊的地貌构造，火星的上空也闪耀着太阳。这一点没有问题。

其次，大气和土壤必须拥有少量生物必需的元素：碳、氧、氮、氢、磷和硫。所有这些元素火星上都十分丰富，这一点也没有问题。

再有，环境必须足够长时间地保持这些条件以便生命的发展。根据华盛顿大学地球和行星系詹姆斯·麦克唐奈杰出大学教授（James S. McDonnell Distinguished University Professor）雷·阿维森（Ray Arvidson）2016 年的总结，已有极为诱人的证据表明，火星曾有过多个足够温暖、足够湿润并长到足够维持生命的时期[1]。他写道，机遇号探测了一个 22 千米大小、名为奋进的陨击坑（Endeavor Crater）里面的古代遗迹（40 亿年历史），发现“这个陨击坑的形成产生了一个长寿命大范围的水热系统……它在地下创造出一个相对宜居的环境，至少在持续供水方面是如此”。机遇号还探测到一些年龄达 30～40 亿年的伯恩斯构造露头（Burns Formation Outcrops），这些构造露头显露出来的众多特征（例如波纹状和沉积岩）是地表水和地下水长期存在的证据。阿维森解释说：“假如是在地球上，湿润的地表环境是适宜于居住的，哪怕只是适应酸性和长时间干旱的微生物。……地下水……会有更温和的条件，如果是在地球上那肯定是适宜居住的。”阿维森继续说，勇气号探测过一个起伏的丘陵地区，其周围是一个称为本垒（Home Plate）* 的侵蚀火山地区，这个地区的年龄不超过 37 亿年。“在地球上，本垒周围所有含水的环境都适宜居住，对火星或许也是这样。”好奇号还对一个沉积区作了探测，这个沉积区位于直径 150 千米的盖尔陨击坑 ** 内，探测地区还包括该陨击坑的中央峰夏普山周围的沉积岩层，那里有些岩石的年龄年轻到只有 29 亿年。好奇号的测量表明，盖尔陨击坑曾经是一个巨大的湖泊，现在砂岩上还覆盖着泥岩。盖尔陨击坑里的沉积物形成于有“巨量地表径流并伴随有侵蚀和输运沉积物”的年代。好奇号的数据表明，“环境对保护有机分子有利，也适宜居住，至少就水能维持存在而言是适宜的”。如果假定“环境的各种条件（至少在水的供应方面）都适宜居住”，那么火星的地面和地下就有许多地方都是适宜居住的，即使现在不能居住，至少在火星史最初的 15 亿年里是适宜居住的。这一点同样没有问题。

目前还没发现有确凿的证据能证明火星过去或现在存在有生命，我们仍然期待这种证据，或者给出明确有力的证据证明火星现在和过去一直是毫无生机的。不过，火星曾对生命非常友好，这是毋庸置疑的，它可能曾经是繁衍生息着类似地球生命形式的一颗行星。将火星

---

* 火星哥伦比亚山中一个直径为 90 米的高原地区，因其形状类似垒球中本垒而得名。——译者注

** 以 19 世纪末澳大利亚业余天文学家沃尔特·弗雷德里克·盖尔（Walter Frederick Gale）命名的一个陨击坑，夏普山是该陨击坑的中央峰。——译者注

车发现的与从 ALH 84001 陨石中发现的古代甚至现代存在火星生命的证据（尽管还不能令人信服），以及测量到的忽高忽低的火星大气甲烷丰度（尽管也不能令人信服）——或许超出了非生物活动能产生的甲烷量——综合到一起，告诫我们绝对不能断然否定火星上可能存在过生命，甚至说不定如今依然存在。所以，我们还得继续去追寻火星生物。

的确，火星曾经有过生命的想法并不牵强附会，如果火星曾经拥有过生物，这些生物就会适应火星不断变化的气候，并找到生存到今天的途径。我们可以非常合理地认为，火星地下可能拥有微观生命菌落的想法是可信的。因此，今日关于火星最重要的问题是，在已知的宜居地区是否有“可为生物利用的化合物”和维持生命所必需的能源？还有，不论什么形式的生命，今日的火星上会有吗？假如我们人类有火星邻居，那么 400 年来他们一直都在嘲弄和考验我们。一旦望远镜时代到来，一些天文学家就将火星表面纵横交错的“运河”认作是火星人存在的一种暗示，这一点我们已经见到。事实上，这种证据是间接的，我们从未见到过任何火星人，但是，又很难回避甚至更难忽视如此明显的证据，至少那些将火星表面线条视为运河并相信有火星人的人就是这么认定的。当然，这些表面特征从来没有像斯基亚帕雷利和洛厄尔想象的那么长、那么直，火星也从未有过什么人工运河。没有生命的证据。

20 世纪的天文学家对火星上可能会发现什么形式的生命的观点变了。他们形成了一种强烈的共识：洛厄尔错了，火星上没有建设运河的聪明工程师，但是洛厄尔和其他人关于火星上有大片森林或大片快速生长的植被的想法也许是正确的。随后又有些天文学家发现了火星上存在植被的所谓证据，认为有叶绿素出现，其实他们的根据至多是猜想火星反射光中有叶绿素的影响。当别的一些天文学家指出火星根本不是绿色的、火星的反射光也不符合叶绿素的存在时，失望再次弥漫。没有叶绿素，也就没有生命的证据。

天文学家对叶绿素失去了热情。数年以后，他们又声称有了地衣光谱的确切证据，后来又说有了藻类的光谱证据。这两种形式的生命都是比光合植物更原始的生物。其实所谓的光谱证据只是一种误解或曲解，事实上没有地衣，没有藻类，也没有生命的证据。

今日火星的环境对生命而言极其恶劣。天气寒冷，地表液态水即便有，也极其稀少。稀薄的大气层，几乎不能防护高能光子和高能粒子。即使有曾经一度茂盛火星的生物能幸存至今，它们也必定有很强的适应能力，必定很难被发现。所以现代火星生物可能都是微型的。此外，由于火星大气层不能保护他们免受致命的太阳紫外线，他们可能需要躲在岩石下或深入地下，以确保获得生存所必需的温度和水，并保护自己免受危险的太空辐射。

然而，即使是地下的微型火星生物也需要呼吸，呼吸产生的化学废气会在土壤中堆积起来，毫无疑问最终会慢慢排入大气。火星大气中即使每十亿个非生物分子只有一个生物示踪分子，我们也应该能嗅出这类生物产生的分子。即使可探测阈低至万亿分之几，凭借迄今已送往并将继续送往火星的着陆器和火星车上的高科技嗅探器和探测器，我们也已具备探寻到微型火星生物排放物证据的能力。

天文学家们认为，他们已经探测到的火星大气甲烷气体就是一种证据，深晓那类数据的人知道，它证明火星生命正通过呼吸和排放影响火星大气的化学组成。虽然通过火箭上和火星着陆器上的相机，我们没有看到任何宏观生物，即卡尔·萨根假想的在火星表面行走的宏生物，但是大气甲烷的高含量似乎要求有微观生物活动作为甲烷的来源。如果火星大气确实含有数量大幅度变化的甲烷，那么火星生物或许已经被找到了。

事实证明，甲烷的第一、第二和第三次的“发现”很可能都是错的。几乎可以肯定，这几次都没有真正探测到甲烷。但是，如同浴火重生的凤凰，发现火星大气甲烷的声明一次又一次地回来。克拉斯诺波尔斯基和他的同事声称 1988 年、2003 年和 2006 年都探测到低含量的甲烷，他们真的探测到了吗？未必。穆马和他的同事也声称 2003 年、2006 年和 2009 年探测到低含量的甲烷，是真的吗？也未必。火星快车号团队声称在 2004 年探测到了低含量的甲烷，这也是真的吗？还是未必。

好奇号探测器最新的测量据称发现了火星大气甲烷含量在短短的两个月内稍有增加的证据。这是否说明它确凿探测到了甲烷？是的。是否可以认为甲烷来源于地下产甲烷菌的观点无可争辩了？当然不是。那么，这一证据能忽略不顾吗？也不行。

火星大气甲烷真实的稳态含量——甲烷两次打嗝之间发现的含量（如果打嗝是真的），是否就落在好奇号探测到的 0.1～1.0 ppb 范围之内呢？这有可能。火星大气中甲烷的数量与有机物经陨石的连续输入、甲烷经蛇纹石化的无机产出，以及与火星大气中甲烷长达几个世纪的光化学寿命相符合吗？是的，符合的。然而，火星生物始终没有被找到过，也许它们不在我们寻找的地方。一句话，我们还不知道。

火星也许曾有过生命。一些科学家深信，我们的火星邻居用一颗从其表面敲下的陨石的方式向我们传递证据，诉说着“我们曾住在这里”。在环绕太阳运行了约 1 700 万年之后，这颗陨石降落在地球的南极洲。13 000 年后，我们找到了它，把它送到一个有研究月球岩石设备并有能力发现陨石中微量稀有元素的地球化学实验室。在这颗火星陨石中，我们的火星邻居不是简单地向我们提供能推断它们存在的间接证据。不是的，它们传送的是确认感，以化石的形式将可能是它们的自我形象传送给我们。令人难以置信的是，我们现在拥有火星上远古生命的化石证据，只要你相信这些确实是化石。20 年来，新的科学证据不断地涌现，激烈的辩论也因此随之而来，现在所有这些化石证据都受到了怀疑。几乎所有的科学家都认为杆状“细菌”化石只不过是些形状有趣的非生物矿物。难道在那块名为 ALH 84001 的陨石中发现的所有生命证据真的完全是错误的吗？那倒也不是。大多数证据经过严密的科学审查业已被否定，但是还有些证据特别是微小磁铁矿颗粒的存在可能是生命的证据，虽然可能性非常小但还存在。ALH 84001 上有线索指证火星上有远古生命的可能性也很小，但也并非为零。有可能古代火星生物已经被发现。

联合国 1967 年通过的《太空条约》包含有下列原则：“包括月球和其他天体在内的外层空间的探索和利用，应考虑各国的福利和利益”，而且各国“在探索这些天体时避免对它们造成有害的污染”[2]。我们今天或许会问，我们对火星的认识是否足以能担保目前将人类送上火星的计划是符合《太空条约》这些条款的。如果火星上存在某种生命而且是火星的原住生命，如果这种可能性存在，那么在有非常大的把握能回答火星上是否曾存在过或现在存在有生命这一问题之前，避免对火星的进一步污染是符合所有国家的利益的吗？

今天，NASA 好奇号探测器仍在继续探查火星大气，探测火星上的甲烷，在火星上寻找生命曾经繁茂而今仍可能存在的地方。新颖的自动航天器目前也正在建造之中或者设计之中，将对这类地点进行考察并寻找生命的迹象。当然在环绕火星的轨道上会继续用望远镜俯视火星，以寻找更多的线索。明天，下周，明年，或者下一个十年，我们最终可能会发现，我们在宇宙中并不孤单，而且我们这颗近邻行星——火星，也无法再保守住它拥有的秘密。

追寻火星生命在很大程度上是我们人类的活动，我们人类相信有火星生命。有可能，我们人类就是火星人，比如 2015 年电影《火星人》中的宇航员马克·沃特尼就是，还如 20 世纪 90 年代金·斯坦利·罗宾逊所著火星三部曲《红火星》《绿火星》《蓝火星》中最早的一百个人及其后代也是；有可能，我们就是古代火星人的后裔，如同2000年电影《火星使命》（*Mission to Mars*）中那样；有可能，我们会发现矮小的火星植物，就像2016年《国家地理》迷你连载《火星》（*Mars*）里的宇航员；还有可能，当我们第一次探险火星时，会经历遭遇火星人的危险，就像格雷格·贝尔的短篇小说《火星人里科索》（*Martian Ricorso*）中的宇航员。

我们人类希望并期待科学家在火星上发现生命。我们中有些人认为我们正在探寻一条通向未来之路，探寻我们的归宿，因为火星上生命的存在——不论是现在存在还是过去存在——似乎都会使人类殖民火星并赖以生存变得更为可能。这些都是进一步研究火星的良好动机，也是人类主动推迟殖民火星夙愿的很好理由，让科学界有足够的时间和最大的把握确信火星现在是或者从来就是贫瘠无育的世界。如果火星贫瘠无育，我们将不再有任何理由限制自己殖民并改造火星。但是，如果火星居住有生命，那么人类与火星未来的关系将变得更加复杂。

从最纯净的意义上来说，我们已经污染了火星。1958年成立的国际科学理事会空间研究委员会COSPAR（Committee on Space Research of the International Council on Science）[3]制定了规则，要求对前往火星表面的航天器进行消毒。在海盗号发现没有生命的明显证据以及发现火星似乎不是一个生命宜居的世界之后，COSPAR改变了前往火星的规则。今天，火星着陆器必须做到高度清洁，但不需要消毒。确实，现代火星着陆器是在“净化”室里装配的，而且几乎是无菌的，但并不是完全无菌。某些地球细菌已经搭载在太空船暴露的外表面上前往火星，其中大多数在到达火星前会死于太阳紫外辐射的辐照。然而，还有一些躲在船舱内的地球细菌作为偷渡者将到达火星并存活下来，它们在那里或许能存活数千年。NASA的麦凯在2007年估计，探路者号、勇气号和机遇号这几台火星车每台寄居的“地球微生物”多达 10 万个[4]。麦凯指出，当 NASA 的探路者号于 1997 年 7 月 4 日在火星上着陆时，来自地球的第一批火星殖民者也抵达了火星。麦凯还指出，这些地球游客是“无法生长和散布的。它们不能生长是因为没有液态水，它们不能散布是因为一旦扩散到环境中就会很快被火星上的紫外辐射杀死。”如果我们运气好，麦凯是对的。即使麦凯错了，我们依然可以安全地假设整个火星表面实际上仍没有受到地球生物的污染。同时，即使有极少许的污染，在我们（进一步且不可挽回地）污染火星之前，也应该允许在实验室里研究陨石的科学家、在山顶上用望远镜收集数据的天文学家，以及在机械车间里建造新的火星车和新的探测器并将其装入火箭送往火星的工程师们继续他们的工作并找到答案。

火星或许就是我们未来的归宿，当然也不一定。我们可以而且应该继续研究和探索火星，但是眼下我们再也不要莫名地去污染火星了。

如果地球不是我们太阳系中唯一拥有活跃生物物种的世界，如果另有一个世界或许已独立于地球发展了生命，如果火星曾经繁荣过生命而现在处于低谷，只要这种可能性一丝尚存，我们就需趁早把握机会去确认这种可能性。

通过追寻火星生命，我们已经了解到了许多，即使我们还不知道火星生命是否存在。洛厄尔相信火星上有运河，火星运河的研究激励他建造了洛厄尔天文台，而 1930 年汤博正是在那里发现了冥王星。红外天文学在 20 世纪 50 年代得到了迅速发展，至少有相当部分归功于开拓者柯伊伯和辛顿的兴趣，他们希望推动红外天文学向前发展，以便能够研究并更好地理解火星的颜色。几十位科学家受 ALH 84001 陨石可能存在极端形式生命的鼓舞，发现了各种各样的生物群，我们称之为嗜极微生物，它们生活在地球上的极端环境下，包括生活在极端高温环境中的嗜热微生物、生活在极端高盐浓度中的嗜盐微生物，以及繁荣在高酸地区的嗜酸微生物。为了探讨火星环境下能否存在生命，行星科学家们已将木卫二、土卫二和土卫六视为太阳系中无需太阳光和太阳热而可能存在生命的地方。科学家在设计他们的实验时并不总能发现他们要寻找的东西，但是一旦实验开始，他们几乎总能发现值得知道的东西。我们对火星生命的追寻与探索是好奇驱动科学从而导致重大发现的百年案例。

至于火星上是否存在生命这一最关键的问题，迄今仍然没有定论。在我们毁灭证据之前，在我们决定是否应该殖民火星和地球化火星之前，我们必须回答下述问题："火星现在或者过去是否存在生命？""火星生命是怎样的？"除非我们能够远程或者利用机器人收集到大量证据表明火星确是贫瘠无育的，否则我们应该信奉卡尔·萨根的告诫："如果火星上有生命，……那么，火星是属于火星生物的，即使它们只是些微生物。"[5]

注释与文献

第一章

[1] A. P. Nutman, V. C. Bennett, C.R.L. Friend, M. J. Van Kranendonk, and A. R. Chivas, 2016, *Nature*; 537, 535.

[2] NASA press release, 2017, "NASA Affirms Plan for First Mission of SLS, Orion," May 12; https://www.nasa.gov/feature/nasa-affirms-plan-for-first-mission-of-sls-orion.

[3] Christian Davenport, 2017, "An Exclusive Look at Jeff Bezos's Plan to Set Up Amazon-Like Delivery for 'Future Human Settlement' of the Moon," *Washington Post*, March 2.

[4] https://www.mars-one.com/about-mars-one.

[5] Adam Taylor, 2017, "The UAE's Ambitious Plan to Build a New City—on Mars," *Washington Post*, February 16.

[6] Ishaan Tharoor, 2014, "U.A.E. Plans Arab World's First Mission to Mars, *Washington Post*, July 16.

第二章

[1] http://www.sacred-texts.com/ufo/mars/wow.htm.

[2] Richard M. Ketchum, 1989, *The Borrowed Years 1938–1941: America on the Way to War* (New York: Random House), pp. 89–90.

[3] http://www.history.com/this-day-in-history/welles-scares-nation.

[4] A. Brad Schwartz, 2015, *Broadcast Hysteria: Orson Welles's "War of the Worlds" and the Art of Fake News* (New York: Hill and Wang), p. 8.

[5] Schwartz, *Broadcast Hysteria*, p. 223.

[6] D. A. Weintraub, 2014, *Religions and Extraterrestrial Life: How Will We Deal With It?* (New York: Springer-Praxis Publishing).

[7] Epicurus, *Letter to Herodotus*. Retrieved from http://www.epicurus.net/en/herodutus.html.

[8] S. J. Dick, 1982, *Plurality of Worlds: The Origins of the Extraterrestrial Life Debate from Democritus to Kant* (New York: Cambridge University Press), p. 19.

[9] M. Maimonides, 1986, *Guide for the Perplexed*, as quoted in Norman Lamm, *Faith and Doubt: Studies in Traditional Jewish Thought*, 2nd ed. (New York: KTAV Publishing House), p. 98.
[10] N. Cusanus, 1954, *Of Learned Ignorance*, G. Heron, trans. (New Haven: Yale University Press), pp. 114–115.
[11] G. Bruno, *On the Infinite Universe and Worlds, 1584.* Retrieved from http://www.faculty.umb.edu/gary_zabel/Courses/ParallelUniverses/Texts/OntheInfiniteUniverseandWorlds.htm.
[12] Ingrid D. Rowland, 2008, *Giordano Bruno: Philosopher/Heretic* (Chicago: University of Chicago Press).
[13] David A. Weintraub, 2014, *Religions and Extraterrestrial Life* (New York: Springer), pp. 23–24.
[14] Louis Agassiz, in "Tribune Popular Science," 1874, ed. James Thomas Fields; John Greenleaf Whittier (Boston: H. L. Shepard & Co.).
[15] James Jeans, 1942, "Is There Life on the Other Worlds?" *Science*, 95, 589.
[16] Carl Sagan, 1963, "On the Atmosphere and Clouds of Venus," *La Physique des Planètes: Communications Présentées au Onzieme Colloque International d'Astrophysique tenu a Liège*, pp. 328–330.
[17] The Pioneer Venus results were later confirmed by the IUE telescope: Jean-Loup Bertaux and John T. Clarke, 1989, "Deuterium Content of the Venus Atmosphere," *Nature*, 338, 567.
[18] In Michael J. Crowe, 1986, *The Extraterrestrial Life Debate* (Cambridge: Cambridge University Press).
[19] G. Mitri et al., 2014, "Shape, Topography, Gravity Anomalies and Tidal Deformation of Titan," *Icarus*, 236, 169.
[20] NASA press release 15-188, 2015 (September 15), "Cassini Finds Global Ocean in Saturn's Moon Enceladus."
[21] D. A. Weintraub, 2007, *Is Pluto a Planet?* (Princeton, NJ: Princeton University Press).
[22] D. Rittenhouse (1775, February 24). *An oration delivered February 24, 1775, before the American Philosophical Society* (Philadelphia: John Dunlap), pp. 19–20.
[23] Thomas Paine, 1880, *The Age of Reason* (London: Freethought Publishing Company), p. 38.
[24] Michael J. Crowe, 1986, *The Extraterrestrial Life Debate, 1750–1900* (Mineola, NY: Dover).
[25] Stanford Encyclopedia of Philosophy; http://plato.stanford.edu/entries/whewell/.

第三章

[1] Camille Flammarion, 1892, *La Planète Mars*, in translation as *Camille Flammarion's The Planet Mars*, William Sheehan, ed., Patrick Moore, trans. (London: Springer, 2015), pp. 6–9.
[2] Ibid., pp. 11–12.
[3] Ibid., p. 14.
[4] Ibid.
[5] Ibid., pp. 15–17.
[6] Ibid., pp. 30–31.
[7] Ibid., pp. 34–38.
[8] William Herschel, *Herschel's Second Memoir*, 1784, reproduced in *Camille Flammarion's The Planet Mars*, pp. 48–53.
[9] Flammarion, *La Planète Mars*, pp. 54–74.

第四章

[1] Beer and Mädler, quoted in Flammarion, *La Planète Mars*, p. 92.
[2] Flammarion, *La Planète Mars*, p. 124.
[3] W. R. Dawes, 1865, "On the Planet Mars," *Monthly Notices of the Royal Astronomical Society* 25, 225–268.
[4] Flammarion, *La Planète Mars*, p. 160.
[5] Ibid., p. 114.
[6] W. Noble, 1888, "Richard A. Proctor," *The Observatory*, 11, pp. 366–368.
[7] Hugh H. Kieffer, Bruce M. Jakosky, and Conway W. Snyder, 1992, "The Planet Mars: From Antiquity to the Present," in *Mars*, ed. H. H. Kiefer et al. (Tucson: University of Arizona Press), p. 28.

第五章

[1] William Huggins, 1867, "On the Spectrum of Mars, with some Remarks on the Colour of that Planet," *Monthly Notices of the Royal Astronomical Society*, 27, 178.
[2] Flammarion, *La Planète Mars*, p. 158.
[3] Jules Janssen, 1867, *Comptes rendus*, V. LXIV, p. 1304.
[4] https://www.ucolick.org/main/.
[5] W. W. Campbell, 1894, "The Spectrum of Mars," *Publications of the Astronomical Society of the Pacific*, 6, 228.
[6] William Huggins, 1895, "Notes on the Atmospheric Bands in the Spectrum of Mars," *Astrophysical Journal*, 1, 193.
[7] William Graves Hoyt, 1980, "Vesto Melvin Slipher 1875–1969, A Biographical Memoir" (Washington, DC: National Academy of Sciences).
[8] V. M. Slipher, 1908, "The Spectrum of Mars," *Astrophysical Journal*, 28, 397.
[9] W. W. Campbell, 1901, "Water Vapor in the Atmosphere of the Planet Mars," *Science*, 30, 771, 474.
[10] W. W. Campbell and Sebastian Albrecht, "On the Spectrum of Mars as Photographed with High Dispersion," 1910, *Astronomical Society of the Pacific*, 22, 87.
[11] C. C. Kiess, C. H. Corliss, Harriet K. Kiess, and Edith L. R. Corliss, 1957, "High-Dispersion Spectra of Mars," *Astrophysical Journal*, 126, 579.
[12] Carl Sagan, 1961, "The Abundance of Water Vapor on Mars," *Astronomical Journal*, 66, 52.
[13] Lewis D. Kaplan, Guido Münch, and Hyron Spinrad, 1964, "An Analysis of the Spectrum of Mars," *Astrophysical Journal*, 139, 1.
[14] Staff reporter, 1963, "Lower Life Forms May Be Able to Live in Mars Atmosphere, Balloon Findings Show," *Wall Street Journal*, March 5, p. 11.
[15] R. E. Danielson et al., 1964, "Mars Observations from Stratoscope II," *Astronomical Journal*, 69, 344.
[16] Ronald A. Schorn, 1971, "The Spectroscopic Search for Water on Mars: A History," in *Planetary Atmospheres*, ed. Carl Sagan et al., IAUS, 40, 223–236.
[17] Hugh H. Kieffer, Bruce M. Jakosky, and Conway W. Snyder, 1992, "The Planet Mars: From Antiquity to the Present," in *Mars*, ed. H. H. Kiefer et al. (Tucson: University of Arizona Press), p. 11.

第六章

[1] "Life in Mars," 1871, *Cornhill* (May), 23, 137, 576–585.
[2] Ibid., p. 581.
[3] "The Planet Mars—Is It Inhabited?" 1873, *London Reader* (December 1), pp. 69–70.
[4] Ibid., p. 70.
[5] "The Planet Mars: An Essay by a Whewellite," 1873, *Cornhill* (July), pp. 88–100.
[6] Flammarion, *La Planète Mars*, p. 184.
[7] Ibid., p. 186.
[8] Camille Flammarion, 1879, "Another World Inhabited Like Our Own," *Scientific American Supplement*, 175, p. 2787 (May 10).

第七章

[1] Wilson, S. A. et al., 2016, "A Cold-Wet Middle-Latitude Environment on Mars During the Hesperian-Amazonian Transition: Evidence from Northern Arabia Valleys and Paleolakes," *Journal of Geophysical Research Planets*, 121, 1667.
[2] David E. Smith, Maria T. Zuber, and Gregory A. Neumann, 2001, "Seasonal Variations of Snow Depth on Mars," *Science*, 294, 2142.
[3] Maria T. Zuber et al., 1998, "Observations of the North Polar Region of Mars from the Mars Orbiter Laser Altimeter," *Science*, 282, 2053.
[4] Jeffrey J. Plaut et al., 2008, "Subsurface Radar Sounding of the South Polar Layered Deposits of Mars," *Science*, 316, 92.
[5] Jeremie Lasue et al., 2013, "Quantitative Assessments of the Martian Hydrosphere," *Space Science Reviews*, 174, 155.
[6] G. L. Villanueva et al., 2015, "Strong Water Isotopic Anomalies in the Martin Atmosphere: Probing Current and Ancient Reservoirs," *Science*, 348, 6231, 218.
[7] Jeremie Lasue et al., 2013, "Quantitative Assessments of the Martian Hydrosphere," *Space Science Reviews*, 174, 155.
[8] "Glacial Lake Missoula and the Ice Age Floods," Montana Natural History Center, www.glaciallakemissoula.org.
[9] C. M. Stuurman et al., 2016, "SHARAD detection and characterization of subsurface water ice deposits in Utopia Planitia, Mars." *Geophysical Research Letters*, 43, 9484.
[10] NASA press release, 2015, "NASA Mission Reveals Rate of Solar Wind Stripping Martian Atmosphere," November 5.
[11] NASA press release, 2016, "NASA's MAVEN Mission Observes Ups and Downs of Water Escape from Mars," October 19, https://mars.nasa.gov/news/2016/nasas-maven-mission-observes-ups-and-downs-of-water-escape-from-mars.
[12] B. M. Jakosky, 2017, "Mars' atmospheric history derived from upper-atmosphere measurements of $^{38}Ar/^{36}Ar$," *Science*, 355, 1408.
[13] NASA press release, 2002, "Found It! Ice on Mars," May 28. https://science.nasa.gov/science-news/science-at-nasa/2002/28may_marsice.
[14] W. C. Feldman et al., 2004, "Global Distribution of Near-Surface Hydrogen on Mars," *Journal of Geophysical Research*, 109, E09006.
[15] Roger J. Phillips et al., 2011, "Massive CO_2 Ice Deposits Sequestered in the South Polar Layered Deposits of Mars," *Science*, 332, 838; C. J. Bierson et al., 2016, "Stratigraphy and Evolution of the Buried CO_2 Deposit in the Martian South Polar Cap," *Geophysical Research Letters*, 43, 4172.

[16] P. R. Christensen et al., 2000, "Detection of Crystalline Hematite Mineralization on Mars by the Thermal Emission Spectrometer: Evidence for Near-Surface Water," *Journal of Geophysical Research*, 105, 9623.

第八章

[1] Flammarion, *La Planète Mars*, p. 251.
[2] Ibid., pp. 300–301.
[3] Ibid., p. 310.
[4] *The Astronomical Register: A Medium of Communication for Amateur Observers*, 236, August 1882, "The Late C. E. Burton," p. 173.
[5] Flammarion, *La Planète Mars*, pp. 333–334.
[6] F. Terby, 1892, "Physical Observations of Mars," *Astronomy and Astro-Physics* (trans. Roger Sprague), 11, pp. 555–558.
[7] E. P. Martz, Jr., 1938, "Professor William Henry Pickering 1858–1938 An Appreciation," *Popular Astronomy*, 46, p. 299 (June–July).
[8] William H. Pickering, 1890, "Visual Observation of the Surface of Mars," *Sidereal Messenger*, 9, pp. 369–370.
[9] William H. Pickering, 1892, "Mars," *Astronomy and Astro-Physics*," 11, 849.
[10] Giovanni Schiaparelli, "The Planet Mars," p. 719, quoted in William Sheehan and Stephen James O'Meara, 2001, *Mars: The Lure of the Red Planet* (Amherst, NY: Prometheus Books), p. 122.
[11] Flammarion, *La Planète Mars*, p. 512.
[12] William Graves Hoyt, 1976, *Lowell and Mars* (Tucson: University of Arizona Press), pp. 57–58.
[13] Ibid., p. 64.
[14] Leo Brenner, 1896, "The Canals of Mars Observed at Manora Observatory," *Journal of the British Astronomical Association*, 7, pp. 71–72.
[15] Thomas A. Dobbins and William Sheehan, 2007, "Leo Brenner," in *Biographical Encyclopedia of Astronomers*, ed. Virginia Trimble et al. (New York: Springer-Verlag), p. 169.
[16] C. A. Young, 1896, "Is *Mars* Inhabited?" *Boston Herald*, October 18 (reprinted in *Publications of the Astronomical Society of the Pacific*, 8, 306, December 1896).
[17] Hoyt, *Lowell and Mars*, p. 109.
[18] Ibid., p. 124.
[19] Ibid., pp. 129–131.
[20] Ibid., p. 155.
[21] Ibid., p. 163.
[22] "Mars," 1907, *Wall Street Journal* (December 28), p. 1.
[23] Percival Lowell, 1907, "Mars in 1907," *Nature*, 76, 446.
[24] Hoyt, *Lowell and Mars*, p. 141.
[25] P. Lowell, 1907, "On a General Method for Evaluating the Surface-Temperature of the Planets; with a Special Reference to the Temperature of Mars," *Philosophical Magazine and Journal of Science*, 14, 79, 161.
[26] J. H. Poynting, 1907, "On Professor Lowell's Method for Evaluating the Surface Temperatures of the Planets; with an Attempt to Represent the Effect of Day and Night on the Temperature of the Earth," *Philosophical Magazine and Journal of Science*, 14, 84, 749.
[27] Arvydas Kliore, Dan L. Cain, Gerald S. Levy, Von R. Eshleman, Gunnar Fjeldbo, and Frank Drake, 1965, "Occultation Experiment: Results of the First Direct Measurement of Mars's Atmosphere and Ionosphere," *Science*, 149, 1243.

[28] Hoyt, *Lowell and Mars*, p. 81.
[29] David Strauss, 2001, *Percival Lowell: The Culture and Science of a Boston Brahmin* (Boston: Harvard University Press), p. 230.
[30] E. E. Barnard, 1896, "Physical Features of Mars, as Seen with the 36-Inch Refractor of the Lick Observatory, 1894," *Monthly Notices of the Royal Astronomical Society*, 56, 166.
[31] Percival Lowell, 1906, "First Photographs of the Canals of Mars," in *Proceedings of the Royal Society of London*, 77, 132.
[32] Percival Lowell, 1906, *Mars and Its Canals* (New York: MacMillan), p. 277.
[33] Hoyt, *Lowell and Mars*, p. 182.
[34] Ibid.
[35] Ibid., p. 198.
[36] Strauss, *Percival Lowell*, pp. 230–232.
[37] Simon Newcomb, 1897, "The Problems of Astronomy," *Science*, 5, 125, 777.
[38] Simon Newcomb, 1907, "The Optical and Psychological Principles Involved in the Interpretation of the So-Called Canals of Mars," *Astrophysical Journal*, 26, 1, 1–17.
[39] E. M. Antoniadi, 1898, "Chart of Mars in 1896–1897, Considerations on the Physical Condition of Mars, Indistinct Vision and Gemination," *Memoirs of the British Astronomical Association*, 6, pp. 99–102.
[40] William Sheehan, 1996, *The Planet Mars* (Tucson: University of Arizona Press), pp. 135–137.
[41] E. M. Antoniadi, 1903, "Report of the Mars Section," *Memoirs of the British Astronomical Association*, 11, pp. 137–142.
[42] E. M. Antoniadi, 1901, "Chart of Mars in 1897–1897, "Chart of Mars in 1898–1899: Conclusion," *Memoirs of the British Astronomical Association*, 9, pp. 103–106.
[43] Sheehan, 1996, *Planet Mars*, p. 140.
[44] E. M. Antoniadi, 1910, "Sixth Interim Report for 1909, Dealing with Some Further Notes on the So-Called 'Canals,'" *Journal of the British Astronomical Association*, 20, 189.
[45] E. M. Antoniadi, 1910, "Considerations of the Physical Appearance of the Planet Mars," *Popular Astronomy*, 21, 416.
[46] Robert Trumpler, 1924, "Visual and Photographic Observations of Mars," *Publications of the Astronomical Society of the Pacific*, 36, 263.

第九章

[1] Danielle Briot, 2013, "The Creator of Astrobotany, Gavriil Adrianovich Tikhov," in *Astrobiology, History, and Society*, ed. Douglas A. Vakoch (Heidelberg: Springer), pp. 175–185.
[2] W. W. Coblentz, 1925, "Measurements of the Temperature of Mars," *Scientific Monthly*, 21, 4, pp. 400–404.
[3] V. M. Slipher, 1924, "II. Spectrum Observations of Mars," *Astronomical Society of the Pacific*, 36, 261.
[4] Robert J. Trumpler, 1927, "Mars' Canals Not Man-Made," *Science News-Letter*, 12, 99.
[5] James Stokely, 1926, "Vegetation on Mars?," *Science News-Letter*, 10, 288, 37.
[6] Peter M. Millman, 1939, "Is There Vegetation on Mars?" *The Sky*, 3, 10.
[7] *Life* magazine, 1948 (June 28), "Mars in Color," p. 65.
[8] *Time*, 1948, "The Far-Away Lichens" (March 1).
[9] O. B. Lloyd, 1948, "Astronomers Find Evidence of Life of Primitive Form in Study of Mars," *Toledo Blade* (February 18).
[10] S. Byrne and A. Ingersoll, 2003, "A Sublimation Model for Martian South Polar Ice

Features," *Science*, 299, 1051.
[11] Gerard P. Kuiper, 1951, "Planetary Atmospheres and Their Origin," in *The Atmospheres of the Earth and Planets* (Chicago: University of Chicago Press).
[12] Gerard P. Kuiper, 1955, "On the Martian Surface Features," *Publications of the Astronomical Society of the Pacific*, 67, 271.
[13] Gerard P. Kuiper, 1957, "Visual Observations of Mars, 1956," *Astrophysical Journal*, 125, 307.
[14] William M. Sinton, 1958, "Spectroscopic Evidence of Vegetation on Mars," *Publications of the Astronomical Society of the Pacific*, 70, 50.
[15] William M. Sinton, 1957, "Spectroscopic Evidence for Vegetation on Mars," *Astrophysical Journal*, 126, 231.
[16] William M. Sinton, 1959, "Further Evidence of Vegetation on Mars," *Science*, 130, 1234.
[17] N. B. Colthup and William M. Sinton, 1961, "Identification of Aldehyde in Mars Vegetation Regions," *Science*, 134, 529.
[18] Ibid.
[19] Ibid.
[20] D. G. Rea, 1962, "Molecular Spectroscopy of Planetary Atmospheres," *Space Science Review*, 1, 159.
[21] Rea, Belsky, and Calvin, "Interpretation of the 3- to 4-Micron Infrared Spectrum."
[22] James S. Shirk, William A. Haseltine, and George C. Pimentel, 1965, "Sinton Bands: Evidence for Deuterated Water on Mars," *Science*, 147, 48.
[23] D. G. Rea, B. T. O'Leary, and W. M. Sinton, 1965, "Mars: The Origin of the 3.58- and 3.69-Micron Minima in the Infrared Spectra," *Science*, 147, 1286.
[24] Ernst J. Öpik, 1966, "The Martian Surface," *Science*, 153, 255.
[25] James B. Pollack and Carl Sagan, 1967, "Secular Changes and Dark-Area Regeneration on Mars," *Icarus*, 6, 434.
[26] Carl Sagan and James B. Pollack, 1969, "Windblown Dust on Mars," *Nature*, 223, 791.

第十章

[1] Tobias Owen et al., 1977, "The Composition of the Atmosphere at the Surface of Mars," *Journal of Geophysical Research*, 82, 4635.
[2] Paul R. Mahaffey et al., 2013, "Abundance and Isotopic Composition of Gases in the Martian Atmosphere from the Curiosity Rover," *Science*, 341, 263.
[3] Heather B. Franz et al., 2017, "Initial SAM Calibration Experiments on Mars: Quadrapole Mass Spectrometer Results and Implications," *Planetary and Space Science*, 138, 44.
[4] Henry S. F. Cooper, Jr., 1980, *The Search for Life on Mars: Evolution of an Idea* (New York: Holt, Rinehart and Winston), p. 68.
[5] Ibid., pp. 130–132.
[6] John Noble Wilford, 1976, "Viking Finds Mars Oxygen is Unexpectedly Abundant," *New York Times* (August 1).
[7] Victor K. McElheny, 1976, "Tests by Viking Strengthen Hint of Life on Mars," *New York Times* (August 8).
[8] Victor K. McElheny, 1976, "Mars Life Theory Receives Set Back," *New York Times* (August 11).
[9] Victor K. McElheny, 1976, "Tests Continuing for Life on Mars," *New York Times* (August 21).
[10] Harold P. Klein et al., 1992, "The Search for Extant Life on Mars," in *Mars*, ed. Hugh H. Kieffer et al. (Tucson: University of Arizona Press), p. 1221.

[11] Klein et al., "Search for Extant Life on Mars," p. 1230.
[12] Cooper, *Search for Life on Mars*, p. 133.
[13] Klein et al., "Search for Extant Life on Mars," p. 1227.
[14] Ibid., p. 1230.
[15] Gilbert V. Levin, 2015, http://www.gillevin.com/mars.htm.
[16] G. V. Levin and P. A. Straat, 1979, "Viking Labeled Release Biology Experiment: Interim Results," *Science*, 194, 1322.
[17] G. V. Levin and P. A. Straat, 1988, "A Reappraisal of Life on Mars," in *The NASA Mars Conference, Science and Technology Series* 71 (ed. Duke B. Reiber), pp. 186–210.
[18] R. Navarro-Gonzalez et al., 2010, "Reanalysis of the Viking Results Suggests Perchlorate and Organics at Midlatitudes on Mars," *Journal of Geophysical Research*, 115, E12010.
[19] M. H. Hecht et al., 2009, "Detection of Perchlorate and the Soluble Chemistry of Martian Soil at the Phoenix Lander Site," *Science*, 325, 64.
[20] Mike Wall, 2011 (January 6), "Life's Building Blocks May Have Been Found on Mars, Research Finds," http://www.space.com/10418-life-building-blocks-mars-research-finds.html.

第十一章

[1] Kathy Sawyer, 2006, *The Rock from Mars: A Detective Story on Two Planets* (New York: Random House).
[2] I. Weber et al., 2015, *Meteoritics & Planetary Science*, doi: 10.1111/maps.12586.
[3] David W. Mittlefehldt, 1994, "ALH 84001, a Cumulate Orthopyroxenite Member of the Martian Meteorite Clan," *Meteoritics*, 29, 214.
[4] R. N. Clayton, 1993, "Oxygen Isotope Analysis," *Antarctic Meteorite Newsletter*, 16(3), ed. R. Score and M. Lindstrom (Houston, TX: Johnson Space Center), p. 4.
[5] T. Owen et al., 1977, "The Composition of the Atmosphere at the Surface of Mars," *Journal of Geophysical Research*, 82, 4635.
[6] R. O. Pepin, 1985, "Evidence of Martian Origins," *Nature*, 317, 473.
[7] T. L. Lapen et al., 2010, "A Younger Age for ALH 84001 and Its Geochemical Link to Shergotite Sources in Mars," *Science*, 328, 346.
[8] D. S. McKay et al., 1996, "Search for Past Life on Mars: Possible Relic Biogenic Activity in Martian Meteorite ALH 84001," *Science*, 273, 924.
[9] William Clinton, 1996, "President Clinton Statement Regarding Mars Meteorite Discovery," August 7, http://www2.jpl.nasa.gov/snc/clinton.html.
[10] Louis Pasteur, 1864 (April 7), "On Spontaneous Generation," speech to Sorbonne.
[11] Johan August Strindberg, 1887, *The Father*, in *Strindberg: Five Plays, 1983*, trans. Harry G. Carlson (Berkeley: University of California Press).
[12] B. Nagy, G. Claus, and D. J. Hennessy, 1962, "Organic Particles Embedded in Minerals in the Orgueil and Ivuna Carbonaceous Chondrites," *Nature*, 4821, 1129.
[13] E. Anders et al., 1964, "Contaminated Meteorite," *Science*, 146, 1157.
[14] J. Martel et al., 2012, "Biomimetic Properties of Minerals and the Search for Life in the Martian Meteorite ALH 84001," *Annual Review of Earth and Planetary Sciences*, 40, 167.
[15] Kathy Sawyer, 2006, *The Rock from Mars* (New York: Random House), p. 158.
[16] D. S. McKay et al., 1996, "Search for Past Life on Mars: Possible Relic Biogenic Activity in Martian Meteorite ALH 84001," *Science*, 273, 924.
[17] A. Knoll et al., 1999, *Size Limits of Very Small Microorganisms: Proceedings of a Small Workshop* (Washington, DC: National Academy Press). http://www.nap.edu/read/9638/chapter/1.
[18] John D. Young and Jan Martel, 2010, "The Rise and Fall of Nanobacteria," *Scientific*

American, 302, pp. 52–59 (January).
[19] J. Martel et al., "Biomimetic Properties of Minerals," p. 183.
[20] Ibid., p. 169.
[21] Ralph P. Harvey and Harry Y. McSween, Jr., 1996, "A Possible High-Temperature Origin for the Carbonates in the Martian Meteorite ALH 84001," *Nature*, 382, 49.
[22] Laurie A. Leshin et al., 1998, "Oxygen Isotopic Constraints on the Genesis of Carbonates from Martian Meteorite ALH 84001," *Geochimica et Cosmochimica Acta*, 62, 3.
[23] Edward R. D. Scott et al., 2005, "Petrological Evidence for Shock Melting of Carbonates in the Martian Meteorite ALH 84001," *Nature*, 387, 377.
[24] J. Martel et al., "Biomimetic Properties of Minerals," p. 175.
[25] Ibid., p. 171.
[26] Ibid., p. 172.
[27] Allan H. Treiman, "Traces of Ancient Life in Meteorite ALH 84001: An Outline of Status in 2003," http://planetaryprotection.nasa.gov/summary/ALH 84001.
[28] J. Martel et al., "Biomimetic Properties of Minerals," p. 187.

第十二章

[1] "Pluto's Methane Snowcaps on the Edge of Darkness," NASA press release, August 31, 2016, https://www.nasa.gov/feature/pluto-s-methane-snowcaps-on-the-edge-of-darkness.
[2] R. A. Rasmussen and M.A.K. Khalil, 1983, "Global Methane Production by Termites," *Nature*, 301, 700.
[3] U.S. Environmental Protection Agency, 2016, "Inventory of U.S. Greenhouse Gas Emissions and Sinks: 1990–2014," EPA 430-R-16-002.
[4] G. L. Villanueva et al., 2013, "A Sensitive Search For Organics (CH_4, CH_3OH, H_2CO, C_2H_6, C_2H_2, C_2H_4), Hydroperoxyl (HO_2), Nitrogen Compounds (N_2), NH_3, HCN) and Chlorine Species (HCl, CH_3Cl) on Mars Using Ground-Based High-Resolution Infrared Spectroscopy," *Icarus*, 223, 11.
[5] S. K. Atreya, P. R. Mahaffy, and A.-S. Wong, 2007, "Methane and Related Trace Species on Mars: Origin, Loss, Implications for Life, and Habitability," *Planetary and Space Science*, 55, 358.
[6] Staff reporter, 1966, "Light Wave Study Revives Hope of Martian Life," *New York Times*, October 18, p. 17.
[7] I. S. Bengelsdorf, 1966, "New Analyses May Indicate Biological Activity on Mars," *Los Angeles Times*, October 19, p. 3.
[8] W. Sullivan, 1967, "New Readings on Life on Mars," *New York Times*, February 12, p. 182.
[9] J. Connes, P. Connes, and L. D. Kaplan, 1966, "Mars: New Absorption Bands in the Spectrum," *Science*, 153, 739.
[10] L. D. Kaplan, J. Connes, and P. Connes, 1969, "Carbon Monoxide in the Martian Atmosphere," *Astrophysical Journal*, 157, L187.
[11] W. Sullivan, 1969, "2 Gases Associated with Life Found on Mars Near Polar Cap," *New York Times*, August 8, p. 1.
[12] R. Dighton, 1969, "Mariner Hints Life on Mars," *Atlanta Constitution*, August 8, p. 1A.
[13] R. Abramson, 1969, "New Findings Dim Possibility of Mars Life," *Los Angeles Times*, September 12, p. 3.
[14] D. Horn et al., 1972, "The Composition of the Martian Atmosphere: Minor Constituents," *Icarus*, 16, 543.
[15] Rudy Abramson, 1969, "New Findings Dim Possibility of Mars Life," *Los Angeles Times*, September 12, p. 3; Staff Reporter, 1969, "Unlikelihood of Life on Mars Is Confirmed by Fur-

ther Study of Mariner 6 and 7 Data," *Wall Street Journal*, September 12, p. 8.
[16] John Noble Wilford, 1972, "Data on Mars Indicate It's a Dynamic Planet; Mars Data Depict a Dynamic Planet That Water Helped Mold; Life Forms Hinted," *New York Times*, June 15, p. 1.
[17] William C. Maguire, 1977, "Martian Isotopic Ratios and Upper Limits for Possible Minor Constituents as Derived from Mariner 9 Infrared Spectrometer Data," *Icarus*, 32, 85.

第十三章

[1] V. A. Krasnopolsky, G. L. Bjoraker, M. J. Mumma, and D. E. Jennings, 1997, "High-Resolution Spectroscopy of Mars at 3.7 and 8 μm: A Sensitive Search for H_2O_2, H_2CO, HCl, and CH_4, and Detection of HDO," *Journal of Geophysical Research*, 102, 6525.
[2] E. Lellouch et al., 2000, "The 2.4-45 μm Spectrum of Mars Observed with the Infrared Space Observatory," *Planetary and Space Science*, 48, 1393.
[3] V. A. Krasnopolsky, J. P. Maillard, and T. C. Owen, 2004, "Detection of Methane in the Martian Atmosphere: Evidence for Life?" *Geophysical Research Abstracts*, 6, 06169.
[4] Vladimir A. Krasnopolsky, Jean Pierre Maillard, and Tobias C. Owen, 2004, "Detection of Methane in the Martian Atmosphere: Evidence for Life?" *Icarus*, 172, 537.
[5] "Mars Express Confirms Methane in the Martian Atmosphere," ESA press release, March 30, 2004.
[6] V. Formisano et al., 2004, "Detection of Methane in the Atmosphere of Mars," *Science*, 306, 1758.
[7] A. Geminale, V. Formisano, and M. Giuranna, 2008, "Methane in Martian Atmosphere: Average Spatial, Diurnal, and Seasonal Behaviour," *Planetary and Space Science*, 56, 1194.

第十四章

[1] M. J. Mumma et al., 2003, "A Sensitive Search for Methane on Mars," *Bulletin of the American Astronomical Society*, 35, 937.
[2] M. J. Mumma et al., 2004, "Detection and Mapping of Methane and Water on Mars," *Bulletin of the American Astronomical Society*, 36, 1127.
[3] CNN.com, 2004, "Mars Methane from Biology or Geology?," March 30.
[4] David A. Weintraub, 2011, *How Old Is the Universe?* (Princeton, NJ: Princeton University Press).
[5] M. Peplow, 2004, "Martian Methane Hints at Oases of Life," September 21, http://www.nature.com/news/2004/040920/full/news040920-5.html.
[6] M. J. Mumma et al., 2005, "Absolute Abundance of Methane and Water on Mars: Spatial Maps," *Bulletin of the American Astronomical Society*, 37, 669.
[7] D. J. Harland, 2005, *Water and the Search for Life on Mars* (Chichester, UK: Springer), p. 226.
[8] M. J. Mumma et al., 2007, "Absolute Measurements of Methane on Mars: The Current Status," *Bulletin of the American Astronomical Society*, 39, 471.
[9] M. J. Mumma et al., 2009, "Strong Release of Methane on Mars in Northern Summer 2003," *Science*, 323, 1041.
[10] K. Chang, 2009, "Paper Details Sites on Mars with Plumes of Methane," *New York Times*, January 16.
[11] Mumma et al., "Strong Release of Methane on Mars."

[12] A. Geminale, V. Formisano, and G. Sindoni, 2011, "Mapping Methane in Martian Atmosphere with PFS-MEX Data," *Planetary and Space Science*, 59, 137.

[13] V. A. Krasnopolsky, 2007, "Long-term Spectroscopic Observations of Mars Using IRTF/CSHELL: Mapping of O_2 Dayglow, CO, and Search for CH_4," *Icarus*, 190, 93–102.

[14] V. A. Krasnopolsky, 2012, "Search for Methane and Upper Limits to Ethane and SO_2 on Mars," *Icarus*, 217, 144.

[15] S. Fonti and G. A. Marzo, 2010, "Mapping the Methane on Mars," *Astronomy & Astrophysics*, 512, A51.

[16] S. Fonti et al., 2015, "Revisiting the Identification of Methane on Mars Using TES Data," *Astronomy & Astrophysics*, 581, A136.

[17] G. L. Villanueva et al. 2013, "A Sensitive Search for Organics."

[18] Ibid.

第十五章

[1] http://www.robothalloffame.org/inductees/03inductees/mars.html.

[2] C. R. Webster et al., 2013, "Low Upper Limit to Methane Abundance on Mars," *Science*, 342, 355.

[3] Ibid.

[4] C. R. Webster et al., 2015, "Mars Methane Detection and Variability at Gale Crater," *Science*, 347, 415.

[5] C. Sagan, 1998, *Billions and Billions: Thoughts on Life and Death at the Brink of the Millennium* (New York: Ballantine), pp. 60 and 85.

[6] K. Zahnle, R. S. Freedman, and D. C. Catlin, 2011, "Is There Methane on Mars?," *Icarus*, 212, 493.

[7] https://www.nasa.gov/feature/goddard/2016/maven-observes-ups-and-downs-of-water-escape-from-mars.

[8] J. A. Holmes, S. R. Lewis, and M. R. Patel, 2015, "Analysing the Consistency of Martian Methane Observations by Investigation of Global Methane Transport," *Icarus*, 257, 32.

[9] J. Bontemps, 2015, "Mystery Methane on Mars: The Saga Continues," *Astrobiology Magazine*, May 14, http://www.astrobio.net/news-exclusive/mystery-methane-on-mars-the-saga-continues.

[10] K. Zahnle, 2015, "Play It Again, SAM," *Science*, 347, 370.

[11] Ibid., p. 371.

[12] C. Oze and M. Sharma, 2005, "Have Olivine, Will Gas: Serpentinization and Abiogenic Production of Methane on Mars," *Geophysical Research Letters*, 32, L10203.

[13] S. K. Atreya, P. R. Mahaffy, and A.-S. Wong, 2007, "Methane and Related Trace Species on Mars: Origin, Loss, Implications for Life, and Habitability," *Planetary and Space Science*, 55, 358.

[14] A. Bar-Nun and V. Dimitrov, 2006, "Methane on Mars: A Product of H_2O Photolysis in the Presence of CO," *Icarus*, 181, 320–322, and 2007, "'Methane on Mars: A Product of H_2O Photolysis in the Presence of CO' Response to V. A. Krasnopolsky," *Icarus*, 188, 543.

[15] F. Keppler et al., 2012, "Ultraviolet-Radiation-Induced Methane Emissions from Meteorites and the Martian Atmosphere," *Nature*, 486, 93.

[16] B. K. Chastain and V. Chevrier, 2007, "Methane Clathrate Hydrates as a Potential Source for Martian Atmospheric Methane," *Planetary and Space Science*, 55, 1246.

[17] NASA press release, May 11, 2016, "Second Cycle of Martian Seasons Completing for Curiosity Rover," https://mars.nasa.gov/news/second-cycle-of-martian-seasons-completing-for-curiosity-rover.

第十六章

[1] Raymond E. Arvidson, 2016, "Aqueous History of Mars, as Inferred from Landed Mission Measurements of Rocks, Soils and Water Ice," *Journal of Geophysical Research Planets*, 121, 1602.

[2] www.unoosa.org/oosa/en/ourwork/spacelaw/treaties/introouterspacetreaty.html.

[3] https://cosparhq.cnes.fr.

[4] Christopher P. McKay, 2007, "Hard Life for Microbes and Humans on the Red Planet," *AdAstra*, 31.

[5] Carl Sagan, 1980, *Cosmos* (New York: Random House), ch. 5.

附录 1：火星科学家介绍

爱德华·安德斯（Edward Anders）：美国芝加哥大学陨石学家，1964 年驳斥了 1864 年坠落法国的奥盖尔陨石含有原生有机物的说法。

欧仁·米夏埃尔·安东尼亚迪（Eugène Michael Antoniadi）：土耳其出生的天文学家、19 世纪 90 年代和 20 世纪初英国天文学会火星学部负责人，最初认为火星上有运河和草地植被，后转变为天文学家中反运河的首领人物。

爱德华·埃默森·巴纳德（Edward Emerson Barnard）：美国天文学家，根据 19 世纪 90 年代和 1910 年他自己对火星的观察，以及在检查了兰普朗德 1905 年拍摄的火星照片后，认为不能证实火星上有类似运河的东西。

达尼埃洛·巴尔托利神父（Father Daniello Bartoli）：耶稣会神父，1644 年圣诞节前夕发现火星“下半部分”有两个暗斑。

威廉·沃尔夫·贝尔（Wilhelm Wolff Beer）：德国银行家，与约翰·海因里希·冯·梅德勒合作，利用 1831—1839 年间的火星观察制作出第一张火星全球图。

克劳斯·比曼（Klaus Biemann）：美国麻省理工学院科学家、海盗号着陆器气相色谱仪和质谱仪实验团队负责人，实验证明火星土壤里没有有机分子。

伯顿（C. E. Burton）：爱尔兰人，曾在1882年发表声明，说没有观察到斯基亚帕雷利首先报告的火星运河成双现象。

威廉·华莱士·坎贝尔（William Wallace Campbell）：美国天文学家，1894年通过火星和月球的光谱观测，证明火星光谱中看到的水汽实际上是地球大气的。1908年他以加利福尼亚州利克天文台台长身份组织了一次观测，证明火星大气中没有可探测水汽。

乔瓦尼·多梅尼科·卡西尼（Giovanni Domenico Cassini）：后更名为让-多米尼克·卡西尼（Jean-Dominique Cassini），教会天文学家、巴黎天文台首任台长，1666年通过对火星上两个暗斑的观察测定出火星自转周期为24时40分。

罗伯特·克莱顿（Robert N. Clayton）：美国陨石学家，1993年通过陨石中氧同位素的分析证实ALH 84001陨石起源于火星。

威廉·韦伯·柯布伦茨（William Weber Coblentz）：美国物理学家，在20世纪20年代利用火星表面反射的红外光对火星表面进行了第一次精确的测量，他认为测量到的表面温度是支持火星植被的论据，后者能在干燥寒冷环境中生长。

诺曼·科尔萨普（Norman Colthup）：美国化学家，1961年声称他已证实辛顿带是火星上有机物的发酵过程所产生。

皮埃尔·科纳（Pierre Connes）和雅尼娜·科纳（Janine Connes）：两人同为法国化学家和天文学家，与刘易斯·卡普兰一起在1966年的两次会议上报告说发现火星大气中有甲烷，与媒体一起公开报道火星上存在生命的证据，他们后来一直没有收回自己的说辞，但也从未公布过观测结果。

查尔斯·科利斯（Charles H. Corliss）和伊迪丝·科利斯（Edith L. R. Corliss）： 美国国家标准局观察组成员，1956年与卡尔·基斯和哈丽雅特·基斯一起在夏威夷冒纳罗亚山峰顶附近进行火星观测，证明当时的火星大气所含的水汽低于可探测阈。

威廉·拉特·道斯（William Rutter Dawes）： 英国医师、牧师和天文学家，19世纪60年代中期他通过研究得出，火星的红色源自其表面而非大气。

卡米耶·弗拉马里翁（Camille Flammarion）： 法国天文学家、天文科普家，1862年第一次发表《众多可居住世界》一书，书中阐述了其他行星有人居住的理由，并指出地球和火星之间众多的相似性，因此，很自然可得出火星上有智慧生物居住的结论。

弗朗切斯科·丰塔纳（Francesco Fontana）： 那不勒斯律师、眼镜商和业余天文学家，1636年在火星圆面中央发现了一个暗斑，几乎可以肯定那是早期望远镜糟糕的物镜所造成。

贝尔纳·勒博维耶·德·丰特内勒（Bernard Le Bovier de Fontenelle）： 法国作家，1686年发表了《多元世界的对话》一书。

丰蒂（S. Fonti）： 意大利天文学家，与马尔佐一起，根据火星环球勘测者号热辐射光谱仪在2000—2002年的测量，在2010年报告说探测到火星大气甲烷，2015年他又收回了这一说法。

维托里奥·福尔米萨诺（Vittorio Formisano）： 意大利天文学家、火星快车号行星傅里叶光谱仪负责人，2004年报告说探测到火星大气甲烷。

埃弗里特·吉布森（Everett Gibson，Jr）： NASA行星科学家、天体生物学家，参见克里斯·麦凯。

纳撒尼尔·格林（Nathaniel Green）： 英国画家，1877年发表过详细的火星图。

弗朗切斯科·格里马尔迪（Father Francesco Grimaldi）： 神父，与詹巴蒂斯塔·里乔利神父一起在罗马神学院工作的耶稣会士，他在1651年、1653年、1655年和1657年的多个夜晚观察火星上的斑块。

威廉·哈兹尔廷（William Haseltine）： 美国化学家，1965年与詹姆斯·舍克和乔治·皮门特尔一起证明辛顿带是地球大气中的水汽而非火星上藻类产生的。

威廉·赫歇尔（William Herschel）： 英国德裔天文学家，他在18世纪末发现明亮的北极斑和南极斑的大小出现反同步地变大和变小现象，据此他确认火星具有类似地球的季节变化，北方冬季与南方夏季同时发生。他还发现火星自转轴斜交于绕日公转轨道面，测定出火星的自转周期24 h 39 m 21.67 s，并证明火星也有大气层。

诺曼·霍罗威茨（Norman Horowitz）： 加州理工学院生物学家，以及海盗号着陆器热分解释放实验团队负责人，该实验否定了有火星生命的证据。

威廉·哈金斯（William Huggins）： 伦敦国王学院天文学家和化学教授，19世纪60年代将新发明的天体光谱技术应用于火星观测，证明了火星大气中存在水汽。

克里斯蒂安·惠更斯（Christiaan Huygens）： 荷兰天文学家，1659年发现火星上有个大而宽的黑色“V”形斑块，通过该斑块的观察测定出火星大约每24小时自转一周。

朱尔·让森（Jules Janssen）： 法国天文学家，1867年利用光谱技术得出火星大气中含有大量水汽。

刘易斯·卡普兰（Lewis Kaplan）： 美国天文学家，1963年与同事吉多·蒙克和希伦·斯平拉德一起，用加利福尼亚州威尔逊山上的100英寸望远镜，首次明确探测到火星大气中的水汽。参见皮埃尔·科纳和雅尼娜·科纳。

卡尔·基斯（Carl C. Kiess）和哈丽雅特·基斯（Harriet K. Kiess）： 参见查尔斯·科利斯和伊迪丝·科利斯。

哈罗德·克莱因（Harold Klein）： NASA 艾姆斯研究中心生命科学室主任、海盗号生物研究组负责人，他的结论是，海盗号实验没有发现火星上存在生命的证据。

弗拉基米尔·克拉斯诺波尔斯基（Vladimir Krasnopolsky）： 天文学家，与迈克尔·穆马一起于 1997 年报告他们探测到火星上可能存在的甲烷，观测数据是在 1988 年用亚利桑那州的望远镜获得。他还于 2004 年报告，1999 年用夏威夷望远镜也探测到火星上的甲烷，通过计算他得出火星大气中甲烷的寿命不会超过几百年，认为甲烷是火星上有生物活动的证据。他于 2012 年再次报告说，2009 年的观测也探测到火星甲烷。

赫拉德·柯伊伯（Gerard P. Kuiper）： 美国荷兰裔天文学家，1948 年获得火星的第一张彩色照片，此后的十年中提出了认为是符合火星上存在地衣的观测证据。

卡尔·奥托·兰普朗德（Carl Otto Lampland）： 1901 年到 1951 年洛厄尔天文台的美国天文学家，行星摄影家先驱，他在 1905 年拍摄的火星照片被洛厄尔用来向世界证实火星人的存在。

埃马纽埃尔·勒卢什（Emmanuel Lellouch）： 法国天文学家，他领导的红外空间天文台科学团队在 2000 年报告说，他们没发现火星大气中有甲烷的证据，并得出克拉斯诺波尔斯基和穆马 1997 年报告可能探测到的甲烷至多为勉强可测程度。

吉尔伯特·莱文（Gilbert Levin）： 海盗号着陆器的标记释放实验团队负责人，与帕特里夏·斯特拉特一起声称该实验发现了火星生命的证据。

埃马纽埃尔·利艾斯（Emmanuel Liais）： 巴黎天文台天文学家，

后任里约热内卢天文台台长，他于1860年宣称火星的红色为植被所致。

珀西瓦尔·洛厄尔（Percival Lowell）：波士顿知识分子富豪，早年在亚利桑那州弗拉格斯塔夫建造了洛厄尔天文台，作为火星研究基地。以他为首的一派极力主张存在火星工程师，是他们建造了环火星运河系统。

格伦·麦克弗森（Glenn MacPherson）：华盛顿特区史密森自然历史博物馆陨石馆馆长，将ALH 84001陨石归类为小行星灶神星碎片。

约翰·海因里希·冯·梅德勒（Johann Heinrich von Mädler）：德国天文学家，与威廉·沃尔夫·贝尔合作，依据1831—1839年间的火星观察制作了第一张火星全球图。

威廉·马圭尔（William C. Maguire）：美国天文学家，1977年利用水手9号航天器1972年的数据，确定当时的火星大气甲烷含量低于探测阈值。

保罗·马哈菲（Paul Mahaffy）：好奇号火星车上火星仪器室内样品分析仪的首席研究员，他与克里斯托弗·韦伯斯特一起声称从2013年11月到2014年1月探测到少量的甲烷，而在此前后（2013年和2014年其余的大部分时间）均未探测到甲烷。

贾科莫·菲利波·马拉尔迪（Giacomo Filippo Maraldi）：卡西尼侄子、巴黎天文台助理天文学家，1704年对火星自转周期（24时39分）作了改进，发现火星上某些暗斑具有形状和位置的变化，发现火星南北两极的亮斑随时间的变化。

马尔佐（G. A. Marzo）：意大利天文学家，与丰蒂一起，根据火星环球勘测者号热发射光谱仪在2000—2002年的测量，于2010年报告探测到火星大气中的甲烷，后来在2015年收回了该报告。

克里斯·麦凯（Chris McKay）：美国地球化学家，与拉斐尔·纳瓦罗-冈萨雷斯一起，进行了智利阿塔卡马沙漠的土壤实验，认为海盗号任务的标记释放实验有可能已探测到火星表面物质中含有有机物质以及可能的生命。

戴维·麦凯（David McKay）： 美国 NASA 科学家，与埃弗里特·吉布森、凯茜·托马斯–克普尔塔和理查德·扎雷一起于 1996 年宣布，ALH 84001 含有约 41 亿年前的火星生命的化石证据。

彼得·米尔曼（Peter Millman）： 加拿大天文学家，他认为他在 1939 年的观测结果既不能证实也不能否定火星上有叶绿素的存在，通过论证得出设想中火星海洋的绿色不符合地球植被的颜色。

戴维·米特尔菲尔特（David Mittlefehldt）： 美国洛克希德工程公司的地球化学家，1993 年得出 ALH 84001 陨石来自火星的结论。

迈克尔·穆马（Michael Mumma）： 天文学家，1997 年与弗拉基米尔·克拉斯诺波尔斯基一起报告说，根据 1988 年亚利桑那州望远镜观测的数据，发现火星上可能存在甲烷。还报告说，发现 2003 年和 2006 年探测到的火星甲烷数量不但很少而且有变化。

吉多·明奇（Guido Münch）： 墨西哥天文学家和天体物理学家，参见刘易斯·卡普兰。

巴特·纳吉（Bart Nagy）： 美国福特汉姆大学（Fordham University）化学家，1962 年报告说在奥盖尔陨石里找到外星生命的证据。

拉斐尔·纳瓦罗–冈萨雷斯（Rafael Navarro-Gonzalez）： 墨西哥天文学家，与克里斯·麦凯一起，进行了智利阿塔卡马沙漠的土壤实验。他认为实验表明，海盗号的标记释放实验有可能已探测到火星表面物质含有有机物质和生命。

西蒙·纽科姆（Simon Newcomb）： 杰出的数学家、美国天文学会第一任会长，于 1897 年做了人类视力测试检验，证明火星上的运河太小，地球上根本无法看到，因此不可能观察到所谓的火星运河。

万斯·大山（Vance Oyama）： NASA 科学家、海盗号着陆器气体交换实验团队负责人，实验报告没有发现火星生命的证据。

亨利·佩罗坦（Henri Perrotin）：法国天文学家，1886年与路易·索伦一起报告说，他们观测到1882年斯基亚帕雷利首先报道的火星运河成双现象。

爱德华·查尔斯·皮克林（Edward Charles Pickering）：美国天文学家、1876年至1920年哈佛大学天文台台长、威廉·皮克林的哥哥，19世纪80年代筹集资金筹建并负责管理秘鲁阿雷基帕的高山天文台。

威廉·亨利·皮克林（William Henry Pickering）：美国天文学家，爱德华·皮克林的弟弟，被派往哈佛大学设立于秘鲁阿雷基帕的博伊登（Boyden）观测站工作，获得有史以来的首批火星照片，他声称从这些照片上可看到火星运河和湖泊。

乔治·皮门特尔（George Pimentel）：美国化学家、水手7号红外光谱仪团队负责人，1969年该团队首先报告说火星大气中发现有甲烷，而且几乎可以肯定是源于生物。后来意识到发现的是固态二氧化碳（干冰）而不是甲烷时，他们撤回了发现甲烷的声明。参见詹姆斯·舍克。

詹姆斯·波拉克（James Pollack）：美国行星科学家，与卡尔·萨根一起利用NASA设立在加利福尼亚州戈德斯通跟踪站（Goldstone tracking station）的一具深空网络天线，测量火星表面反射的无线电信号。测量结果可解释火星暗区的颜色变化，认为这些暗区位于高原地区，因时而被风吹起的沙尘覆盖、时而覆盖的沙尘被吹尽，造成了颜色的变化。

理查德·安东尼·普罗克特（Richard Anthony Proctor）：英国天文学家和天文学科普作家，1867年他根据道斯的火星素描图制作出版了《火星图》，并为火星表面上他能识别的特征取名，其中有海、洋、湾、岛、大陆和冰盖，不过现已全被弃用。他还准确地测定了火星的自转周期24时37分22.7秒，并于1873年在《康希尔》杂志上发表文章，认为火星上必定存在植被生命和理性的生物，该文影响很大。

詹巴蒂斯塔·里乔利神父（Father Giambattista Riccioli）：耶稣会神父，与罗马学院的弗朗西斯科·格里马尔迪神父一起，在1651年、1653年、1655年和1657年的多个夜晚观察火星上的斑块。

卡尔·萨根（Carl Sagan）：参与海盗号计划、搜寻火星大型生命形态的美国行星学家，为肉眼可见的火星生命形态创造了“宏生物”一词。参见詹姆斯·波拉克。

乔瓦尼·维尔吉尼奥·斯基亚帕雷利（Giovanni Virginio Schiaparelli）：意大利天文学家，1877年、1879年和1881年连续观察火星后报告说，发现了60多条水道，有些长达数千千米，他的水道系统因不断有新水道的发现而扩容，1882年他还创造出“孪化”一词，专指一条运河侧畔突然冒出平行的第二条孪生水道的现象。

约翰·希罗尼穆斯·施勒特尔（Johann Hieronymus Schröter）：德国天文学家，从1785年到1803年几乎连续观察了18年火星后报告说，火星上暗斑的大小和形状经常发生连续的变化。

马丁·施瓦奇尔德（Martin Schwarzschild）：普林斯顿大学天文学家、平流层2号气球计划负责人，1963年得出，火星大气中含有巨量的二氧化碳，而水汽含量低至不可探测，其数量至多也只处于临界范围。

罗伯塔·斯科尔（Roberta Score）：1978年至1996年得克萨斯州休斯敦约翰逊航天中心南极陨石室主任，1984年12月他在南极洲发现ALH 84001陨石。

安杰洛·塞基神父（Father Angelo Secchi）：罗马学院天文台台长，1858年他在自己的火星图上发现两个特征，他称之为水道（canali），从此Canals（运河）一词及其观念被引入火星的研究中。1862年，他声称他已证实火星上存在大陆以及液态水和海洋，随后他用其他天文学家的名字为这些海洋、大陆和运河命名。

詹姆斯·舍克（James Shirk）：参见威廉·哈兹尔廷和乔治·皮门特尔。

威廉·辛顿（William Sinton）：美国天文学家，20世纪50年代末发现火星红外光谱上的一种特征，后被人称为辛顿带，他将此解释为火星上的藻类对日光的吸收。

维斯托·梅尔文·斯里弗（Vesto Melvin Slipher）：美国洛厄尔天文台天文学家，1908年他声称在火星大气中发现了水，20世纪20年代寻找火星叶绿素的光谱证据未果。

希伦·斯平拉德（Hyron Spinrad）：美国天文学家，参见刘易斯·卡普兰。

帕特里夏·斯特拉特（Patricia Straat）：海盗号着陆器标记释放实验团队成员，他和吉尔伯特·莱文一起，坚持声称该实验发现了火星生命的证据。

弗朗索瓦·特比（François Terby）：法国天文学家，1888年报告说，在火星上发现30条运河，并声称证实了斯基亚帕雷利1882年首先指出的孪化现象。

路易·托隆（Louis Thollon）：法国天文学家，参见亨利·佩罗坦。

凯茜·托马斯–克普尔塔（Kathie Thomas-Keprta）：NASA行星学家，参见戴维·麦凯。

加夫里尔·阿德里亚诺维奇·季霍夫（Gavriil Adrianovich Tikhov）：俄国天文学家，1909年到20世纪40年代都在火星的反射光颜色中寻找叶绿素存在的证据。

罗伯特·特朗普勒（Robert Trumpler）：美国天文学家，他在1924年提供了最后一批确认火星运河存在的观察资料，他认为他的研究为运河两岸植被的存在提供了证据。

杰罗尼莫·比利亚努埃瓦（Geronimo Villanueva）：美国天文学家，2006 年至 2010 年他领导的研究团队在火星上搜寻甲烷的证据，但最终未果。

克里斯托弗·韦伯斯特（Christopher Webster）：火星好奇号科学团队成员，与保罗·马哈菲一起负责火星甲烷的探索，在 2012 年以及 2013、2014 和 2015 年的大部分时间里都未发现甲烷，但在 2013 年 11 月至 2014 年 1 月期间发现了少量甲烷的证据。

凯文·扎恩勒（Kevin Zahnle）：美国行星学家，对各种团队测量到甲烷的问题，他提出了非火星生物学的解释。

理查德·扎雷（Richard Zare）：斯坦福大学的激光化学家，参见戴维·麦凯。

附录 2：词汇表

absorption band（吸收带）：指光源光谱中部分光缺失甚至全部缺失的那一段光谱，缺失原因是观测者和光源之间的物质对某种颜色（某种波长）的光的吸收。

albedo（反照率）：入射到行星或月球表面的太阳光被反射的比例。

algae（藻类）：生活在淡水或海水中的光合水生生物，没有根、茎和叶，可以单个微观的细胞存在，也可以宏观的多细胞生物体存在。

ALH 84001（ALH 84001 陨石）：1984 年罗伯塔·斯科尔在南极洲艾伦丘收集到的一块火星陨石，它可能是火星古代生命的化石证据。

ancient valley networks（古峡谷网系）：火星古代表面特征，有些宽达 0.6 英里（1 千米），深达 600 英尺（几百米），类似于地球上的河谷网系。

areography（火面学）：类似于地理学，19 世纪用于绘制火星表面图的术语，该词取自希腊战神阿瑞斯（Ares）。

areology（火星学）：对行星火星的研究。

canale（复数 canali）：意大利语中意指水道，也指人工建造的运河或宽深如同英吉利海峡一样的水体或水沟。1858年安杰洛·塞基神父首先将其用于火星，19世纪80年代被乔瓦尼·斯基亚帕雷利广泛用于他制作的火星地图。

cepheid（造父变星）：亮度周期性增加和减小的一种恒星。造父变星亮度变化的周期与其最大亮度直接相关，所以最亮的造父变星有较长的周期（约100天），而最暗的造父变星的周期小于一天。对于至少含有一颗造父变星的星团或星系，可以根据这一关系确定它们的距离。

chlorophyll（叶绿素）：植物在光合作用过程中吸收光的分子。这种分子除了反射绿光以外，其他颜色的可见光大部分被其吸收，所以叶绿素使植物呈现绿色。

deuterium（氘）：重氢原子，其原子核由一个质子和一个中子组成，而正常氢原子的原子核只包含一个质子。

diogenite（古铜无球粒陨石）：一种陨石，其母体为月球、行星或小行星，起源于这类天体内部深处缓慢冷却的火成岩。

gemination（孪化）：按照乔瓦尼·斯基亚帕雷利的说法，火星上想象的运河突然从单条变为两条的过程。

heavy water（重水）：水分子（H_2O）中的两个氢原子被氘原子取代的一种水分子（D_2O）。HDO形式的水分子称为半重水。

lichen（地衣）：长细胞真菌，通常含有多个细胞核，端端连接成长长的管状细丝，地衣细胞壁上的结构受甲壳素（一种碳水聚合分子）支撑，它们常常与光合细胞（通常是绿藻）共生，但有时与一种称为蓝菌的古老细菌共生。

lithophile（亲石元素）：一种与氧有强亲和力的元素，从而形成氧化物和硅酸盐，主要富集于地幔和地壳（而不是地核）。

macrobe（宏生物）：卡尔·萨根为火星（也可能是宇宙的其他地

方）上假想的一种生命形式创造的一个术语，这种生命体的大小至少能用相机（而不是显微镜或其他专门探测设备）在行星表面拍摄的照片上明显可见。

metaphysics（形而上学）：一种古老的哲学分支，试图根据某种基本原则解释世界上的一切事物（运动、空间、时间、物质、存在），这些基本原则决定于理性思维，而不决定于实验和对物理宇宙的观测。

methane（甲烷）：由一个碳原子和四个氢原子组成的分子（CH_4）。

methanogenic bacteria（产甲烷菌）：一种厌氧菌（在无游离氧条件下生活的细菌），其能量代谢的副产物是甲烷气体。

moss（苔藓）：一种无维管束的小型陆生植物，通过孢子而不是花或种子繁殖，主要通过叶子而不是根茎吸收水分和养分。

opposition（冲）：两颗行星同处太阳的一侧并与太阳排列成一条直线的现象，所以，从地球上看，第二颗行星正好位于与太阳相反的方向，整个行星圆面全被太阳光照亮。

organic molecule（有机分子）：含有一个或多个碳原子和碳氢键（C–H）的分子。所有与地球生物有关的分子，包括 DNA、脂肪、糖、蛋白质和酶，都是有机分子。

outflow channels（外流水道）：古代火星表面的特征，有些外流水道宽数十英里，长近千英里，似乎是由快速融化并灾难性释放出来的巨量流水蚀刻而成。

photographic plate（照相底片）：一片涂有光敏化学物的玻璃，将其置于望远镜集聚的光线下曝光，然后在暗室内浸泡在适当的化学药剂槽中洗涤，从而可得到天体的像，为 19 世纪 90 年代到 20 世纪 70 年代专业天文学家所使用。

plurality of worlds hypothesis（多元世界假设）：中世纪和文艺复兴时期的一种观点，声称宇宙中的每颗恒星、行星或卫星（所有这些都是“世界”）上都居住着崇奉上帝的智慧生物。

precipitable water vapor（可降水汽量）：假如大气中的所有水分以液态形式凝结于行星表面，则行星表面水的总深度。

principle of plenitude（丰饶原则）：二十世纪美国思想史学家亚瑟·拉夫乔伊（Arthur Lovejoy）认为，丰饶原则是指下述思想：“存在的真正潜力不可能不实现，创造的范围和丰富程度必定和存在的可能性同等地大……世界越美好，包含的东西越多。”

semi-heavy water（半重水）：见重水。

siderophile（亲铁元素）：不易与氧和硫形成化学键并且易溶于熔铁液的一种元素，亲铁元素富集于地核（而不是地幔、地壳）。

sol（火星日）：火星上的一天（从日出到下一个日出的时间），用地球时计算的日长为24小时39分35.244秒，该长度是火星自转周期和火星绕太阳的轨道运动合成的结果。

spectroscopy（光谱学）：光源发射的光束穿过棱镜或经光栅反射后将扩散成其组成的颜色，从而可以研究光源不同颜色的亮暗结构。

spectrum（光谱）：光源发射的光穿过棱镜或经光栅反射后形成的精细彩色光带。天体的光谱，除了展现出各种颜色的光以外，从中还可以发觉有些颜色比平均色更亮，有些则更暗。

terraformingt（地球化）：将一颗行星的环境改造成类似地球的环境，特别是改造成地球般的大气组成和温度，使其适宜人类居住。

terrestrial fractionation line（地球分馏线）：一种区分地月系物质与其他行星物质的方法，其原理是：通过蒸发或化学键合等过程可分离某种元素（如氧元素）的同位素（称作分馏）。

后　记

《火星生命》一书定稿于 2017 年，此后的三年间 *，新的证据和新的报告不断扩展了我们对火星的认知，丰富了有关生命曾在那里存在或仍可能存在于其表面之下的认知。本后记属新增章节，对有关的发现和问题，尤其关于火星上是否存在生命的争议，加以更新。

火星上是否存在某种形式——无论是死是活——的生命呢？答案是存在。我们现在可以这么说，而且高度肯定，因为研究表明，尽管发射前已严格清洁处理，但仍有五十多种地球细菌攀附在“好奇号”表层从地球搭乘到火星。[1]

火星已经被我们污染了吗？答案不清楚。这些微生物要能在火星上生长、繁殖并传播，必须在七个月的旅程中存活下来，暴露在星际空间的真空中，忍受那里的恶劣条件，然后，在抵达红色星球表面前，还必须在飞船隔热罩的某种保护下经受住插入火星大气的燃烧存活下来。因为这些细菌多数属于极端微生物，它们经受得住极端的高

* 本书英文版出版于 2018 年，2020 年再版时增加了此后记。——译者注

温和低温、高酸或高碱以及最危险的紫外线辐射并存活下来，所以，我们可能已将休眠的但仍还活着的地球生物送到了火星表面。

火星要能被污染，这些细菌到达火星表面后还必须活得足够长，以便能找到宜居之处，比如一个潮湿而温暖的地下环境，在那里它们或许能找到庇护。这些细菌是否有部分已经在火星上成功地建立了殖民地？可能没有，但我们不知道。

这种对火星的污染能预防吗？恐怕不行，尤其如今覆水已经难收，但我们可以极大程度地控制污染的严重性。对我们而言，现在最重要的问题是"我们该担心火星的污染吗？"对火星污染的担忧无外乎两个方面，一是科学的和人本位方面的，二是道德的和伦理方面的。首先，如果火星存在原生生命，只是为研究火星生命以便进一步理解生命的本质和起源，那么为防止火星污染我们必须怎么做？其次，如果火星上存在原生生命，我们是否应该别打扰它们，将火星视作一个行星规模的自然保护区，禁止人类进一步的探索？

现有的两个行星保护区：木卫二和土卫六

木星的卫星木卫二和土星的卫星土卫二都展现有全球性地下海洋的确凿证据，包括从卫星表面裂缝喷发的间歇泉，它们将水和其他物质从这些海洋喷到数百英里高度的太空（参见第3章）。因此，这两颗为冰层覆盖的水世界成为行星科学家和地外生物学家的重点关注对象，他们认为这两颗卫星上可能藏匿着生命。

这些地下海洋暗无天日，那里温暖、湿润，富含营养，拥有构建生命的所有基本元素（如碳、氢、氧、氮、磷、硫、钠、镁、钙和氯原子）。这些条件对于生命起源及其发展够不够呢？还是我们这些地外生物学家的想象力太过丰富了呢？

就在我们这个星球上，有55个国家的1 200多名科学家组建了一个国际深碳观测站（Deep Carbon Observatory，简称DCO），自2009年以来它一直在寻找和研究地球内部“深层的生命”。2019年，深碳观测站报告说：

> **深层生物圈是地球上最大的生态系统之一，（其生物碳足迹）为地表上全人类碳质量的250～400倍，这个生物圈的体积几乎是全世界海洋的2倍。这些深邃暗黑的生物库或许能深入海底几千米，甚至能深达大陆下部。在地表下5千米和海面下10.5千米处已经发现了生命，那里的压力约为海面的400倍。生活在那里的某些微生物并不以阳光为能源，而是依赖地热燃料（氢和甲烷）的能量。**[2]

地球深层生物圈包括地球上已知的三个生命范畴的生物：细菌、古菌和真核生物。其中某些细菌从岩石中的氢提取能量。甚至在几千米深处发现了如线虫般复杂的生物。有些生物已存在了数千年，有的可能“在极低能量的蛰伏状态下存活了数百万年”。

关于地外生物学家是否想象过分的问题，深碳观测站科学家的研究给予了明确的回答：没有，他们没有想象过分。在行星和卫星内部不见天日的环境里，生命的确可以存活与繁育。木卫二和土卫二的冰壳下确实很可能有生命存在。

1989年，NASA向木星发射了伽利略号飞船，环绕并研究巨大的木星、木卫星及其周边环境。11年后，即预计飞船推进剂将近耗尽的三年前，美国国家研究委员会（National Research Council，简称NRC）的一个委员会，受NASA行星保护官的委托，对下述建议进行专题研究：环绕飞行任务结束时，NASA将伽利略号撞入木星大气层。

据NRC报告，“尽管目前的信息不足以断定木卫二是否有海洋、原生生命或适宜地球生命的环境，但现时也不足以排除这些可能性。”[3]该委员会还建议“未来的木卫二航天计划必须设计有防止其被地球生物污染的程序”。因此，有一道底线划在了外太阳系的冰带上：不许污染木卫二。

探测14年后，伽利略号于2003年9月21日坠入木星的高层大气。探测器以每小时108 000英里的速度插入，稠密大气摩擦产生的热将其压碎、摧毁并最终蒸发。这个结束动作是利用探测器上最后几盎司推进剂完成的，其目的是确保伽利略号一旦耗尽燃料，在木星及其几颗大卫星引力的随机牵曳下，永远不会意外地漂移到可能会与木卫二表面碰撞的轨道，无论是十年还是一千万年，因为这种碰撞可能会经伽利略号将细菌污染木卫二，并不经意地传遍太阳系，威胁到可能存在的生物生态系统。

十年后，类似于伽利略号与木星卫星，行星学界一致决定，环绕土星的卡西尼号探测器与土卫二未来可能发生的任何碰撞都是不可接受的，因为这可能会污染另一个也许存在原生生命的世界。这种事件可能发生而且应该预防。需遵守前面在外太阳系冰带上划的那道底线。2017年9月15日，在对土星及其环系、卫星进行了13年的研究任务后，NASA工程师们命令卡西尼号执行了结束任务的自杀式俯冲。用最后一点推进剂联氨，卡西尼号的推进器将其加速推向土星，最高时速达到70 000英里。探测器进入土星炽热而稠密的大气层后存活了91秒，然后翻滚、撕裂并蒸发。

既然NASA要采取许多极端措施去保护木卫二和土卫二，那么又为什么毫不担心火星的生物污染呢？火星是整个宇宙中离地球最近并可能存在地外生命的世界，也是地球以外唯一一个我们已有证据显示生命可能存在过甚至可能依然存在的地方，尽管这些证据尚有争议，例如甲烷测量结果的忽高忽低、ALH 84001陨石数据的争论，以及海盗号探测器某些难以理解的结果。然而，比起更遥远的水世界木卫二和土卫二的可能污染，对火星可能被着陆器污染的事情我们似乎漠不关心，更别提未来的载人计划。即使我们（可能）灭过菌的火星车和着陆器不会造成火星的严重污染，但如按我们目前的计划向火星派送人类殖民者的话，那么他们的食物、废物、足迹、实验以及每一个错误行为都肯定会污染火星。

行星保护政策

2019年年中，NASA副局长托马斯·祖布钦（Thomas Zurbuchen）指示行星保护独立审查委员会（Planetary Protection Independent Review Board，简称PPIRB）对如何改进NASA的行星保护政策进行评估，担任该委员会主席的是探索冥王星和柯伊伯带的新视野号计划的首席研究员艾伦·斯特恩（Alan Stern）。2019年10月18日，PPIRB发布了详细的报告，向NASA提出了一系列建议，几乎所有这些建议都影响到NASA如何完成未来飞往火星、月球、木卫二、土卫二、土卫六以及其他可能具有原生生命存在条件的星球的计划。报告将原生生命定义为“包括微生物、病毒和朊病毒在内，凡能从环境中吸取能量并转化为生长和繁育的一切生命形式的术语”。报告涉及前向污染（“从地球传递生物到其他天体”）和后向污染（“地球生物与从其他天体带回地球的病原体或生物之间的有害接触，通常发生在从其他天体带东西返回地球的任务中”）。[4]

PPIRB的第一个主要结论是：“凡涉及具有天体生物学高度潜在价值地点的行星任务，前向污染和后向污染的考虑对实施任务至关重要。”针对这一结论，建议我们的行星保护政策需根据现有政策加以更新，因为现有政策是建立在几十年前的旧知识和旧技术上的。PPIRB建议采用保护其他行星免受前向污染的“新方法”实现现有政策的现代化，将“在恶劣的太空环境或恶劣的行星表面（例如紫外线、辐射、极端温度、缺乏液态水）度过的时间”都包括在保护范围内。

报告承认，我们很可能已经污染了火星，不过它淡化了这些事件的重要性：“地球生物已经通过以前不同地点的漫游任务输送到了火星，比起未来的载人任务和载人相关任务，尽管这种污染的程度可能很低。这些已传过去的生物对火星全球生态系统的影响尚不清楚，可能微不足道。”至于未来对那些水世界可能造成的污染，报告有类似的想法，认为这些事件并不重要：“太空船生物负载上的地球微生物在海洋世界中有存活和扩增潜力的比例可能极低。”

该审查委员会的一项主要发现关系到污染对科学整体的潜在影响：“此外，木卫二、土卫二或土卫六的地下海洋中假定存在的原生生命与地球生命具有共同起源的可能性极小。用现代生化技术很容易区分这种生命与地球微生物。根据这些发现，对于木卫二和土卫二航天任务的生物负载，目前的要求（<1个能独立生存发育的微生物）似乎过于保守。”对可能危及原生生命的问题考虑很少，也许是因为非DNA生命形式在遇到地球DNA生命形式时可能不会受到任何伤害，不过，更可能是因为NASA在这方面有不同的目标——NASA的主要目标是要正确地识别、研究和理解我们可能发现的生命。

COSPAR为了制定世界适用的行星保护政策，将地外世界的航天任务分为五大类。值得注意的是，提出划分概念的目的是防止某些污染，它们可能会损害未来理解生命起源的科学调查；至于其他世界原生生命的保护，怎样使它们免受前向污染造成的伤害或灭绝，他们并未关注。

第Ⅰ类航天任务是派往与生命化学演化或生命起源没有直接关系的世界，例如前往太阳或水星的航天任务。这类任务无行星保护需求。

第Ⅱ类航天任务是派往对生命起源问题有“重要意义”但即使发生污染也认为是“低风险”的世界，例如前往金星的航天任务。至于月球，派往月球大部分区域的任务可归属第Ⅰ类，有充分的理由认为那里没有生命，而前往月球极区附近某些小冰区的任务可能归属第Ⅱ类更适合。

第Ⅲ类航天任务是飞越和环绕火星、木卫二、土卫二或其他对生命问题有“重要意义”的世界的任务。污染对这些世界的风险很高，可能损害未来的科学调查。

第Ⅳ类航天任务是派往火星、木卫二、土卫二或其他对生命问题有“重要意义”的世界的着陆器或探测器。对于第Ⅳ类任务，灭菌“可能是需要的”，目前的灭菌标准所依据的是前海盗号年代的规程。这一规程制定于20世纪60年代，要求每艘飞船携带的孢子要少于300 000个。火星上有些特殊区域，灭菌要求更严格，采用的是后海盗号年代的规程，每艘飞船携带的总孢子数须少于30个。火星上的特殊区域是指地球生物可能繁殖或很可能存在本地生物的地区。

PPIRB报告建议，关于火星，“NASA应重新评审对地球生物的输运、存活和扩增所作的假设并进行新的分析，以便重新评估地球生物在火星上存活和传播的风险，然后重新考虑火星表面和地下有多少地方属于第Ⅱ类而不是第Ⅳ类。”该委员会引用了几项研究，这些研究“表明地球生物在火星表面的存活和扩增不太可能”。因此，该报告建议火星的大部分地区，包括表面和地下，都属于低风险污染，不应该对前向或后向污染过多担忧，并且应该把第Ⅳ类地区重新分类为第Ⅱ类。如此改变的结果是，火星表面大部分地区的航天任务适用大为宽松的行星保护协议。

至于未来的火星载人任务，PPIRB 认为污染风险很高：“火星载人任务将不可避免地会把更多的地球微生物带入火星，与机器人任务已经带入或将会带入的相比，呈数量级地增多。尤其是考虑到人类探察过程中很可能发生许多非正常事件（意外排气或泄漏、非正常着陆等），情况更是如此。”随后，报告侧重于这一结论对后向污染的重要性，而不关心其对可能的火星生命的影响。

最后，该报告指出，COSPAR（间接也即 NASA）的指南仅适用于政府行为体。“关于《太空条约》如何、何时对非政府实体具有法律意义，尚未达成共识。”换言之，航天大国已接受的一套规则，SpaceX 和 Blue Origin 公司可能无需接受它的约束。

火星甲烷的新结果

NASA 及大多数研究火星的行星科学家似乎相信火星上存在原生生命。广泛的共识似乎是，支持该结论的证据我们已经掌握了，或者我们今天还没有掌握但很快会获得。从 2018 年至 2020 年初收集到的许多新证据，无论赞成与否，都是关于火星大气中甲烷的。详见下文。

2018 年，克里斯托弗·韦伯斯特的火星好奇号团队报告了他们的发现：火星大气中甲烷含量似乎呈现季节性变化[5]。他们发现，在好奇号于盖尔陨击坑附近的五年测量中，甲烷本底呈现“强烈而重复的季节性变化”。值得注意的是，这些变化极其微小。此外，将这些变化说成“强烈”也言过其实。测得的本底平均为 0.41 ppb，但也会低至 0.24 ppb 或高至 0.65 ppb，平均误差约为 0.1 ppb。火星北半球夏季和南半球冬季时，本底最高，而北半球春季和南半球秋季以及北半球秋季和南半球春季时，本底最低。本底变化的幅度可以认为相当大——最高值和最低值相差将近3倍。所有单次测量之间的差异也可以认为是统计上不显著的，因为最高值和最低值之差（0.41 ppb）仅是测量误差的几倍。

2020年行星学期刊《伊卡洛斯》上发表了一篇剑桥大学爱德华·吉伦（Edward Gillen）为首的报告，题为“对好奇号数据的统计分析表明，没有火星甲烷强烈季节循环的证据”，认为推测的季节性变化并不真实[6]。相反，这项研究的作者建议，到目前为止，收集的不多数据或与随机变化一致，或与火星季节无关的周期变化一致。换言之，同样可以把这些数据理解为完全没有意义的变化。

几乎在火星大气甲烷含量季节性变化的报告受到严峻挑战的同时，好奇号团队成员也发布了新的结果，发现每到火星北半球春季氧丰度似乎增加30%，然后在火星北半球秋季时恢复到正常水平[7]。增减的幅度很小，但好奇号团队的科学家声称这种变化幅度是显著的，超过了已知大气来源产生的变化幅度。因此，他们推测，氧丰度随季节的升降可能来源于一个未知的“临时地表储库”。至于氧与甲烷这两个推测的周期变化是否存在确定的相关性，现有的观测不能确定。

火星大气中甲烷含量可观的观点最近受到了火星微量气体轨道器（Trace Gas Orbiter，简称TGO）的测量的挑战。TGO是欧洲航天局和俄罗斯联邦航天局联合开发的火星生命探测计划ExoMars（Exobiology on Mars，即火星上的太空生物学）中的任务，于2016年10月进入环绕火星的轨道，经过一系列轨道机动，于2018年3月开始进行科学观测。除有别的任务外，TGO有专门测量火星大气中极微量甲烷的设计，如果有甲烷的话。TGO的结果是：总体上说，火星大气中没有甲烷。这一结果由奥列格·科拉布廖夫（Oleg Korablev）率领的庞大团队所报告，依据的是2018年4月至8月进行的测量，并毫不含糊地以“ExoMars TGO 的早期观测未探测到火星甲烷”为标题发表论文[8]。根据 TGO 上两种不同仪器——俄罗斯制造的大气化学光谱仪组件（Atmospheric Chemistry Suite，简称 ACS）和欧洲制造的天底与掩日光谱仪（Nadir and Occultation for MArs Discovery，简称 NOMAD）——的测量，TGO 团队获得的甲烷上限为 50 ppt（即 0.05 ppb），“是以前报道的肯定测量结果的 1/100～1/10”。TGO 的最低测量结果低得惊人，上限不到 12 ppt（即 0.012 ppb）。这个作者团队建议，如果好奇号的测量是正确的，那么唯一能合理解释 TGO 的测量否定存在甲烷而好奇号以前的测量却测到甲烷这两种情况的办法是：“需要一个未知的过程，使甲烷在全球扩散之前能在火星下层大气中迅速消散或被封存”。好奇号团队的韦伯斯特解释说，TGO 的结果意味着“好奇号的本底不能代表整个火星，这使我们大为吃惊”[9]。

好奇号和 TGO 结果不同的另一种解释是扩散，这与在一天的哪个时段测量甲烷丰度有关。好奇号是在火星的夜间作的测量，而 TGO 是在火星日落时作的测量，比前者晚好多小时。夜里的大气是宁静的。如果夜里有一股甲烷卷流从地下源喷发出来并漂浮在火星车的上空，只要这股富含甲烷的卷流足够长时间悬着不扩散，那么好奇号就能探测到它。然后，数小时后火星上日出，太阳的加热将驱使大气运动，使甲烷与其他大气气体混合。因此，火星日落时，夜晚那股甲烷卷流可能已被稀释并扩散和稀释到 TGO 的测量阈值之下。根据加拿大约克大学约翰·穆尔斯（John Moores）最近的计算，一个不到 10 000 平方英里的区域内如果一天喷发 2.8 千克的甲烷气体，这就是好奇号可探测到的甲烷的水平，但到日落时，甲烷会扩散到 TGO 的可测极限之下。根据穆尔斯的说法，这样的甲烷泄漏“仅是地球上发现的最小的泄漏的 1/20 000”[10]。

上述情景确实能使好奇号和 TGO 的甲烷测量一致，似乎是解释甲烷测量结果必不可少的，但并非人人都赞同这种精心策划的机制。安达卢西亚天体物理研究所的何塞·胡安·洛佩斯-莫雷诺（Jose Juan Lopez-Moreno）是TGO的光谱仪NOMAD的联合首席研究员，他提出了另一种能调和这种矛盾测量的途径：“没有火星甲烷之谜，因为本就没有甲烷。”[11]很简单，好奇号的测量可能就是错的。

2019年春季和夏季，甲烷传奇又增添了两个更神秘的结果。第一个发布于2019年4月，报告说2013年曾出现过一次甲烷的激增。罗马空间天体物理和行星研究所的马尔科·朱兰纳领导的好奇号科学家团队宣布，他们发现的证据表明，2013年6月15日盖尔陨击坑发生过一次甲烷喷发[12]。喷发由好奇号观测到，达到6 ppb。朱兰纳领导的另一个团队，对火星快车号获得的20个月数据进行了分析[13]。在这20个月里，火星快车号只在2013年6月16日探测到一次甲烷：15.5 ppb，当时火星快车号正向下对着盖尔陨击坑观察。要让火星快车号在那天的火星大气中测量到这一数量的甲烷，需要的甲烷总量十分巨大——19 000平方英里的范围里约46吨，而且这团甲烷卷流还得保持24小时以上的时间不扩散。

第二个报告说[14]，2019年6月19日（星期三），好奇号在盖尔陨击坑探测到一次巨大的甲烷爆发，达到21 ppb，约为上一次（2013年）记录值的3倍。几天后，即6月22—23日（周末），测量到的甲烷水平已恢复到好奇号常规测量到的正常本底水平1 ppb以下。

在好奇号夜间测量到21 ppb的前一天和之后5小时，欧洲航天局的火星快车号曾两次飞过盖尔陨击坑上空，从上空下至火星表面，沿途的甲烷火星快车号都应该能探测到，然而没有发现任何甲烷（探测上限为2 ppb）。同样，TGO在6月19日好奇号测量的几天前和几天后也曾两次飞过同一区域。与火星快车号一样，探测阈值几ppt的TGO也未检测到甲烷，虽然那时火星沙尘飞扬、阴天多云，TGO测量结果告诉我们的只是当时火星地表上空9～12英里的大气甲烷[15]。好奇号附近是不是又爆发了一次巨大的、局部时空范围的，然后又迅速扩散了的甲烷卷流？还是爆发从未发生过？如果甲烷卷流是真实的，它是不是生物起源的？

最近由纽卡斯尔大学的埃玛·萨菲（Emmal Safi）团队进行的一项计算取证研究，排除了火星甲烷的非生物来源[16]。萨菲团队得出结论，火星风不能有效地将甲烷从地表岩石中冲刷出来而产生好奇号探测到的甲烷水平，除非火星沉积岩与地球上大多数碳含量最富的页岩矿床一样富含碳氢化合物，而这是极不可能的。类似的报告有许多，火星上可能产生甲烷的非生物途径被他们逐一排除，这使我们越来越趋近这样的结论，即火星甲烷来源于生物……要是火星上确实存在甲烷的话。

与此同时，深碳观测站已经提高了我们对蛇纹石化过程（水与富含铁的岩石的反应）在地球地壳和地幔中如何形成非生物甲烷的认知。极为重要的是，深碳观测站资助的三个科学家团队——加州大学洛杉矶分校、加州理工学院和麻省理工学院——独立研制出基于不同测量技术的专用测量工具，能够根据甲烷分子中碳原子和氢原子的同位素区分生物甲烷和非生物甲烷。有一天，这种仪器和技术能被送到火星，或在解决火星甲烷之谜上有所作为。

在火星上发现古老有机分子的意义

2018年，好奇号在盖尔陨击坑掘进古泥岩后发现了有机分子，其中就有噻吩（C_4H_4S）。在地球上，噻吩存在于煤炭、原油、油母岩、白松露和叠层石化石中。煤炭和石油中的噻吩由物理过程而非生物过程形成——在温度达到120℃以上时，硫与碳氢化合物发生反应形成噻吩。无论在地球上还是火星上，噻吩也可由非生物过程形成，例如流星撞击。然而，某些生物是能够合成噻吩的，尤其是某些松露和细菌。

天体生物学家雅各布·海因茨（Jacob Heinz）和迪尔克·舒尔策-马库赫（Dirk Schulze-Makuch）已经“发现形成噻吩的几种生物途径，似乎比化学途径更有可能［在火星上产生噻吩］，但是”，他们表示“我们仍需要证据”。他们的工作只是提供了一条线索而绝不是证据，只是表明好奇号在火星上发现噻吩或许能证明35亿年前火星上有过生命。舒尔策-马库赫谨慎地建议：“真正的证据需要我们把人送到那里，由宇航员用显微镜看到活生生的微生物。”[17]

接下来会发生什么？

火星甲烷存在与否的科学辩论今后将会越来越激烈。好奇号的测量还会继续进行，它的科学团队还将继续完善并改进他们的测量。ExoMars 的 TGO 也会继续相同的工作，在好奇号作业的火星区域进行针对性的测量。

另外两个火星车计划也将很快登陆火星。截至本文撰写之时*，NASA 火星 2020 任务的毅力号火星车定于 2020 年夏末发射，将于 2021 年 2 月着陆火星。毅力号将降落在大瑟提斯地区，它位于耶泽罗陨击坑（Jezero Crater）内的一个古河流三角洲，耶泽罗陨击坑曾是湖泊并留有厚厚的沉积矿床。尽管毅力号不是专门测量甲烷气体的，但它能识别火星古代生命的矿物学迹象，并收集岩石和土壤样本。样

* 后记撰写于 2020 年。毅力号火星车已于 2020 年 7 月升空，2021 年 2 月安全着陆在火星；罗莎琳德·富兰克林号火星车的发射时间推迟，预计不会早于 2028 年发射。——译者注

本可通过未来的火星任务送回地球，供地球上的实验室进一步研究。被充分利用于寻找矿物生物标志的还有欧洲航天局的罗莎琳德·富兰克林（Rosalind Franklin）号火星车，计划于2022年7月发射，2023年初在奥克夏高原（Oxia Planum）着陆。这是一个拥有36亿年历史的沉积岩区域，保存了火星曾经温暖湿润时期的记录。罗莎琳德·富兰克林号将测量表面岩石的物理化学性质，甚至钻取岩石，从地下6英尺深处取样研究。该火星车虽然不会直接测量甲烷气体，但将寻找有机物质。它还配有地下探测雷达，用于探测地下水的存在。

敬请关注！

---

[1] Madhusoodanan J. Microbial stowaways to Mars identified[J]. Nature, 2014: 1–2.

[2] https://doi.org/10.17863/CAM.44064.

[3] http://www.spaceref.com/news/viewnews.html?id=175.

[4] https://www.nasa.gov/sites/default/files/atoms/files/planetary_protection_board_report_20191018.pdf.

[5] Webster C R, Mahaffy P R, Atreya S K, et al. Background levels of methane in Mars' atmosphere show strong seasonal variations[J]. Science, 2018, 360(6393): 1093–1096.

[6] Gillen E, Rimmer P B, Catling D C. Statistical analysis of Curiosity data shows no evidence for a strong seasonal cycle of Martian methane[J]. Icarus, 2020, 336: 113407.

[7] Trainer M G, Wong M H, McConnochie T H, et al. Seasonal variations in atmospheric composition as measured in Gale Crater, Mars[J]. Journal of Geophysical Research: Planets, 2019, 124(11): 3000–3024.

[8] Korablev O, Vandaele A C, Montmessin F, et al. No detection of methane on Mars from early ExoMars Trace Gas Orbiter observations[J]. Nature, 2019, 568(7753): 517–520.

[9] https://www.nytimes.com/2019/04/10/science/mars-methane-life.html.

[10] Moores J E, King P L, Smith C L, et al. The methane diurnal variation and microseepage flux at Gale crater, Mars as constrained by the ExoMars Trace Gas Orbiter and Curiosity observations[J]. Geophysical Research Letters, 2019, 46(16): 9430–9438.

[11] https://www.skyandtelescope.com/astronomy-news/possible-solution-mars-methane-problem.

[12] Giuranna M, Viscardy S, Daerden F, et al. Independent confirmation of a methane spike on Mars and a source region east of Gale Crater[J]. Nature Geoscience, 2019, 12(5): 326–332.

[13] http://www.esa.int/Science_Exploration/Space_Science/Mars_Express/Mars_Express_matches_methane_spike_measured_by_Curiosity.

[14] https://www.nature.com/articles/d41586-019-01981-2.

[15] https://phys.org/news/2019-11-esa-mars-orbiters-latest-curiosity.html.

[16] Safi E, Telling J, Parnell J, et al. Aeolian abrasion of rocks as a mechanism to produce methane in the Martian atmosphere[J]. Scientific Reports, 2019, 9(1): 8229.

[17] https://phys.org/news/2020-03-molecules-curiosity-rover-early-life.html; https://doi.org/10.1089/ast.2019.2139.

致谢

感谢普渡大学无机和宇宙化学荣誉退休教授迈克尔·利普舒茨（Michael Lipschutz）博士，他多次细读本稿，其间还教给我曾学过但早已遗忘的一些基础化学知识，还要感谢他关于陨石史的宝贵指点。我得感谢我的朋友、自行车骑友和同事鲍勃·奥德尔（Bob O'Dell），这位曾是哈勃空间望远镜首席科学家的天体物理学家，仔细审阅了本稿，并敦促我更仔细慎重地用词：吸收线和吸收带不同，照片和图像也不同。此外，我要感谢我以前的学生雅各布·格雷厄姆（Jacob Graham），他阅读了本稿的初稿（作为天文学“定向读物”课程的一部分）。他力保本作品具有可读性，能被他那样的非专业人士阅读。如果本书某些部分欠妥，请勿责怪雅各布。我很幸运拥有两位作家父母。他们一再激励我去做一些像写书这样的蠢事，不断给我寄送可能对我的写作有价值的新闻剪报，找到我写作中老犯的语法错误，不断提醒我有很多句子——就像本句——太长太复杂，应该缩短。一如既往，我要向我的妻子凯瑞·李（Carie Lee）致以爱意和感激之情。她对我包容，担负起日常繁重的家务，让我有更多时间去思考宇宙中的天体。

科学新视角丛书

《深海探险简史》

［美］罗伯特·巴拉德　著　罗瑞龙　宋婷婷　崔维成　周　悦　译

本书带领读者离开熟悉的海面，跟随着先驱们的步伐，进入广袤且永恒黑暗的深海中，不畏艰险地进行着一次又一次的尝试，不断地探索深海的奥秘。

《万物终结简史：人类、星球、宇宙终结的故事》

［英］克里斯·英庇　著　周　敏　译

本书视角宽广，从微生物、人类、地球、星系直到宇宙，从古老的生命起源、现今的人类居住环境直至遥远的未来甚至时间终点，从身边的亲密事物、事件直至接近永恒以及永恒的各种可能性。

《耕作革命——让土壤焕发生机》

［美］戴维·蒙哥马利　著　张甘霖　译

当前社会人口不断增长，土地肥力却在不断下降，现代文明再次面临粮食危机。本书揭示了可持续农业的方法——免耕、农作物覆盖和多样化轮作。这三种方法的结合，能很好地重建土地的肥力，提高产量，减少污染（化学品的使用），并且还可以节能减排。

《理化学研究所：沧桑百年的日本科研巨头》

［日］山根一眞　著　戎圭明　译

理化学研究所百年发展历程，为读者了解日本的科研和大型科研机构管理提供了有益的参考。

《纯科学的政治》

［美］丹尼尔·S. 格林伯格　著　李兆栋　刘　健　译　方益昉　审校

基于科学界内部以及与科学相关的诸多人的回忆和观点，格林伯格对美国科学何以发展壮大进行了厘清，从中可以窥见美国何以成为世界科学中心，对我国的科学发展、科研战略制定、科学制度完善和科学管理有借鉴意义。

《写在基因里的食谱——关于基因、饮食与文化的思考》

［美］加里·保罗·纳卜汉　著　秋　凉　译

这一关于人群与本地食物协同演化的探索是如此及时……将严谨的科学和逸闻趣事结合在一起，纳卜汉令人信服地阐述了个人健康既来自与遗传背景相适应的食物，也来自健康的土地和文化。

《解密帕金森病——人类 200 年探索之旅》

［美］乔恩·帕尔弗里曼　著　黄延焱　译

本书引人入胜的叙述方式、丰富的案例和精彩的故事，展现了人类征服帕金森病之路的曲折和探索的勇气。

《巨浪来袭——海面上升与文明世界的重建》

［美］杰夫·古德尔　著　高　抒　译

随着全球变暖、冰川融化，海面上升已经是不争的事实。本书是对这场即将到来的灾难的生动解读，作者穿越 12 个国家，聚焦迈阿密、威尼斯等正受海面上升影响的典型城市，从气候变化前线发回报道。书中不仅详细介绍了海面上升的原因及其产生的后果，还描述了不同国家和人们对这场危机的不同反应。

《人为什么会生病：人体演化与医学新疆界》

［美］杰里米·泰勒（Jeremy Taylor）著　秋　凉　译

本书视角新颖，以一种全新而富有成效的方式追溯许多疾病的根源，从而使我们明白人为什么易患某些疾病，以及如何利用这些知识来治疗或预防疾病。

《法拉第和皇家研究院——一个人杰地灵的历史故事》

［英］约翰·迈里格·托马斯（John Meurig Thomas）著　周午纵　高　川　译

本书以科学家的视角讲述了19世纪英国皇家研究院中发生的以法拉第为主角的一些人杰地灵的故事，皇家研究院浓厚的科学和文化氛围滋养着法拉第，法拉第杰出的科学发现和科普工作也成就了皇家研究院。

《第6次大灭绝——人类能挺过去吗》

［美］安娜莉·内维茨（Annalee Newitz）著　徐洪河　蒋　青　译

本书从地质历史时期的化石生物故事讲起，追溯生命如何度过一次次大灭绝，以及人类走出非洲的艰难历程，探讨如何运用科技和人类的智慧，应对即将到来的种种灾难，最后带领读者展望人类的未来。

《不完美的大脑：进化如何赋予我们爱情、记忆和美梦》

［美］戴维·J. 林登（David J. Linden）著　沈　颖　等译

本书作者认为人脑是在长期进化过程中自然形成的组织系统，而不是刻意设计的产物，他将脑比作可叠加新成分的甜筒冰淇淋！并以这一思路为主线介绍了大脑的构成和基本发育，及其产生的感觉和感情等，进而描述脑如何支配学习、记忆和个性，如何决定性行为和性倾向，以及脑在睡眠和梦中的活动机制。

《国家实验室：美国体制中的科学（1947—1974）》

［美］彼得·J. 维斯特维克（Peter J. Westwick）著　钟　扬　黄艳燕　等译

本书通过追溯美国国家实验室在美国科学研究发展中的发展轨迹，使读者领略美国国家实验室体系怎样发展成为一种代表美国在冷战时期竞争与分权的理想模式，对了解这段历史所折射出的研究机构周围的政治体系及文化价值观具有很好的参考价值。

《生活中的毒理学》

［美］史蒂芬·G. 吉尔伯特（Steven G. Gilbert）著　顾新生　周志俊　刘江红　等译

本书通俗而简洁地介绍了日常生活中可能面临的来自如酒精、咖啡因、尼古丁等常见化学物质，及各类重金属、空气或土壤中污染物等各类毒性物质的威胁，让我们有所警觉、保护自己的健康。讲述了一些有关的历史事件及其背后的毒理机制及监管标准的由来，以及对化学品进行危险度评估与管理的方法与原则。

《恐惧的本质：野生动物的生存法则》

［美］丹尼尔·T. 布卢姆斯坦（Daniel T. Blumstein）著　温建平　译

完全没有风险的生活是不存在的，通过阅读本书，你会意识到为什么恐惧成就了我们人类，以及如何通过克服恐惧，更好地了解自己、改善我们的生活。

《动物会做梦吗：动物的意识秘境》

［美］戴维·培尼亚-古斯曼（David M. Peña-Guzmán）著　顾凡及　译

人类是地球上唯一会做梦的生物吗？当动物睡着时头脑里究竟发生了什么？研究动物梦对于

我们来说又有什么意义呢？通过阅读本书，您将进入非人类意识的奇异世界，转变对待动物的态度，开启美妙的科学探索之旅。

《野狼的回归：美国灰狼的生死轮回》

［美］布伦达·彼得森（Brenda Peterson） 著 蒋志刚 丁晨晨 李 娜 伊莉娜 曹丹丹 珠 岚 译

本书生动记录了美国 300 年来（特别是 1993 年以来）野狼回归的艰难历程：原住民敬畏狼，殖民者消灭狼；濒危的狼被重引入黄石公园后，不仅种群扩大，还通过营养级联效应帮助生态系统恢复健康。书中利益相关方的博弈为了解北美原野打开了一扇窗，并可通过人与狼的关系理解美国历史、美国人的特性和国家认同，而狼的历史就是美国人与自然关系的镜子。

《癌症：进化的遗产》

［英］麦尔·格里夫斯 著 闻朝君 译 陈赛娟 王一煌 主审

本书从达尔文进化论的角度对癌症的发生发展做了多维的动态的阐述，对很多困扰癌症研究者的难题给出了独特且合理的解释：癌症并不是新生疾病，它在自然界普遍存在。因为癌症本身就是地球生命数十亿年进化过程的自然产物。只要有进化，就会有突变，也就会有癌症。这一独特观点为癌症研究和治疗提供了崭新的思路。

《火星生命：一部数百年的人类探寻史》

［美］戴维·温特劳布（David A. Weintraub） 著 傅承启 译

人类对火星进行过哪些探索？如今，人们对火星生命有了怎样的认知？本书对这些议题进行了详细系统的讲述，既立足于历史，又紧随前沿进展。本书是人类探索火星生命的“科学史”，详细回顾了数百年来的种种努力。本书还是一部人类探索的“奋斗史”，有成功、有波折，有艰辛、有喜悦。